Gottlieb Twerdy

Das Sein

Die Einheit von Geist und Materie

Vorwort

Bislang gilt die Materie als toter Widersacher der Bewegung. Vor und über die Natur muss in der idealistischen Philosophie ein Sein treten, das die tote Materie bewegt, belebt und erkennbar macht. Dieses die Materie bewegende und belebende Sein wird im allgemeinen als übernatürlicher oder göttlicher Geist angesprochen oder gedacht, an dem unser menschlicher Geist Anteil hat. Aber damit wird dem menschlichen Denken zugleich eine unüberwindliche Schranke gesetzt. Es kann die Natur nicht vollständig ergründen. Das Innerste der Natur, die eigentliche Natur bleibt dem unergründlichen und unfassbaren, weil eben übernatürlichen Sein vorbehalten.

In der materialistischen Philosophie wird ein übernatürlicher Geist geleugnet. Als real gilt hier nur die Materie. Leben und Denken seien Daseinsweisen der höher strukturierten Materie. Woher aber die Bewegung kommt, wie das Leben und das Denken Eingang in das Sein finden, das bleibt auch bei dieser Anschauungsweise notwendig im Dunkeln. Wenn Atome im leeren Raum herumfliegen, dann ist nichts gegeben, was die Atome fliegen macht. Warum aber fliegen Atome? Wie gelingt es ihnen, in Molekülen zum Leben zu erwachen und denken zu lernen?

Genau das will nun dieses Buch erläutern. Ich vertraue darauf, dass die Natur das Sein vollständig hervorbringt, auch das Denken, Glauben und Fühlen. Ich denke, dass sich das Sein und die Natur nicht unterscheiden, und dass das menschliche Denken die Natur grundsätzlich verstehen kann. Dieses Vertrauen habe ich zu prüfen, und das will ich in dieser Schrift tun.

Ich möchte zeigen, wie Bewegung, Leben und Denken Eingang in das Sein finden, oder auch, wie sie notwendig von der Natur selbst hervorgebracht werden. Es bedarf dazu keiner übernatürlichen Wesen oder Seinsformen. Die Natur selbst ist vollständig. Sie ist zudem erkennbar und erklärbar. Der menschliche Geist ist inzwischen ausreichend entwickelt, um die Natur verstehen zu können.

Aufgrund meines Ziels werde ich einige Ergebnisse aus den Naturwissenschaften zusammenfügen, soweit ich das eben kann. Dabei kommt es mir darauf an, dass das entstehende Gefüge keine Löcher oder Bruchstellen aufweist, die das Denken nicht schließen kann. Sonst bliebe meine Vorstellung vom Sein lückenhaft und damit fehlerhaft.

Gottlieb Twerdy   Brunn, 2007

Inhaltsverzeichnis

Einleitung

Der Einstieg oder Gegenstand

Ich beginne meine Reise des Denkens mit der Behauptung, dass das Sein existiert. Das ergibt einen gangbaren Einstieg in die von mir gewählte Route: das Sein ist das von mir Vorausgesetzte, das ich ergründen will.

Darf ich das Sein voraussetzen?

Wenn ich einen Schritt setze, so setze ich voraus, dass mein Fuß Halt finden wird. Ich setze also das Sein voraus. Wenn ich genügsam bin, dann setze ich zumindest das Sein des Bodens voraus. Gebrauche ich beim Klettern auch die Hände, so setze ich zudem die Griffe im Fels voraus. Sie alle müssen sein, und überdies ich selbst.

Deshalb *darf* ich das Sein voraussetzen. Wenn ich mein Leben als gegeben anerkenne, mein Atmen, Gehen oder Klettern, dann *muss* ich das Sein sogar voraussetzen. Das Sein ist eine notwendige Voraussetzung oder Bedingung für mein Leben.

Jetzt erlaube ich mir, Fuß und Hand mit dem Geist zu vertauschen. Mit Geist meine ich hier den Inhalt des Denkens. Jetzt greifen nicht Fuß und Hand aus, sondern der Geist. Das Denken sucht Halt außerhalb seiner selbst, so wie Fuß und Hand dies tun. Es verlängert die Schritte von Fuß und Hand, oder nimmt diese vorweg. Das Denken greift voraus, es nimmt das Ergebnis vorweg.

Damit das Denken Halt finden kann, muss es

voraussetzen, dass da etwas ist, was ihm Halt bieten kann. Außerhalb des Denkens muss es Etwas geben, woran ich mich festmachen kann, sagt das Denken zu sich selbst. Fehlt mir das Vertrauen in das Sein, meinem geistigen Schritt oder meinem geistigen Voraustasten Halt zu bieten, so fehlt meinem Denken der Boden, der Fels. Dieser Boden, dieser Fels für das Denken ist der Gegenstand des Begreifens.

Geistigen Halt findet das Denken, wenn es einen Gegenstand zum Begreifen findet, wenn es ein Etwas begreift. Mein Denken braucht wie Hand und Fuß etwas, woran es sich fest macht, woran es sich reibt, wenn es ausgreift oder Ausschau hält. Wir sagen oft, ein Gedanke muss Hand und Fuß haben. Damit meinen wir, nur ein solcher Gedanke ist richtig, der äußeren, gegenständlichen Halt gefunden hat. Dieses unentbehrliche Gegenüber des Denkens, das nenne ich den Gegenstand des Denkens. Was dem Denken Halt bietet, das ist der von ihm begriffene Gegenstand.

Der Gegenstand des Denkens muss außerhalb des Denkens liegen, wenn er Halt bieten soll. Das Denken allein kann sich nicht fest machen. Es kann sich nicht aus sich selbst von sich überzeugen. Es bedarf dazu eines Seins außerhalb des Denkens, das ist, eines gegenständlichen Seins.

Findet das Denken einen Gegenstand außerhalb seiner selbst, dann wird sich das Denken an diesem Objekt fest machen. Das Denken wird in der Folge versuchen, sich von seinem Fund zu überzeugen. Es will sich begründen, verankern oder einfügen in das aufgefundene Sein.

Indem das Denken nach und nach Objekte findet, wird es

12

immer gehaltvoller. Es erfüllt sich mit den Begriffen der gefundenen und voneinander unterschiedenen Objekte. Das Denken wächst mit den Gegenständen, die es unterscheidet und zusammenfügt, die es begriffen hat.

Das Denken baut den Berg der Erkenntnis aus jenen Tritten und Griffen, die es auffindet und zu seinem Aufsteigen verwenden kann. Das Denken baut den Weg, den es geht. Es merkt sich seine Schritte. Seine Schritte sind die Begriffe von den aufgefundenen Gegenständen, und sein Vorankommen sind die vergleichenden Urteile über diese Objekte.

Zum Begriff „Materie"

Was außerhalb des Denkens und zugleich notwendig Teil des Seins ist, das nenne ich „Materie". Die Materie ist dem Denken als Gegenstand oder Objekt gegeben. Die Materie ist der äußere oder objektive Gegenstand des Denkens.

Über die Notwendigkeit der Gegebenheit oder des Daseins von Materie, darüber entscheidet der Umstand des Lebens. Wenn ich für das Leben zum Beispiel Luft brauche, wenn ich atme, dann ist die Luft ein notwendiger Teil des Seins und somit Materie. Ich kann über die Luft viele Begriffe und Urteile sammeln, die sich womöglich alle als falsch erweisen werden. Aber was ich atme, das bleibt davon unberührt, und das ist notwendig Materie.

Die Materie ist zwar für das Leben notwendig, sie besteht jedoch auch ohne den Menschen und ohne sein Denken. Das erkennen wir zum einen daraus, dass sich unsere Begriffe und Urteile über die Materie ständig ändern. Sie sind zumeist falsch, aber das Leben geht unterdessen weiter.

Zum anderen erkennen wir die Unabhängigkeit der Materie vom Denken aus der Entwicklung der Lebensbedingungen. Die Erde musste erst eine Atmosphäre mit Sauerstoff ausbilden, bevor das Leben in seinen heutigen Arten möglich wurde. Und dieses Leben musste erst den Menschen hervorbringen, bevor das Denken möglich wurde.

Zum Begriff „Geist"

Was innerhalb des Denkens liegt, das nenne ich den „Geist". Der Geist ist der innere Gegenstand oder auch der Inhalt des Denkens. Weil der Inhalt des Denkens vermittelt wird, umfasst der Geist das Denken aller Menschen.

Ich kann auch über mein eigenes Denken nachdenken, es selbst zum Gegenstand meines Denkens machen. Dann teile ich mein Denken, damit ein Teil den anderen begutachten oder prüfen kann.

Umgekehrt muss ich einen Teil meines Denkens veräußern, zum Gegenstand machen, wenn ich mein Denken prüfen oder fortsetzen will. Ich behandle dann den veräußerten Teil wie einen fremden Gedanken oder Gegenstand. So kann ich selbstvergessen mit ihm umgehen, als käme er nicht von mir selbst.

Wenn ich über mein Denken nachdenke, oder auch über das Denken anderer Menschen, dann denke ich über den Geist nach, über den Inhalt des menschlichen Denkens. Zwar mache ich dann den Geist zum Gegenstand meines Denkens, aber ich kann ihn nicht zur Materie machen, ohne das Leben zu verändern. Ich kann Geist nur so in Materie verwandeln, indem ich das Leben meinem Denken anpasse. Der Geist bedarf also der Brücke des Lebens, um die ihm äußeren Gestade der Materie zu erreichen.

Das Kriterium des Lebens

Mit dem Denken ist auch der Inhalt des Denkens gegeben, also der Geist. Auch der Geist ist Teil des Seins. Zudem ist er für das menschliche Leben notwendig. Auch der Geist ist demnach Materie, soweit er außerhalb des Denkens anzutreffen ist. Das wird dort sein, wo der Geist das Leben verändert. Im geistig veränderten Leben ist der Geist materiell gegeben und wirksam.

Das menschliche Leben erreicht allerdings nur begrenzte Teile des Seins. Es erreicht nicht die gesamte Materie, die für den Bestand des Lebens notwendig ist. Der Inhalt des Denkens kann zwar das menschliche Leben verändern, nicht jedoch das übrige Sein. So bleibt der übrige, vom Leben nicht erreichbare Teil des Seins auch vom Geist unabhängige Materie.

Wir Menschen können einen höheren Geist denken oder voraussetzen, der das ganze Sein samt der Materie erschafft, ordnet und belebt, oder auch zur Gänze beinhaltet, und der auch unser Denken lenkt oder erfüllt. Das mag unser Bewusstsein beleben und unsere soziale Ordnung stützen.

Aber dieser Gedanke ist für das Leben nicht notwendig, und deshalb auch nicht für die Materie. Wo dieser Inhalt des Denkens, wo ein solcher Geist fehlt, ist trotzdem das Leben gegeben, und damit die Materie. Als Beispiel ziehe ich das Leben

15

der Pflanzen heran. Sie leben ohne Bewusstsein und deshalb auch ohne Geist.

Nun können wir annehmen, dass Leben und Denken nicht entstehen können, ohne dass ein höheres Wesen eingreift und die Materie bewegt und beseelt. Ich werde jedoch zeigen, wie Bewegung, Leben und Denken aus der Materie selbst hervorgehen. Das mag ein neues Verständnis der Natur und des Glaubens einleiten.

Im Leben sehe ich das Kriterium für das richtige Verhältnis von Geist und Materie. Das Leben ist das Kriterium der Wahrheit, weil es Geist und Materie in seinem eigenen Dasein oder Fortkommen vereinen muss und auch kann.

Der Grund des Denkens

Fehlt mir der materielle Gegenstand des Denkens, so fehlt mir auch das von mir Vorausgesetzte. Mein geistiger Schritt geht dann ins Leere. Meinem Geist fehlt dann die Entsprechung im Sein. Dem Inhalt meines Denkens entspricht dann kein für das Leben notwendiger Teil des Seins, kein materieller Gegenstand, kein Objekt, keine Materie.

Ich werde dann meinem Denken vorsorglich Einhalt gebieten und sagen: da ist nichts, gehe hier keinen Schritt weiter. Hier findest du keinen Halt. Dies ist kein gangbarer Weg für das Leben. Suche woanders. Das heißt auch: setze etwas anderes voraus. Denke neu.

Auch andere werden geistig Schritte setzen und das Sein ergründen wollen. Auch für sie wird das Sein zunächst das sein, was sie voraussetzen, eben, um es zu ergründen. So denke ich:

das Sein ist zuerst das, was wir Menschen verstehen wollen.

Entweder finden wir das Sein sinnlich gegeben vor und vertrauen auf unsere Erfahrung. Dann beginnen wir, unsere Umgebung Schritt für Schritt zu ergründen. Wir zerlegen unsere Umgebung und fügen sie geistig wieder zusammen. Wir machen es der Natur nach. Auf diese Weise bauen wir unser Wissen empirisch auf. Dabei schließen wir vom Besonderen auf das Allgemeine. Aus dem Werdegang der Unterschiede schließen wir auf die bleibenden Zusammenhänge.

Oder wir stellen das Sein unserem Denken gegenüber, um unsere Erfahrung geistig zu ordnen. Dann vertrauen wir auf unseren Geist, auf den Inhalt unseres Denkens. Wir ordnen unser fertiges, zuvor gesammeltes Wissen nach den Regeln des Denkens, nach der Logik. Die so erzielte Ordnung unseres Denkens weisen wir dem Sein zu. Dies geschieht in der Annahme, dass im Sein dieselbe Ordnung gegeben sei wie in unserem Denken. Finden wir Unterschiede, so müssen wir wieder von vorne beginnen.

Wir können auch sagen: wir teilen unsere Vernunft sinngemäß auf das Sein auf, das wir als vernünftig voraussetzen. Dabei schließen wir vom Allgemeinen auf das Besondere. Wir urteilen rational, das ist, unserer Vernunft entsprechend, aus den Zusammenhängen auf die Unterschiede.

Beide Verfahren werden einander laufend korrigieren und ergänzen. Im neuen Gelände werden wir schrittweise, also empirisch vorgehen. Im vertrauten Gelände werden wir den Überblick und die Ordnung der Dinge suchen, also rational vorgehen.

In beiden Verfahren jedoch wollen wir uns versichern, dass da ein Grund ist, auf den wir unsere geistigen Schritte setzen. Wir bedürfen eines Grundes, der uns geistigen Halt bietet. Dieser sichere Tritt oder Griff des Denkens, dieser Boden oder Grund des Denkens ist wieder der Fels, das dem Denken Gegebene. Das Denken ist nur dann ausreichend begründet, wenn es das objektiv Gegebene begreift, die Materie.

Der Grund des Lebens

Bisher habe ich vier Bestimmungen des Seins gefunden: Das Sein ist nicht nur das vom Denken Vorausgesetzte, sondern auch das dem Denken Gegebene. Weiters ist das Sein zugleich der Gegenstand und der Grund des Denkens.

Genügt das Leben als die Verbindung von Sein und Denken?

Zuweilen werden wir im Leben einen Schritt setzen, der unserem Denken entspricht. Finden wir Halt, fühlen wir uns sicher, so werden wir sagen, der Schritt war richtig, wir haben richtig gedacht und gehandelt. Bestätigt unser Leben dieses Gefühl der Sicherheit, indem das Leben andauert, so schließen wir daraus auf eine Entsprechung zwischen unserem Denken und unserem Leben.

In der Folge betrachten wir unser Leben als Prüfstein für unser Denken. Wir wollen nicht im Leben stolpern, deshalb wollen wir richtig denken. Wir glauben, dass unser Leben im Sein stattfindet, dort wurzelt oder verankert ist, also dort seinen Grund hat.

Unser Denken soll seinen Grund im Sein haben, und auch unser Leben. Unser Denken und unser Leben sollen beide denselben Grund haben, nämlich das Sein. Umgekehrt besagt das: das Sein ist der gemeinsame Grund von Leben und Denken.

Leben und Denken wurzeln, ankern, gründen beide im Sein. Wenn dem so ist, dann kommen Leben und Denken auch beide aus dem Sein. Das werde ich noch zu zeigen haben, und auch, wie das geschieht.

Der gemeinsame Grund

Wir können auch so vorgehen: unser Sein, unser Leben, veranlasst uns zum Denken über das übrige Sein, über das sonstige Leben, damit wir uns besser im Leben und im Sein zurechtfinden. Wir wollen Halt finden, nicht nur mit Händen und Füßen, sondern auch mit unserem Denken. Und diesen Halt finden wir, wenn unser Denken dem Sein entspricht. Dann haben wir das Sein soweit ergründet, dass wir darin unseren Weg gehen können, dass wir sicher leben können.

Entspricht unser Denken dem Sein, können wir sicher leben, dann entspricht unser Denken auch unserem Leben. Entspricht unser Denken unserem Leben, dann entspricht es auch dem Sein.

So ist unser Leben die Verbindung zwischen dem Sein und unserem Denken, und zugleich das Kriterium der Wahrheit. Unser Denken ist wahrhaftig, wenn es unserem Leben entspricht. Es entspricht dann auch dem Sein. Unser Denken hat dann jenen Grund gefunden, den uns das Sein anbietet oder bereitstellt, nämlich das Leben.

Deshalb ist es das Ziel unseres Denkens, immer einen

Grund zu finden. Der sichere Grund den wir finden wollen, das ist der gemeinsame Grund von Leben und Denken, nämlich das Sein. Haben wir diesen Grund gefunden, dann begreift unser Denken zugleich Leben und Sein. Es ist dann einsichtig oder wahr. Deshalb hört das Denken auch nicht zu suchen auf, bis es die Wahrheit entdeckt hat.

Einladung zu einer Gratwanderung

Die einen wollen den Kosmos verstehen, die anderen die Natur, die nächsten den Menschen, wieder andere das Denken, oder das Glauben, oder auch das Fühlen. Das ist alles Gegenstand unseres Denkens, und damit Teil des allgemeinen Seins, so wie ich es voraussetze.

Vorerst frage ich nicht, wie die Gegenstände unseres Denkens zu solchen Gegenständen werden, und auch nicht, ob sie Gehalt haben, der über das Denken hinausgeht. Ich lasse einfach alles gegeben sein, worüber wir nachdenken, auch alle Täuschungen und Irrtümer. So einfach ist das Sein, von dessen Existenz ich ausgehe. Aber auch so vollständig. Deshalb nenne ich dieses von mir vorausgesetzte Sein auch das All oder das allgemeine Sein.

Um Täuschungen aufzuspüren, prüfe ich meine Vorstellung vom Sein anhand verschiedener Erfahrungen und Überlegungen. Das ist der Inhalt meiner Reise. Das ist der Weg, den ich einschlage. Auf diesem Wege möchte ich meine Vorstellung vom Sein verbessern, das ist, dem Sein gerechter werden lassen, dem Grund näher anpassen. Ich möchte meine Vorstellung vom Sein also vertiefen.

Auf meiner Reise darf ich nur solche Gegenstände des Denkens ausmustern, die ich als gehaltlos erkenne. Bleiben auch gehaltvolle Gegenstände des Denkens außerhalb meiner Vorstellung des Seins, dann muss ich einsehen, dass ich das Sein geistig nicht abbilden kann.

Wie aber kann ich den Gehalt der Gegenstände des Denkens prüfen?

Ich wähle folgende Methode:

1. Ich suche die Unterschiede zwischen dem, was ich voraussetze, und dem, was ich vorfinde.

2. Die aufgefundenen Unterschiede möchte ich ergründen.

3. Dazu werde ich einerseits die Gründe suchen, warum das Sein so ist, wie ich es vorfinde, wie es meinem Denken gegeben ist.

4. Dazu werde ich andererseits die Gründe suchen, warum meine Voraussetzung falsch war.

Entsprechend meinem Ausgangspunkt werde ich mit dem beginnen, was ich voraussetze, mit dem Sein. Ich werde eine Skizze anlegen, wie das Sein beschaffen sein müsste, damit es Bestand haben kann; und umgekehrt, wie es nicht beschaffen sein kann, wenn es Bestand haben soll.

Eine solcher, recht verspäteter Entwurf des Seins ist freilich eine vermessene Aufgabe. Zudem ist dieser Entwurf überflüssig, wenn das Sein schon besteht, wovon ich ja ausgehe. Aber den Bauplan des Seins nachzuempfinden, bedeutet, das Sein wesentlich kennen zu lernen. Vielleicht gibt es ja auch gar keinen Bauplan, sondern ganz andere Zusammenhänge, die aus dem Sein selbst hervorgehen. Dafür muss ich offen bleiben.

Ich bin mir bewusst, dass ich nur einige Hinweise werde geben können. Trotzdem markieren diese Hinweise den Weg, wie Geist und Materie zu versöhnen sind. Wenn nämlich ein menschlicher Entwurf des Seins nicht wesentlich von unserer Erfahrung der Natur abweicht, dann bedeutet das, dass wir Menschen die Natur verstehen können. Umfasst die so rekonstruierte Natur auch unser Denken, und duldet sie dessen Ergebnisse, den menschlichen Geist, so bilden Geist und Materie keinen unüberbrückbaren Gegensatz mehr, sondern eine Einheit, eben das Sein.

Ich unternehme meinen Ausflug unbeschwert von Zitaten, Methoden, Schulen und anderen Rucksäcken des geistigen Tourismus. Ich möchte unbefangen bleiben. Es ist ein Alleingang ohne Seil auf einem zerklüfteten Grat. Ich muss mit Überraschungen rechnen und auf jede neue Situation mit neuen Bewegungen oder Denkweisen reagieren. Ich werde laufend berichten. Meine Leserinnen und Leser sind eingeladen, mich in Gedanken zu begleiten.

Ich möchte jedoch eine Empfehlung aussprechen: bitte keine Eile, keine Unruhe, keine Ungeduld. Wenn jemandem alles davon schwimmt, woran er oder sie bisher geglaubt hat, wenn jemandem schwindlig wird, so bitte ich: ein paar Schritte absteigen, auf sicheren Boden zurückkehren, Luft holen. Später erneut aufsteigen. Erst weiter klettern, wenn das Denken wieder Halt gefunden hat, wenn es sich seiner wieder versichert hat. Es ist dann wieder auf Neues gefasst.

Meine geistigen Eltern mögen mir verzeihen, wenn ich bei ihren Ergebnissen ungefähre Anleihen nehme. Ich ehre sie und bin ihnen dankbar. Was ich wo gelesen habe, habe ich vergessen. Es war zu wenig. Auch nur ein Ergebnis mitzunehmen, wäre allerdings zu viel. Es wäre eine zusätzliche Voraussetzung, auf die ich verzichten will und muss.

Nach dieser Erklärung meiner leichtfertigen Absichten und schwerwiegenden Unzulänglichkeiten ziehe ich los.

Ich gehe einzig und allein davon aus, dass das Sein besteht.

Die Existenz des Seins ist mein Ausgangspunkt.

Erste Wegskizze

Ein erster Überblick über meine Gratwanderung weist folgende zu klärende Fragen auf:

a*) Woraus kommt die Möglichkeit des Anfangs?

b*) Wie besteht das Sein als Ganzes?

c*) Welchen Anfang und welches Ende hat das Sein?

d*) Warum teilt sich das Sein in Besonderheiten?

e*) Welchen Ursprung hat die Bewegung?

f*) Wie entstehen Körper?

g*) Was ist die Zeit?

h*) Was ist der Raum?

i*) Welchen Ursprung hat das Leben?

j*) Welchen Ursprung hat das Bewusstsein?

k*) Wie kommt es zum Selbstbewusstsein?

l*) Welchen Sinn hat das menschliche Leben?

1. Das allgemeine Sein

Das allgemeine Sein umfasst alles, was ist, was war, was sein wird oder sein kann. Es ist das All.

Das All umfasst erstens alles, was wir in Erfahrung bringen können. Das ist das dem Denken sinnlich Gegebene oder das vom Denken sinnlich Vorgefundene. Hier finden wir die Natur, den Kosmos, die Welt, oder insgesamt die Materie, so wie wir sie eben auffinden oder auffassen.

Das All umfasst zweitens auch alles, was wir uns vorstellen oder denken können, nämlich alle unsere Ideen. Hier finden wir das Vorausgesetzte, das Erkannte, das Vermeinte, das Geglaubte, das Erdachte. Es ist das vom Denken Hervorgebrachte, das vom Denken dem Denken Gegebene. Es ist das geistig Gegebene, in Summe der Geist.

Das All umfasst drittens auch das Denken selbst, sei es nun ein geistiger oder ein materieller Vorgang, oder beides. Auch das sei vorderhand dahingestellt.

Das All, von dem ich ausgehe, umfasst Materie und Geist vorerst ohne Unterschied. Was immer wir dem Geist oder der Materie zusprechen wollen, es ist Teil des Alls. Auch wenn wir Geist und Materie als ein Geschenk oder als eine Leihgabe eines höheren Seins oder Wesens auffassen, so soll das All eben auch jenes Wesen umfassen oder sein.

Alles ist in diesem Sein, wie auch immer wir darüber denken oder befinden wollen oder können. Weil ich von der Existenz des Seins ausgehe, möchte ich für alle Möglichkeiten des Seins offen bleiben. Das All ist, wie es auch immer sei.

Verzichte ich auf alle Unterschiede im Sein, so erhalte ich jenes Sein, das allem Seienden gemeinsam ist, eben das allgemeine Sein. Das All ist.

Im allgemeinen Sein gibt es vorerst keine Besonderheit, die ich ausmachen könnte. Wäre da schon ein Etwas, ein Ding, oder auch nur die Idee von einem Etwas, dann wäre das allgemeine Sein nicht mehr allgemein. Es wäre bereits in ein besonderes Sein übergegangen, nämlich in das Sein des ersten Etwas.

Wäre zum Beispiel der Raum schon da, dann wäre das allgemeine Sein nicht mehr als der Raum. Es würde sich nicht vom Raum unterscheiden. Auch das Licht ist noch nicht da, und auch noch keine Dunkelheit. Überhaupt fehlt alles Bestimmte. Das allgemeine Sein ist so allgemein, so unbestimmt, das alles umfasst, was ist oder werden könnte. Aber noch keine Einzelheit in diesem allgemeinen Sein ist auszumachen, geschweige denn entdeckt oder bestimmt.

Um ein Bild zu gebrauchen: dieses allgemeine Sein ist wie ein Nebel, der alles beinhaltet, aber zugleich alles verbirgt. Ich bin eingehüllt, ich sehe alles, was da ist, was zu sehen ist, nämlich Nebel. Aber zugleich sehe ich nichts, weil nichts Kontur hat, alle Unterschiede fehlen. Auch meine anderen Sinne scheitern, sie finden kein Objekt, kein Gegenüber. So kann ich nichts begreifen. Mein Denken hat noch keinen Gegenstand außer dem einen Gedanken, dass es mit dem Sein gegeben ist. So weiß ich auch nicht, woraus der Nebel besteht. Ich bemerke nur, dass er mich mühelos wie Kälte durchdringt. Ich bin nur ein Teil des Nebels.

Wir können auch von uns absehen und sagen, das allgemeine Sein ist das Sein ohne uns. Es ist ohne ein forschendes

Bewusstsein, das Etwas vom Anderen unterscheiden könnte, und sei es auch nur, die Umgebung von sich selbst. Das allgemeine Sein ist noch nicht die Umgebung von Etwas, sondern bloß da. Es besteht noch ohne Unterschied. Es besteht einfach. Es ist allem Denken vorausgesetzt. Es ist von allem Denken unabhängig. Es ist, was immer es auch sei.

Mehr noch: im allgemeinen Sein gibt es auch mich noch nicht, und auch noch nicht meine Vorstellung oder Behauptung, dass das allgemeine Sein existiert. Ich muss von Allem absehen, was ich mir denken oder vorstellen kann, auch von mir selbst, wenn ich mir das allgemeine Sein vorstellen will. Das allgemeine Sein ist zunächst die höchste oder vollständigste Abstraktion, die ich denken kann. Aber was ist in einem solchen allgemeinen Sein, in dem nichts sein darf, was die Allgemeinheit stören könnte?

1.1 Das Nichts

Probieren wir zu abstrahieren. Sehen wir von allem ab, was wir kennen oder zu kennen glauben. Erforschen wir das Nichts, das Fehlen jeglichen Etwas. Da bemerken wir, das Nichts ist anscheinend dasselbe wie das allgemeine Sein, denn in beiden gibt es kein Etwas. Das Nichts und das allgemeine Sein sind womöglich ein und dieselbe Abstraktion. Was läuft da schief mit meinem Vorschlag, von allen Dingen abzusehen?

1.1.1 Das vorausgehende Nichts

Das erste von mir aufgestöberte Nichts ist das Fehlen aller kommenden Etwas. Indem noch kein Etwas auftaucht, besteht dieses erste Nichts. Es ist das Nichts vor dem Anfang des

Etwas, und zwar eines beliebigen Etwas. Dieses Nichts nenne ich das vorausgehende Nichts, weil es dem Etwas vorausgeht.

Das Nichts vor dem Anfang des *ersten* Etwas ist zugleich das Nichts vor dem Anfang überhaupt. Dieses Nichts wird zwar gern als absolut aufgefasst, ist es aber nicht. Denn das vermeintlich absolute Nichts braucht die Bestimmung, dass es vor dem ersten Anfang besteht. Es ist ein relatives, abhängiges Nichts, abhängig vom späteren oder wenigstens möglichen Anfang des ersten Etwas. Besteht nicht die Möglichkeit eines ersten Anfangs, dann besteht auch dieses erste vorausgehende Nichts nicht, das Nichts vor dem ersten Anfang.

Besteht dagegen die Möglichkeit, dass ein Etwas auftaucht, dann besteht zugleich das vorausgehende Nichts. Das vorausgehende Nichts ist dasselbe wie die Möglichkeit des Anfangs.

Unser allgemeines Sein ist soweit gediehen, dass es anfangen kann. Immerhin ein möglicher Anfang für meine Rekonstruktion des Seins. Also gehe ich einen Schritt weiter und blicke unverhofft ins Leere.

1.1.2 Das nachkommende Nichts

Das Nichts hat einen zweiten Ursprung. Verschwindet alles, dann besteht das zweite Nichts. Dieses zweite Nichts ist die Leere, es kommt aus dem Verschwinden aller Etwas. Es ist das Nichts nach dem Ende des Etwas. Ich nenne es das nachkommende Nichts, weil es nach dem Etwas kommt.

Zum Beispiel nach mir und meinen Klettereskapaden in geistigen, Pardon, abstrakten Leerräumen.

Kommt es zu keinem Verschwinden aller Etwas, so kommt das nachkommende Nichts nicht zustande. Auch das nachkommende Nichts ist abhängig. Das Nichts nach dem Ende bedarf dessen, dass ihm das Etwas vorangeht.

Zum Beispiel ein kluger Einfall oder ein noch besserer Gedanke.

Verschwinden alle Etwas, so wird das nachkommende Nichts umfassend. Solange die Etwas bestehen, solange besteht auch die Möglichkeit, dass sie untergehen, dass sie verschwinden. Das nachkommende Nichts ist die Möglichkeit des Endes.

Wenn alle Etwas zuerst aufgetaucht und dann verschwunden sind, sind alle Etwas wieder möglich.

Hoppla! So einfach geht das:

Die Etwas können ohne Hindernis und ohne Grund wieder auftauchen. Das ist frech: Wenn nichts geblieben ist, dann bestehen weder Grund noch Hindernis für das Auftauchen der Etwas.

Besteht ein Grund, dann müssen die Etwas wieder auftauchen. Dann besteht aber das nachkommende Nichts noch gar nicht, denn es ist ja noch der Grund gegeben. Also muss auch der Grund untergehen.

Fehlt ein Grund für das Auftauchen der Etwas, dann können die Etwas nur mehr grundlos wieder auftauchen. Aber sie können wieder auftauchen. Ihr Auftauchen ist also möglich. Fehlt der Grund, so besteht die Möglichkeit.

Zudem fehlt ein Hindernis für das Auftauchen der Etwas. Das Auftauchen der Etwas ist also ohne Hindernis oder ohne weitere Bedingung möglich.

Fehlen Grund und Hindernis, so besteht die bedingungslose Möglichkeit. Sie bedarf keiner weiteren Zutat für ihr Bestehen. Die Möglichkeit, die aus dem Untergang von Grund und Hindernis kommt, besteht bedingungslos, also notwendig.

Das nachkommende Nichts verwandelt sich zuletzt wieder in die Möglichkeit des Anfangs, in das vorausgehende Nichts. Die Möglichkeit des Endes verwandelt sich an ihrem Ende, wenn sie wahr geworden ist, in die Möglichkeit des Anfangs.

Wenn die Möglichkeit wahr geworden ist, verschwindet sie in der Gewissheit, geht sie selbst unter. Aber diese Gewissheit des Endes ist zugleich die Möglichkeit des Anfangs. Oder: das Ende des nachkommenden Nichts ist das vorausgehende Nichts.

1.1.3 Das vorausgesetzte Nichts

Dieses Ringelspiel der Gedanken ist mir zu anstrengend. Ich beharre lieber auf der Vorstellung, dass es das absolute Nichts doch geben muss, nämlich ein Nichts, in dem erstens nichts anfangen wird, und in dem zweitens nichts aufgehört hat. Ein solches Nichts will ich haben! Na ja, wenigstens in Gedanken. Also ein solches Nichts will ich denken, ganz bestimmt. Es ist die Leugnung oder Aufhebung des allgemeinen Seins, die Behauptung, dass nichts existiert. Ein solches Nichts, das absolute Nichts, das muss es doch geben, und genau das schau ich mir jetzt an.

Wenn nichts aufgehört hat, dann ist alles noch da, ein Umstand, der dem absoluten Nichts nicht gerecht wird. Das erste absolute Nichts unterscheidet sich nicht vom Sein.

Schwache Kost. Damit lasse ich mich nicht abspeisen. Ich will ja nicht nur, dass nichts aufgehört hat, sondern auch, dass nichts anfangen wird.

Wenn nichts anfangen wird und nichts aufgehört hat, dann unterscheidet sich das Nichts wieder nicht von dem, was da ist. Auch das zweite absolute Nichts unterscheidet sich nicht vom Sein.

Nein, nein. So geht das nicht. Es soll nichts da sein, ohne jemals angefangen zu haben, und es soll auch nichts anfangen können. Erst dann habe ich mein absolutes Nichts ganz so leer, wie ich es haben will.

Tja, dann muss zuerst verschwinden, was da ist, und sei es auch nur die Behauptung oder Idee, dass nichts da sei. Solange das Postulat des absoluten Nichts besteht, besteht in Wahrheit das Sein. Allein das Postulat des absoluten Nichts hebt das Nichts auf und bewahrheitet das allgemeine Sein.

Verflixt. Ich unternehme einen selbstlosen Versuch, das absolute Nichts zu retten, indem ich es einfach voraussetze: „Hallo absolutes Nichts! Du bist da, ich habe dich in die Welt gesetzt, die es noch gar nicht gibt. Ähem, verzeih, ja irgendwie bin ich auch noch da. Aber nur, um dich vorauszusetzen. Es steht dir frei, das zu ändern".

Mein Versuch scheitert. Das vorausgesetzte Nichts antwortet mir, es sei von meiner Einfalt abhängig und könne weder seine Abhängigkeit noch mich dulden. Macht es aber Schluss mit soviel absurder Willkür und anderen Resten des Seins, so verwandelt es sich in das nachkommende Nichts, in das Verschwinden von Einbildungen und anderen komischen Etwas. Kurz, es steht ihm nicht frei, mich zu beseitigen. Entweder bleibt es vorausgesetzt und damit Kind meiner Einbildung, oder es wird zum nachkommenden Nichts. Mein Ansinnen sei vielleicht gut gemeint, gut im Sinne des absoluten Nichts, ginge aber buchstäblich ins Leere.

Ich gebe klein bei. Ich sehe ein, es kann kein vorausgesetztes Nichts geben. Vor das Sein ist absolut nichts zu setzen, auch kein Nichts.

Mein Besuch der ersten Leere hat mich folgendes gelehrt:

Das Nichts ist nicht absolut, sondern abhängig vom Etwas. Das Nichts kommt nur auf, wenn ein Etwas verschwindet oder bevor ein Etwas anfängt. Das Nichts ist nur das Zwischenstadium in der Verwandlung der Etwas ineinander.

Geht ein Etwas unter, so geht es in das Nichts ein, in die Aufhebung des Etwas. Taucht ein Etwas auf, so kommt es aus dem Nichts, aus dem Nährboden des Etwas. Andere als diese relativen, abhängigen Nichts gibt es nicht. Absolut gesetzte Nichts gibt es nur in jener Einbildung, die sich selbst verleugnet, also nur im absurden Denken.

Schwere Kost, absolut. Hoffentlich hört diese ganze Geschichte mit dem Nichts bald auf. Immerhin soll dies ja eine Geschichte vom Sein werden. Ich werde mal nachsehen, was an dem Ganzen dran ist. Wahrscheinlich wieder nichts.

1.1.4 Das ganze Nichts

Das Nichts vor dem Anfang und das Nichts nach dem Ende *aller* Etwas bilden zusammen das ganze Nichts. Umgekehrt sind das vorausgehende und das nachkommende Nichts nur Teile des ganzen Nichts. Weil 'vor dem Anfang eines jeglichen Etwas' und 'nach dem Ende aller Etwas' umfassende, vollständige Bestimmungen des Nichts sind, teilt sich das ganze Nichts nur in diese beiden Teile, nur in das vorausgehende und nachkommende Nichts. Andere Teile des ganzen Nichts bestehen nicht und können nicht bestehen. Das ganze Nichts ist umfassend. Es umfasst alle Verwandlungen des Etwas, es bringt sie alle hervor und nimmt sie alle in sich auf.

War doch nicht so schlimm wie befürchtet. Aber mit der Zeit wird sich das bestimmt ändern, auch mit dieser schlimmen Geschichte vom Sein, die nicht und nicht über das Nichts hinauskommt.

Kritik der vorausgesetzten Zeit

Bevor ein Etwas besteht, besteht das vorausgehende Nichts, die Möglichkeit des Anfangs. Aber dieses Nichts kann das Sein nicht erfüllen, es hat keine Etwas, alle Etwas fehlen noch. Soll das Sein bestehen, so muss es doch von einem oder einigen Etwas erfüllt sein!

Sag ich doch die ganze Zeit! Ohne Etwas ist gar nichts da, nicht einmal das Nichts, geschweige denn ein Sein. Also was soll diese Geschichte vom allgemeinen Sein? Her mit den Etwas! Sonst wird es langweilig in diesem Nebel des Denkens, in dem überhaupt nichts anzutreffen ist, was das Denken überhaupt lohnen könnte.

Ja, Entschuldigung. Natürlich. Bitte gleich. Bin schon zur Stelle. Was steht zu Wünschen? Also, wenn ich fragen darf, was könnte denn das allgemeine Sein erfüllen?

Probier's doch einmal mit der Zeit. Die ist für alle da, auch für dich, für dein selbstgebasteltes Sein und selbst noch für deine ganze übrige nichtige Geschichte.

Danke für den Vorschlag. Aber ist die Zeit allgemein genug für das allgemeine Sein? Ist sie da, bevor das erste Etwas auftaucht?

Natürlich ist sie da! Was soll die Frage! Die Zeit ist zeitlos. Sie ist immer da. Sie wird es dem Sein schon beibringen, wie das ist mit dem Anfang und dem Ende. Was kümmert die Zeit deine komischen Etwas? Sie braucht keinerlei Dingsbums oder sonst was für Zeug, an dem du dauernd hängen bleibst. Also los! Fang endlich an mit deinem ausgedachten Sein!

Bevor das erste Etwas auftaucht, gibt es keinen Anfang im allgemeinen Sein. Es gibt auch kein Ende, denn indem kein Etwas besteht, hört auch kein Etwas auf. Anfang und Ende sind an das Auftauchen und Verschwinden des Etwas gebunden. Ohne Etwas gibt es weder Anfang noch Ende im allgemeinen Sein.

Himmel, was soll der Unfug! Die Zeit ist die Dauer. Sie überdauert alle Etwas, samt deinem Sein, oder was du dir sonst noch alles einbildest, nur so im Allgemeinen.

Die Dauer liegt zwischen Anfang und Ende. Weil es ohne ein Etwas weder Anfang noch Ende gibt, gibt es auch keine Dauer im allgemeinen Sein.

Dann probier's halt mit der Veränderung. Die Zeit ist die Veränderung. Sie wirft alles über den Haufen, auch noch deine wildesten Geschichten.

Die Veränderung liegt zwischen Ende und Anfang. Ohne Etwas fehlen beide, sowohl der Anfang als auch das Ende, für das Zustandekommen der Veränderung. Es gibt weder Dauer noch Veränderung, so gibt es auch keine Zeit im allgemeinen Sein. Das allgemeine Sein ist zeitlos.

Nein, das einzige was zeitlos ist, ist die Zeit selbst, sie besteht immer. Ob etwas dauert oder sich verändert, die wahre, eigentliche Zeit lässt das einfach kalt. Sie schaut nicht einmal zu. Und du wirst sie bestimmt nicht aufhalten.

Geduld, ich lasse sie, die Zeit, erst ein bisschen später anfangen, nämlich mit den ersten Etwas. Jetzt begnüge ich mich damit: wenn das allgemeine Sein bestehen soll, dann muss es zeitlos sein. Gäbe es im allgemeinen Sein eine Zeit, dann wäre die Zeit selbst das erste Etwas. Das allgemeine Sein würde sich in das Sein der Zeit verwandeln, das ist, in die Daseinsweise der Zeit, in den Wechsel von Dauer und Veränderung. Würde sich das allgemeine Sein in das Sein der Zeit verwandeln, so hätte es selbst keinen Bestand, es würde in der Zeit aufgehen. Hat es aber Bestand, so muss es zeitlos sein.

Kritik des vorausgesetzten Raumes

Wir probieren unser Glück mit dem leeren Raum. Er ist bestimmt geduldiger als die spröde Zeit, die uns samt ihrem etwas ruppigen Helfer schon vor ihrer Zeit im Stich gelassen hat. Unser Raum ist da, aber ganz leer, und dann kommt das Sein von nebenan angereist und erfüllt unseren Raum mit all den lustigen Etwas, die uns die Orientierung in den gefürchteten Weiten unseres geliebten Kosmos erleichtern.

Aber wir haben wieder Pech. Unser leerer Raum fragt bei uns an, wie wir ihn gerne hätten. Womit soll er sich bitte auftun, wenn wir ihm nichts zur Verfügung stellen, nicht einmal geometrische Kenntnisse seiner selbst? Bedarf die Abstraktion nicht des Abstrahierenden?

Jetzt sind wir ungeduldig. Der leere Raum soll bitte zusehen, wie er das macht. Wir brauchen ihn doch als Bühne für das Sein. Wie soll denn das Sein auftreten können, wenn es keinen Raum dafür vorfindet?

Aha, seufzt der leere Raum inmitten unserer Einbildung. Ihr sucht schon wieder das erste, allen Etwas vorausgehende Nichts, und ich soll dazu herhalten, wie meine liebliche Mutter, die spröde Zeit, die ihr gerade vorhin ungehörig belästigt habt. Nein danke. Wie kann ich denn der Raum sein, wenn ich mich nicht vom vorausgesetzten Nichts unterscheide? Wenn ich sein soll, die Bühne betreten, auf oder in die Welt kommen soll, wie ihr das nennt, dann bitte anders. Seht ihr zu, wie ihr das macht!

Also gut, werden wir zusehen, aber bitte etwas später. Denn ohne Etwas auch kein Raum. Der leere Raum ist dieselbe absurde Voraussetzung wie das vor das Sein gesetzte Nichts.

Oder bildlich gesprochen: das allgemeine Sein hat keine

Türe, vor die wir etwas setzen könnten. Wir bilden uns das nur ein, weil wir das Sein als unsere Wohnstatt betrachten wollen. In Wahrheit ist es umgekehrt: das allgemeine Sein ist das Ganze, in dem wir uns als Teil allzu schlecht einfügen, weil wir egozentrisch und egoistisch sind, weil wir Angst haben, unbedeutend und allein zu sein. Wenn wir nicht aufpassen, wird uns das Sein zwar nicht vor seine Türe setzen, weil es diese Türe nicht gibt, aber das Sein wird uns als ungeeigneten Teil seiner selbst auflösen.

Die Möglichkeit des Anfangs

Wenn das allgemeine Sein zeitlos ist, so kann die Zeit das allgemeine Sein nicht erfüllen. Auch der Raum ist noch nicht aufgetaucht, weil noch alle Etwas fehlen, die ihn aufspannen oder auftun könnten.

Vielleicht ist die Möglichkeit ein besserer Kandidat für unsere gesuchte Fülle? Immerhin muss das Auftauchen des Etwas ja möglich sein, wenn es später im Sein nur so wimmeln soll von allerlei Etwas.

Das leuchtet sogar mir ein. Also beginne ich vorsorglich mit der Gegenprobe.

Besteht *nicht* die Möglichkeit eines Anfangs, so besteht auch nicht die Möglichkeit, dass ein Etwas sich in ein anderes Etwas verwandelt. Das alte Etwas kann nicht untergehen und das neue Etwas kann nicht auftauchen oder anfangen. Beide Teile des Nichts kommen nicht zustande, weder das nachkommende noch das vorausgehende Nichts. Deshalb besteht auch kein Nichts, wenn die Möglichkeit eines Anfangs nicht besteht.

So weit so gut, ohne Möglichkeit des Anfangs besteht

kein Nichts. Auch das Nichts kann nicht anfangen, wenn die Möglichkeit des Anfangs nicht besteht. Wenn nichts anfangen kann, kann auch das Nichts nicht anfangen. Konnte es nie anfangen, kann das Nichts nicht sein. Kann das Nichts nie anfangen, wird es auch nie sein.

Jetzt brauchen wir noch die Gefälligkeit des Anfangs, doch bitte endlich möglich und wirklich zu werden. Wie ist es denn umgekehrt? Wenn das Nichts nicht besteht, kommt dann die Möglichkeit des Anfangs vielleicht herbei?

Allerdings. Wenn das Nichts nicht besteht, so ist das Sein gegeben. Ist schon ein Sein gegeben, so kommt das Nichts zustande durch das Verschwinden des Alten. Deshalb kommt die Möglichkeit des Anfangs allein aus dem Ende des Gegebenen. Das Neue kommt aus dem Alten und sein Weg ist das nachkommende Nichts, der Zerfall oder Untergang des Alten. Der Zerfall des Alten ist der Nährboden des Neuen.

Das nachkommende Nichts ist der Ursprung des vorausgehenden Nichts. Das hatten wir oben schon: das nachkommende Nichts verwandelt sich in das vorausgehende Nichts. Die Reihenfolge klingt verwirrend, sie ist aber nur dieselbe wie bei der Veränderung, die zwischen Ende und Anfang liegt.

Das Nichts nach dem Ende des Alten verwandelt sich in das Nichts vor dem Anfang des Neuen. Wenn das nachkommende Nichts vollendet ist, geht aus ihm das vorausgehende Nichts hervor. Im vorausgehenden Nichts findet sich die Möglichkeit des Anfangs, weil das Alte nur so untergehen konnte, dass Neues bevorsteht. Kommt also ein Nichts zustande, so beinhaltet es notwendig die Möglichkeit des Anfangs.

36

Der ganz neue Anfang

Ist der Untergang des Alten vollständig, so ist auch die Möglichkeit des Anfangs vollständig. Weil in einem solch umfassenden Nichts lediglich die Möglichkeit des umfassend neuen Anfangs gegeben ist, sind das umfassende Nichts und die Möglichkeit des ganz neuen Anfangs ident.

Wieder erhalten wir: das umfassende oder vollständige Nichts ist selbst die Möglichkeit des ganz neuen Anfangs. Aber jetzt erkennen wir auch die Umkehrung dazu: die Möglichkeit des umfassenden Anfangs, das ist das eigentliche und wahre Nichts, das alles Seiende restlos erfasst, um es vollständig zu verwandeln.

1.2 Das Werden

Die Möglichkeit des Anfangs entspringt dem Untergang des Alten. Der Anfang des Neuen erwächst aus dem Ende des Alten. So kommt das Nichts aus dem Sein hervor und ist nur die Etappe seiner Verwandlung. Das Nichts hat keine andere Quelle als das Sein und ist nur eine Daseinsweise des Seins, nämlich dessen Wechsel von Alt und Neu, dessen Entwicklungsstadium vor dem neuen Ergebnis. Das Nichts ist die eigentliche Entwicklung des Seins, der Vollzug seiner Entwicklung.

Nur weil wir das Ergebnis der Verwandlung des Seins noch nicht sehen oder erkennen können, sprechen wir vom absoluten Nichts als wäre es die Aufhebung des Seins ohne Neuanfang des Seins. Das absolute Nichts ist eine Abstraktion vom Etwas, die blind ist für seine Verwandlung in das Neue.

Wenn wir beiden, dem Sein und dem Nichts gerecht werden wollen, dann müssen wir von der Entwicklung des Seins sprechen, die sich im Nichts vollzieht. Das Sein ist das Ergebnis des Werdens und das Nichts ist das eigentliche Werden.

Deshalb ist das Sein auch das Ergebnis des Nichts, obwohl das Nichts erst dem Sein entspringt. Beide zusammen sind das Werden und sein Ergebnis, oder das sich entwickelnde Sein. Das besagt erstens:

Das Sein entwickelt sich notwendig, denn es bildet eine Einheit mit seinem Werden, dem Nichts.

Das besagt zweitens:

Wo immer wir dem Nichts begegnen, ist es nur das Sein in seinem Werden.

So finden wir endlich die Fülle des Seins: das Sein ist erfüllt vom Werden, also vom Nichts. Und das allgemeine Sein ist ganz und ausschließlich erfüllt vom Werden. Im allgemeinen Sein liegt noch kein einziges Ergebnis des Werdens vor, deshalb und nur so ist es erfüllt vom ganzen Nichts. Aber dieses umfassende Nichts ist zugleich die umfassende Möglichkeit des ganz neuen Anfangs, ist also die vollständige Verwandlung oder Entwicklung des Seins.

1.2.1 Anfang und Ende des Seins

Jetzt haben wir im Nichts das Werden gefunden, aber noch immer hat das allgemeine Sein nicht angefangen, irgend etwas in sich zu dulden. Was soll das noch werden? Wie lange müssen wir noch ohne ein erstes, winziges Etwas als Anhaltspunkt auskommen?

Bevor wir ein erstes Etwas ausmachen, müssen wir sichergehen, dass es uns nicht gleich wieder entwischt, oder schlimmer noch, dass uns das ganze allgemeine Sein abhanden kommt.

Wo ist das Nichts anzutreffen?

Wenn im allgemeinen Sein noch kein Etwas aufgetaucht ist, ist darin auch noch kein Etwas verschwunden. Ohne das Etwas gibt es weder das vorausgehende noch das nachkommende Nichts. Das ganze Nichts bedarf des Etwas, um entstehen zu können. Im allgemeinen Sein ohne das Etwas ist auch kein Nichts.

Zugleich soll das allgemeine Sein vom Werden erfüllt sein, also vom Nichts! Wie geht das zusammen?

Ohne das Etwas besteht kein Nichts. Aber das allgemeine Sein ist erfüllt vom Nichts. Also ist das allgemeine Sein auch erfüllt vom Etwas, bloß treten alle diese Etwas noch nicht in Erscheinung, weil sie noch im Werden sind, noch im Nichts.

Aha, also versteckt sich das Nichts doch rundherum, lauert überall auf alle Etwas, auf das ganze Sein?

Neben dem Sein sind keine Etwas, auch dort kann das Nichts nicht aufkommen. Neben das Sein und außerhalb des allgemeinen Seins können nur leere Ideen gesetzt werden, *voraus* gesetzt werden – vor die Tür gesetzt werden, wie zuvor das absolute Nichts. Sie erleiden auch dasselbe Schicksal, sie kehren gescheitert zum Voraussetzenden zurück, der die eingebildete Türe weder auf- noch zumachen kann, weil es sie nicht gibt.

Selbst leere Einbildungen sind noch im Sein verankert und nicht etwa außerhalb, sind sie doch an die Denker gebunden. Die Türe des Seins ist nur im Kopf zu finden. Solche Ideen oder Abstraktionen sind falsch, sie haben keine Entsprechung in der Natur. Sie bilden nicht das Sein ab, sondern die Ängste oder Wünsche des Urhebers. Deshalb bleiben sie ihm treu ohne irgendwie zu fruchten, solange er sie liebt oder ihnen ergeben ist.

Neben und außerhalb des allgemeinen Seins sind weder das Etwas noch das Nichts. Das Sein ist umfassend. Neben, vor und nach ihm besteht nicht einmal das Nichts. Oder, einfacher: das Nichts ist nur im Sein, ist es doch dessen Werden.

Ohne Etwas weder Anfang noch Ende

Verbleibt das Sein ohne das Etwas, so verbleibt es auch ohne das Nichts. Wenn das allgemeine Sein ohne Etwas bestehen soll, dann muss es nicht nur ohne das Nichts auskommen, sondern auch ohne die Möglichkeit eines Anfangs. Das allgemeine Sein kann ohne Etwas nicht anfangen.

Besteht im allgemeinen Sein kein Etwas, dann muss das allgemeine Sein auch ohne das Verschwinden des Etwas auskommen. Das allgemeine Sein kann ohne Etwas auch nicht aufhören.

Anfang und Ende sind an das Auftauchen und Verschwinden des Etwas gebunden, sind die Daseinsweise des Etwas. Wieder erhalten wir: das allgemeine Sein ist zeitlos. Erst wenn die Etwas aus dem Werden, aus dem Nichts auftauchen, bilden sie Anfänge, und erst wenn sie im Werden oder Nichts untertauchen, bilden sie Enden.

Wollen wir prüfen, ob auch das allgemeine Sein an Anfang und Ende gebunden ist, so müssen wir fragen, ob auch das allgemeine Sein ein Etwas darstellt.

Das Werden der Teile

Ein Etwas bedarf des Unterschiedes zu anderen Etwas oder zum Rest des Seins. Es ist also ein besonderes Sein oder ein Teil des allgemeinen Seins. Wie die Etwas ihre Unterschiede hervorbringen, darauf wird der Abschnitt über das besondere Sein näher eingehen.

Ist das allgemeine Sein ein Etwas, so ist es Teil eines größeren Seins, also nicht allgemein. Das allgemeine Sein ist kein Etwas und deshalb nicht an Anfang und Ende gebunden. Anfang und Ende sind keine Bedingung für das allgemeine Sein.

Das allgemeine Sein ist jenes Sein, das alle seine Teile und damit alle Etwas umfasst. Das allgemeine Sein beinhaltet alle jene Etwas, die in ihm auftauchen und verschwinden. Anfang und Ende sind selbst Inhalte des Seins, nämlich die Daseinsweise seiner Teile.

Beinhaltet das allgemeine Sein keine Etwas, so ist es ohne Anfang und Ende. Tauchen Anfang und Ende im Sein auf, so ist das allgemeine Sein erfüllt von seinen Etwas, also auch in sich geteilt. Alle Etwas sind nur seine Teile, die sich ineinander verwandeln.

Oder: die Entwicklung des Seins bedarf der Verwandlung seiner Teile. Weil das Nichts im Sein enthalten ist, nämlich seine Entwicklung, sein Werden ausmacht, ist das Sein notwendig in sich geteilt, ist es erfüllt von seinen Teilen, die jeder für sich ein Etwas ergeben.

Das Ganze des Seins

Das Ganze des allgemeinen Seins bleibt von seinen Teilen nicht unberührt, weil es nur aus seinen Teilen besteht. Das Ganze entwickelt sich nur so, wie sich seine Teile entwickeln oder ineinander verwandeln. Darüber hinaus erwächst keine andere Ganzheit oder Daseinsweise, weil das Sein umfassend ist. Das allgemeine Sein besteht auch im Ganzen nur so, wie alle seine Teile sich ineinander verwandeln und sich dabei entwickeln.

Die Ganzheit des allgemeinen Seins besteht in seiner Unversehrtheit, in seinem Vermögen, alle Teile zu umfassen, zu versorgen, auftauchen und verschwinden zu lassen, ihre Verwandlung zu ermöglichen. Das Ganze ist dasselbe wie die Möglichkeit der Entwicklung aller Teile. Das Ganze ist Vergangenheit, Gegenwart und Zukunft der Teile, ihr Verderben (ihr Nichts), ihr Sein, ihre Chance (ihre Möglichkeit des Anfangs).

Wir fragen nochmals nach: das Ganze mag nicht an Anfang und Ende 'gebunden' sein, aber es kann oder muss doch Anfang und Ende haben wie alles Seiende?

1.2.2 Anfang und Ende des Ganzen

Alles Seiende, das wir ausmachen, besteht aus Teilen des allgemeinen Seins und bildet Teile desselben. Alles Seiende, von dem wir sprechen, bildet ein Etwas, das sich von anderen Etwas unterscheidet. Wir denken nicht an das unterschiedslose Sein ohne Etwas, wenn wir vom Sein sprechen. Deshalb verblüfft uns der Umstand, dass Anfang und Ende selbst nur Teil des allgemeinen Seins sein sollen.

Binden wir zur Probe das Ganze an Anfang und Ende. Wenn das Ganze einen Anfang hat, dann besteht vor ihm das vorausgehende Nichts. Dieses Nichts ist jedoch das Nichts vor dem Auftauchen des Etwas und wir ertappen uns dabei, das Ganze zum Teil machen zu wollen. Das lässt das allgemeine Sein jedoch nicht zu. Es ist nicht Teil eines anderen Ganzen, sondern selbst das Ganze.

Wenn das Ganze ein Ende hat, dann besteht nach ihm das nachkommende Nichts, das Nichts nach dem Ende des Etwas. Wieder zwängen wir das allgemeine Sein in die Daseinsweise des Etwas, die ihm jedoch nicht gerecht werden kann.

Stellen wir nun das Ganze, das allgemeine Sein noch einmal dem absoluten Nichts gegenüber, wie es die herkömmliche Vorstellung tut:

Zuerst war nichts, dann kam das Sein, und nach dem Sein kommt wieder das absolute Nichts. So gesehen hat das Ganze, das allgemeine Sein Anfang und Ende. Aber diese Sichtweise ist eben falsch, weil das absolute Nichts nur eine geistige Voraussetzung ist, die real nicht eintreffen kann. Indem das absolute Nichts eine absurde Abstraktion ist, nämlich eine Leugnung des Voraussetzenden, sind auch Anfang und Ende des allgemeinen Seins absurde Voraussetzungen.

Ich komme wieder zum früheren Ergebnis: das Ganze hat weder Anfang noch Ende, das allgemeine Sein ist zeitlos.

Kritik der Schöpfungsidee

Ein Hilferuf an die Religion schlägt hier fehl. Leugnen sich die Voraussetzenden, um das absolute Nichts in die Welt zu rufen, so machen sie sich selbst zum geistigen Urheber des Nichts. Sie leugnen sich und die Welt und denken an ihrer statt jenes Wesen, das *sie* dem Sein voranstellen. Ihre Gottheit sind sie selbst, bloß in der Aufhebung oder Leugnung ihrer eigenen Hilflosigkeit. Ihre Gottheit ist eine erdachte Gottheit. Eine erdachte Gottheit ist aber die Schöpfung der so Denkenden, nicht umgekehrt.

Eine so erdachte Gottheit bleibt überdies immer dasselbe wie das absolute, vorausgesetzte Nichts. Da ist nichts, was die vorausgesetzte Gottheit vom vorausgesetzten Nichts unterscheiden könnte.

Nun suchen wir einen ersten Ausweg und sagen, das Nichts vor dem Sein, das sei die Wohnstatt der Gottheit, die das Sein erschaffen wird. Aber eine Wohnstatt ist kein Nichts. Ein solches Nichts ist schon das Sein, das erst erschaffen werden soll. Der erste Ausweg ist keiner.

Wir suchen einen zweiten Ausweg und sagen, vor dem Sein ist nur die Gottheit, die mit dem Sein auch das Nichts erschaffen wird. Wenn vor dem Sein kein Nichts ist, dann ist das Sein schon da. Wenn vor dem Sein nur die Gottheit ist, dann ist sie das vorausgesetzte Nichts. Auch der zweite Ausweg scheitert.

Die vor das Sein gesetzte Gottheit ist nur dieselbe absurde Voraussetzung wie das vor das Sein gesetzte Nichts. Eine vorausgesetzte Gottheit ist selbst erschaffen, sie kann keine

Welt erschaffen. Die Schöpfungsidee widerspricht sich selbst. Eine Idee, die sich selbst widerspricht, ist absurd.

Umgekehrt machen sich die Voraussetzenden ihre erdachte Gottheit dienstbar, unterwerfen sie ihren Vorstellungen von Anfang und Ende, von menschenfreundlicher Ordnung, von einem Sein, das für den Menschen gemacht ist, und das von mütterlicher oder väterlicher Macht für sie geregelt wird. Kurz, sie unterwerfen ihre erdachte Gottheit ihren eigenen Zwecken, sie erdenken eine zweckmäßige Gottheit. Sie wollen von dem gelenkt werden, was sie voraussetzen, das ist, von ihren Zwecken.

Meines Erachtens ergibt das keinen guten Ansatz für den Glauben. Wenn das Sein nicht an Anfang und Ende gebunden ist, so sollte es auch der Glaube nicht sein. Der Glaube sollte nicht auf dem vorausgesetzten Nichts aufbauen, um dem Sein menschliche Zwecke zu unterschieben.

Der Glaube

Wer ein gehaltvolleres Gottesbild sucht, möchte vielleicht die Vorstellung prüfen, dass das Werden des Seins ein Ziel haben könnte, das immer neu aus dem Werden selbst erwächst. Dann wäre Gott die Weisheit dieses Ziels, oder vielleicht auch das sich selbst generierende Ziel. Aber dies ist nur ein Vorschlag.

Anmerken möchte ich soviel, dass der Mensch nur ganz Mensch ist, wenn er glaubt. Was er glaubt und wie er dem Rechnung trägt, das ist Sache seiner Person. Ohne Glaube jedoch gibt es kein Denken, Empfinden, Hoffen und Wollen der Person, kein Ich, keine Verbindung zur Natur und zum Du, kein

Menschsein, geschweige denn eine Gesellschaft.

Schon die Sprache bedarf des Glaubens. Der Sinn eines Wortes ist allein in dem gegeben, woran wir glauben, wenn wir dieses Wort verwenden oder akzeptieren. Das Wort weckt Vorstellungen und Empfindungen in uns, die unserer Erfahrung und unserem Unterscheidungsvermögen entsprechen, an die wir also glauben. Das Wort ist jenes Substrat aus der Natur, das unser Denken selektiert hat und zeitlebens pflegt.

Weil wir nicht nur in Empfindungen, Gefühlen, Bildern, Klängen und Eindrücken denken, sondern auch sehr viel in Worten, bedarf auch das Denken des Glaubens. Ein Gedanke ist erfüllt von dem Glauben, der uns den Gedanken zu Ende führen lässt, ganz gleich, wie wir diesen Gedanken äußern oder verschweigen. Umgekehrt ist der Gedanke dann fertig ausgeformt oder vollendet, wenn der Glaube an seinen Gehalt zu einer Überzeugung herangewachsen ist.

Ohne Glaube an unser Denken und Fühlen gibt es auch keine Anerkennung des Seins.

Der Glaube ist die Grundhaltung des Bewusstseins. Er ist die Einstellung der fragenden Person zur eigenen Frage und zur fremden Antwort. Der Glaube lenkt den Suchscheinwerfer (Popper), den wir auf unsere Frage, oder auf das Problem, eigentlich auf unseren Lebensweg richten. Wenn wir nicht glauben, dann lassen wir den Suchscheinwerfer schweifen, ob er von selbst etwas findet, oder wir lassen ihn dunkel.

Der Glaube zerpflückt auch die Antwort, die wir erhalten, auf helfende und giftige Substanzen. Er ist die Entscheidung des Bewusstseins, welchen Weg es denken will. Der Glaube lenkt die Aufmerksamkeit des Bewusstseins, wenn es vorausschaut. Der Glaube lenkt die Erinnerung, wenn das Bewusstsein zurückschaut. Der Glaube ist der Wille des Bewusstseins, was es denken soll und was nicht.

Das Wie des Denkens können wir erlernen und üben. Das Was des Denkens müssen wir glauben. Das Wie ist nicht nur die Methode des Denkens, sondern auch die Möglichkeit im Denken. Das Was ist nicht nur der Inhalt des Denkens, sondern auch die Notwendigkeit im Denken.

Wir können denken, was wir wollen. Die Gedanken sind frei. Aber der Inhalt, mit dem wir denken, das Was, womit wir denken, das können wir uns nicht ausdenken, das müssen wir nehmen, wie es kommt.

Der Inhalt des Denkens ist uns durch die Natur, durch das Sein, durch unsere Mitmenschen gegeben. Der Inhalt des Denkens ist notwendig vorgegeben. Der Glaube ist die Notwendigkeit im Denken, weil er das Sein im Bewusstsein verankert, repräsentiert, darstellt. Der Glaube ist das Sein im Bewusstsein.

Vorhin war der Glaube der Wille des Denkens, was es denken soll. Jetzt ist der Glaube die Notwendigkeit im Denken. Also finden im Glaube der Wille und die Notwendigkeit im Denken Übereinstimmung. Im Glauben ist das, was ich denken will, dasselbe wie das, was ich als notwendig zu denken erachte. Oder: im Glauben will das Bewusstsein dem Sein entsprechen.

Der Glaube ist die willentliche Übereinstimmung von Sein und Bewusstsein. Demnach ist der Glaube auch das höchste Bewusstsein, das der Mensch selektieren kann. Oder: der Glaube ist das schließende Resultat der bewussten Selektion.

Wer nicht glaubt, der sucht nicht mehr. Der Glaube ist die Überzeugung, dass es eine Lösung gibt. Wer nicht glaubt, ist verzweifelt und braucht Hilfe. So gesehen ist der Glaube auch die Zuversicht des Menschseins unter Menschen. Das Ziel des menschlichen Glaubens ist folgerichtig die vollständige Zuversicht. Ist schließlich die Zuversicht ausreichend, dann kann auf die Vorstellung von Allmacht verzichtet werden.

Kritik des Urknalls

Sogar Leute wie ich haben davon gehört, dass die Physik den Urknall mathematisch bewiesen haben will (nämlich durch Hawking und Penrose). Aber, so will ich entgegnen, was sich *nur* errechnen lässt, das lässt sich gerade *deshalb* nicht auch beweisen. Der Zahl fehlt notwendig jede Aussage über die Qualität. Sie ist schlicht das Maß der Quantität. Sie muss von jeder Qualität absehen, um nicht als Zahl ihre Dienste zu versagen.

Das Sein ist gegenüber dem Nichtsein eine Qualität, die wir hoffentlich zu schätzen wissen. Ist das Sein eine Qualität, so kann die Zahl keine Aussage über das Sein treffen. Die Quantität des Seins ist schlicht Eins. Was in dieser Eins enthalten oder nicht enthalten ist, das kann die Zahl nicht beurteilen. Die Zahl Eins kann auch nichts darüber aussagen, was mit ihr geschieht oder nicht geschieht, denn sie bleibt immer dasselbe, nämlich Eins. Die Zahl Eins unterstellt ein Etwas, das wir als ganz und unversehrt, aber auch als unveränderlich erachten.

Was passiert, wenn die Raumzeit unendlich wird? Verwandelt sich dann die Eins in das Unendliche? Was aber, wenn das Unendliche schon vorher die gesuchte Eins war? Wer sagt uns, dass die Eins Anfang und Ende hat, dass sie endlich ist?

Wir sind es selbst, die das voraussetzen, weil wir nicht anders zu zählen gelernt haben. Aber was zählt unser Zählen, wenn es um das Ganze ohne Anfang und Ende geht, nämlich um das Sein?

Die Raumzeit

Der Urknall kommt in der Physik aus einer „Singularität", die der Raumzeit notwendig innewohnt. Was heißt das?

Die Raumzeit ist das Einstein'sche Verfahren zum Messen der Bewegung. Einstein verwendet dazu in Gedanken lichtschnell bewegte Koordinatensysteme, weil er alle Bewegungen am Licht messen will. Er sieht nach, wo die Körper geblieben sind, welche Koordinaten sie also erreicht haben, wenn sie sich im Vergleich zum Licht bewegt haben.

Einstein erhebt also das Licht zum Maß der Bewegung (Spezielle Relativitätstheorie). Das macht deshalb Sinn, weil die Bewegung des Lichts nicht nur die bislang schnellste bekannte Bewegung ist, sondern bisher auch als immer gleich schnell beobachtet wurde. Für ein Maß ist es zunächst von Vorteil, wenn es konstant ist. Das erleichtert den Vergleich mit anderen Bewegungen.

Darüber hinaus lassen sich die Koordinatengitter der Raumzeit geometrisch verformen, um den Einfluss großer Körper auf die Bewegung anderer Körper abzubilden (Allgemeine Relativitätstheorie). Auch das macht Sinn, denn das Licht bewegt sich nicht immer geradlinig, und das Maß der Bewegung kann in einem zweiten Schritt des Verfahrens diesem Umstand angepasst werden. Wir können auch sagen, es kommt ein drittes Maß hinzu: Lichtbewegung, Körperbewegung, und umgelenkte

Lichtbewegung werden gemeinsam geometrisch abgebildet.

Beide Verfahren funktionieren, solange sich die Körper nicht auflösen und neu vereinen, sich also nicht in andere Körper verwandeln. Geschieht jedoch letzteres, so kann die Physik erst wieder Aussagen treffen, wenn sie neue Bewegungen wahrnehmen und messen kann. Kann sie das nicht, so ist ihr Verfahren nicht ausreichend, der Bewegung oder der Natur der Körper nicht gewachsen, nicht adäquat.

Die Singularität der Raumzeit

Der Urknall (und auch der Endknall) ist ein Problem der Raumzeit (eine „Singularität"), weil dort jegliches Maß der Bewegung versagt oder verschwindet (mathematisch unendlich wird). Die Physik fasst das so auf, dass dort die Raumzeit selbst verschwindet oder anfängt. Da möchte ich einwenden, dass es der Natur keinen Abbruch tut, wenn ein physikalisches Verfahren verschwindet oder anfängt, oder schlicht versagt.

Allerdings glaubt die Physik, dass die Raumzeit Raum und Zeit ersetzt, dass also auch Raum und Zeit verschwinden, wenn dies die Raumzeit tut. Aber genauso gut kann die Physik glauben, dass das Maß des Trinkens das Trinken ersetzt und dass das Trinken aufhört, wenn es maßlos geschieht.

Die Raumzeit mag in der Physik Raum und Zeit ersetzen, weil sich die Physik nur mit Maßen beschäftigt. Raum und Zeit sind aber nicht daran gebunden, ob und wie sie von der Physik gemessen werden. Auf Raum und Zeit werde ich noch näher eingehen. Hier nur kurz: die Raumzeit ist nur ein Maß von Raum und Zeit, nur ein Maß der Bewegung, nicht jedoch die Bewegung selbst.

Verschwindet eine Bewegung, so verschwindet der Körper, der sie hervorbringt. Verschwindet ein Körper, so verwandelt er sich in andere Körper. Aber es ist noch nicht ausgemacht, dass mit dem Maß der Bewegung auch die Bewegung verschwindet. Sie könnte sich auch einfach dem menschlichen Maß entziehen.

Der Urknall ist ein hausgemachtes Problem der Physik, das sie der Einschränkung ihrer Methoden schuldet. Wo das Maß verschwindet, die Quantität, dort wechselt die Qualität des Gemessenen, nicht mehr und nicht weniger. Aber dafür ist die Physik unempfänglich, weil sie nur an das Maß glaubt und jegliche Qualität als unwissenschaftlich oder spekulativ bezeichnet. Demnach wäre auch die Qualität der Physik unwissenschaftlich oder spekulativ.

Kritik der Physik

In der Tat zweifle ich die Physik als Naturwissenschaft an. Sicher, sie gilt als Inbegriff der Naturwissenschaftlichkeit und viele Disziplinen eifern ihr darin nach. Aber Gegenstand der Physik ist seit Galilei (Fallgesetze), Newton (Gravitationsgesetz) und Einstein (Raumzeit) das Maß der Natur, genauer, das Maß der Bewegung. Was nicht gemessen werden kann, gilt in der Physik als unwissenschaftlich.

Nun ist aber jedes Maß notwendig verschieden vom Gemessenen, sonst kommt kein Vergleich zustande. Messen heißt unabwendbar Vergleichen. Ein Liter bleibt ein Liter, egal ob er von Wasser, Milch oder Wein erfüllt wird. Für die Methoden der Physik genügt der Liter. Das Flüssige wird dazu vorausgesetzt, denn immerhin füllt es den Liter. In der Natur ist aber entscheidend, ob es sich nicht doch vielleicht um Öl oder Honig handelt. Die Quantität (des Liters) spielt auch eine Rolle, aber entscheidend für das Geschehen ist vorrangig die Qualität (des Inhalts des Liters).

Ist das Maß notwendig verschieden vom Gemessenen, so ist das Maß der Natur notwendig verschieden von der Natur selbst. Ist der Gegenstand der Physik das Maß der Natur, dann ist *nicht* die Natur Gegenstand der Physik.

Also ist die Physik keine Naturwissenschaft, soweit sie sich auf das Maß beschränkt. Die Physik des Maßes ist ein Zweig der angewandten Mathematik, der Kinematik oder Geometrie der Bewegung. Ihre Ergebnisse sind abstrakte oder geistige Leistungen, nicht jedoch Aussagen über die Natur. Die Physik ist die Kunst des Messens.

Nur soweit die Physik spontan und unbewusst das Richtige zum Messen und Zählen voraussetzt, nur soweit hat sie es überhaupt mit Teilen des Seins zu tun. Die Physik ist also auf das als Gegenstand ihrer Forschung angewiesen, worüber sie nicht spekulieren möchte. Sie beschäftigt sich mit nicht hinterfragten Voraussetzungen, das ist, mit Wünschen oder Konventionen. Tatsächlich ist die Qualität der Physik unwissenschaftlich und spekulativ.

Zur Methode der Physik

Will die Physik eine Qualität errechnen, so missversteht sie die Mathematik, die Kunst des Zählens. Während in der Mathematik die Quantität verwandelt wird, bleibt die Qualität des Gezählten konstant, weil von ihr abgesehen wird. Die Qualität wird zuerst vorausgesetzt und dann, nach Vorliegen des rechnerischen Ergebnisses, wieder herbeigerufen. Dabei wird unterstellt, dass sich die Qualität des Gezählten während des Zählens oder Rechnens nicht verändert. Will die Physik die Mathematik als Geburtshelfer der Qualität herbeirufen, so ruft sie nur ihre eigenen Voraussetzungen herbei.

Das Sein ist eine Qualität des Ganzen mit der Quantität Eins. Bestenfalls die Teile des allgemeinen Seins sind quantifizierbar, zählbar, berechenbar. Alle Zahlen zählen verschiedene Etwas, nämlich deren Verwandlung und Bewegung. Keine Zahl außer der Eins zählt das Ganze.

Allerdings kann auch jeder Teil Eins zählen, nämlich wenn er als ein Ganzes gesetzt oder vorausgesetzt wird. Das geht solange gut, als sich dieser Teil nicht verwandelt. Deshalb sollte die Physik immer wissen, was sie zählt. Leider ist sie heute oft weit davon entfernt.

In der Mechanik waren die Teile ausreichend klar umrissen und wurden ohne ihre Veränderung zu beachten als Eins gesetzt: ein Planet, eine Kugel, ein Stein. Je kleiner die zu erforschenden Teile aber werden, um so mehr macht sich ihre Veränderung während des Zählens bemerkbar. Das Eins wackelt inzwischen wie ein Etikett, das einer zuckenden Wolke aus Irgendwas aufgepflanzt werden soll. Die Physik spricht von „Unbestimmtheit" und greift zu statistischen Methoden, hält aber ebenso sehr an Zahl und Maß fest - wie an der vorausgesetzten, deshalb auch unveränderlich gedachten Qualität des Irgendwas.

Die Physik setzt Qualität immer nur voraus und hat kein Instrument entwickelt, diese Qualität auch zu beurteilen. So hat sie sich selbst mit Blindheit geschlagen für den stetigen Wechsel der Qualität in der Natur, für die Entwicklung der Körper, für die Entfaltung des Seins. Immer ist nur von Schwerpunkten, Bausteinen, Quanten und anderen menschlichen Konstrukten die Rede, wenn die Physik versucht, den Körper zu erfassen, einen höchst beweglichen und veränderlichen Teil des Seins.

Maxwell (Wechsel von Ladung und Magnetismus) versuchte sein Leben lang zu ergründen, was seine Gleichungen bedeuten, warum sie funktionieren, warum sie Bewegungen von Elektronen berechnen können. Aber dann hat Einstein erklärt, solange physikalische Gleichungen praktisch funktionieren, solange ist jede darüber hinaus gehende Interpretation unwissenschaftliche Spekulation. Wenn etwa die Raumzeit als Maß von Raum und Zeit tauge, so sei ein Äther überflüssig (der spekulative Inhalt des Raumes).

Seither hält es die Physik so, weil sie in Wahrheit ihre Gleichungen nicht mehr interpretieren *kann*, das ist, nicht mehr versteht. Das Maß ist das Credo des Versuchs und des Beweises, und wer das nicht glauben kann oder will, scheidet in der heutigen Physik aus.

Zum Glück beschränkt sich nicht die gesamte Physik auf das Messen und Rechnen, sondern nur jener theoretische Zweig, der zur Zeit vom Glauben an Maß und Zahl beherrscht wird. So dürfen wir hoffen, dass die denkende Physik die bloß rechnende ablösen wird.

Der Schneider und sein Kleid

Am ersten Tag erblickte der junge Schneider die Natur und sprach ganz leise bei sich: „Wie wild und schön sie ist. Ich werde ihre Blöße bedecken, damit alles seine Ordnung hat und niemandes Verstand verwirrt werde." Dann begann der Schneider, aus höflicher Distanz, aber doch sorgfältig Maß zu nehmen. Alle Maße schrieb er in sein Werkbuch.

Am zweiten Tag schaffte der Schneider den schönsten Stoff aus Zahlen herbei, den er aufzutreiben vermochte. Dann begann er, das edle Tuch getreu nach seinen Maßen und auch sonst nach allen Regeln der Kunst zurecht zu schneiden.

Am dritten Tag nahm er das Garn der Logik und fing zu nähen an, so wie das seinen kühnsten Vorstellungen entsprach. Er hatte gutes Maß genommen, aber er wusste noch nicht recht, wie er die wilde Schönheit der Natur richtig zur Geltung bringen sollte. Er wollte keinem ihrer Aspekte Unrecht tun. Er vermerkte in seinem Werkbuch: „Zu verwirrend ist diese wilde Schönheit, als dass ich mich darin noch weiter vertiefen dürfte. Ich werde das Kleid der Naturgesetze vorsorglich überall schließen.“

Am fünften Tag überzeugte sich der Schneider vollends von seinem Tun. „Wenn die wilde Schönheit keine Blöße mehr zeigen wird, dann werde ich genauer Maß nehmen können. Auf diesem Wege werde ich mich behutsam, aber geduldig vortasten. So werde ich finden, wo das Kleid einzunähen sei und damit besser angepasst werden könne. Zuerst aber will ich ihr ein Kleid wie einen Palast nähen, damit sie sich nicht vielleicht eingeengt findet.“

So nähte er einen Palast, einen weiten Überwurf mit vielen Räumen, Kapuzen, Ärmeln und Beinen, die er alle lückenlos zunähte. Alles erdenkliche Schöne sollte Platz darin finden, aber nichts sollte außerhalb der guten Ordnung verbleiben. Was er an Stoff übrig hatte, nähte er vorsorglich wie Fahnen an möglichst vielen Enden an den Palast an, damit er später Räume hinzufügen und umnähen könnte, sollte sich die Natur anders gestalten wollen.

Am sechsten Tag hob der Schneider den Überwurf, um ihn über die wilde Schönheit herabzusenken. Da vermeinte er, einen betörenden Duft zu vernehmen und von einem Sturm der Leidenschaften erfasst zu werden. Die vielen Räume, Kapuzen, Ärmel, Beine und Fahnen umfingen ihn, umschlangen ihn, nahmen ihm Gesicht und Atem, hüllten ihn ganz ein, um sich dann wieder aufzubauschen und ungeahnte Perspektiven aufzutun.

Rasch ertastete der Schneider seine Schere und schnitt ein Loch in das Kleid, durch das er ins Freie schlüpfte. Aber auch dort sah er lediglich den im Sturm aufgeblähten Palast, den er genäht hatte. Auch wenn er nach oben oder unten blickte, sah er nur Stoff. Da begriff der Schneider, dass er irrtümlich in den Palast hinein geflohen war.

Also schnitt er ein zweites Loch, um nun doch hinaus zu kriechen. Dann warf er die Schere vorsorglich fort, damit er kein drittes Loch schneiden könne. Aber wieder sah er nur Räume aus flatterndem Tuch. Er konnte die Fahnen nicht vom Kleid unterscheiden, die Ränder nicht von Himmel und Erde, weil hinter jedem Tuch wieder nur Tuch zu sehen war.

Der Sturm legte sich nicht und entriss das Tuch den fiebernden Händen des Schneiders, so oft er auch eines der beiden Löcher auffand, um hindurch zu schlüpfen. Immer sah der Schneider nur das flatternde Kleid oder Tuch, wohin er auch blickte. Schließlich waren die beiden Löcher im Palast unauffindbar fortgeweht und er konnte nicht mehr sagen, ob er sich im Inneren oder im Freien befand.

Da erkannte der Schneider, dass er seinem Werk oder der

Natur nicht mehr entrinnen konnte, wem nun eigentlich, das vermochte er nicht mehr zu sagen. Lange währte seine Verzweiflung, bis er verzückt begriff, dass er Teil der Natur geworden war. Er würde in den Räumen des Palastes gefangen bleiben, ob diese nun zugenäht waren oder nicht. So aber könne er sich der Natur immer wieder tastend nähern, um den Palast in ein angemessenes Kleid zu verwandeln. Nach dieser Einsicht ruhte er erschöpft.

Am siebenten Tag erhob sich der Schneider. Der Sturm war abgeflaut. Er trat gegen den Wind zurück, damit das edle Tuch aus Zahlen sich vor ihm aufblähe und so seinen Blick freigebe. Lange betrachtete er sein Werk. Schließlich sprach er laut und voller Zuversicht zur Natur: „Ich sehe, wie gesetzmäßig du bist. Deine Zahlen bilden eine wunderbare Ordnung. Nichts an dir widerstrebt der Vernunft und der Logik. Du bist der Inbegriff des Geistes. Ich werde dir fortan ein guter Schneider sein." Dann begann er wieder Maß zu nehmen, um das Kleid der Naturgesetze der Natur besser anzupassen.

Wie die Natur es wollte, vermehrten sich die Schneider. Sie nahmen Maß, nähten Schicht um Schicht, Kammer um Kammer. Sie fügten Naht an Naht, Form an Form, Schlauch an Schlauch, Kleid an Kleid, eine Generation nach der anderen. Der Palast wuchs nach innen und außen, aber niemand vermochte zu sagen, wo das war. Wo immer sich eine Lücke auftat oder eine Naht brach, wurde das Kleid sorgsam wieder geschlossen, wie das der guten Sitte entsprach. Und immer neue Fahnen wurden angeheftet, um über immer neue Reserven verfügen zu können. Wo ein Schneider war, da war auch das Kleid und umgab ihn wie sein Nest.

Findige schnitten heimlich Gucklöcher in sturmgepeitschte Schläuche, die sie wieder zunähten, bevor sie entdeckt werden konnten. Aber immer wenn sie verstohlen Ausschau hielten, sahen sie lediglich das Kleid der Naturgesetze, das wie eine flatternde und bauschige Palastlandschaft alle Natur bedeckte und verhüllte. In den Räumen und Höfen erblickten sie überall Schneider, die ohne Unterlass nähten und webten, um das Kleid der Natur zu vollenden. Wurden sie aber ertappt, indem sich ihre Blicke trafen, so winkten sie einander zu und versicherten einander, wie schön es doch sei, hier zu sein und der guten Ordnung dienen zu dürfen.

Nach sieben Generationen konnte niemand mehr sagen, was in dem Palastkleid steckte, oder ob überhaupt etwas darin verborgen lag, was nicht wieder Stoff aus Zahlen war. So glaubten schließlich auch die Schneider, dass sie nicht nur Teil der Natur sein mussten, sondern vielmehr Teil der Naturgesetze. Auch alle Schneider konnten nur so beschaffen sein, wie die Natur. Sie mussten also alle auch selbst aus dem schönen Stoff aus edlen Zahlen gemacht sein. So verschmolzen sie einträchtig mit ihrem Werk und nahmen weiter Maß an ihm und an sich. Auf diese Weise entdeckten sie auch, dass sie unterschiedlichen Geschlechts waren und sich vielleicht deshalb so erfolgreich vermehrten.

Nach weiteren sieben Generationen kam die Legende auf, der Urvater der Naturgesetze hätte die wilde Schönheit der Natur noch außerhalb des Palastes, also noch unbekleidet erblickt, hätte aber darüber seinen Verstand eingebüßt. Deshalb dürfe niemand versuchen, die Natur außerhalb der Naturgesetze zu betrachten. Sein Faden würde reißen, sein Garn der Logik. Sein geistiger Halt in der Natur ginge für immer verloren. Wer aber bei gutem Verstand sei, der vollbringe sein Werk und nähe, was allen Schneiderinnen und Schneidern zum Dasein und Glück gereiche.

1.2.3 Das Unendliche

Wir danken der Physik einen erfrischenden Abstecher in die beinahe konkrete Welt der zuweilen knallenden Maße. Allein, ich kehre zurück auf meinen Pfad durch das allgemeine Sein, das sich im Ganzen noch recht nebelig gibt und uns noch nicht das kleinste Etwas gönnt.

Vorne haben wir gefunden: Anfang und Ende sind an das Auftauchen und Verschwinden der Etwas, von Teilen des Seins gebunden. Anfang und Ende sind nur die Daseinsweise der Teile. Das Ganze selbst hat weder Anfang noch Ende, solange es ganz ist.

Und wie bitte sollen wir uns das Unendliche vorstellen, in die dann das Ganze ohne Anfang und Ende hineinpasst?

Das Unendliche denken wir zunächst so, dass wir eine Reihe aus Dingen oder Zahlen in Gedanken nicht enden lassen. Wir verwehren der Fortsetzung das Ende. Dies tun wir in jeder erdenklichen Richtung und erhalten so in Gedanken den leeren Raum, der keiner Fülle bedarf.

Allerdings ist dieser Raum nicht leer. Es ist ja unser Sein darin. Wir lassen also den Raum ausufern, während wir das Sein in unserer Vorstellung begrenzen. Wir betten das Sein in die Unendlichkeit ein. Soweit unser Verfahren der Abstraktion, wenn wir das Unendliche denken.

Zur Probe begeben wir uns nun geistig an den Rand des Universums, an die von uns vorausgesetzte Grenze des Seins.

Wenn wir uns dem Sein zuwenden, sehen wir das gewohnte Bild des Kosmos. Jetzt drehen wir uns um und studieren den leeren Raum, die von uns erdachte Bühne des Nichts.

Was wir da studieren, ist das Nichts nach dem Etwas, das nachkommende Nichts. Allerdings besteht dieses nachkommende Nichts nicht zeitlich. Denn das ganze Sein liegt ja noch in unserem Rücken. Dieses nachkommende Nichts besteht anscheinend nur räumlich.

Wir treten hinaus in die Leere, drehen uns um und betrachten die von uns gedachte Grenze des Seins. Das Sein ist verschwunden. Was haben wir falsch gemacht?

Wir haben das Sein verlassen. Wir sind hinausgetreten in die Leere, in das von uns vorausgesetzte Nichts. Dieser Schritt ist derselbe Schritt wie die Leugnung unseres Seins. Es ist auch derselbe Schritt wie unsere Voraussetzung, dass das Sein begrenzt sei. Es ist ein absurder Schritt.

Jetzt unterlassen wir den Schritt in die Leere. Wir betrachten die von uns gedachte Grenze des Seins von innerhalb des Seins. Aber was wir sehen, ist das Sein. Wir können keine Grenze des Seins ausmachen, es sei denn, wir finden diesseits der Grenze einige Etwas, die jenseits der Grenze offenbar fehlen und dort auch nicht auftauchen können.

Das aber können wir nicht wissen oder behaupten. Einige Etwas könnten sich auf Reisen begeben und unsere begrenzte Vorstellung vom Sein damit sofort Lügen strafen. Zum Beispiel könnten das Licht oder die Wärme das Weite suchen. Sie würden die von uns vorausgesetzte Leere erfüllen, also auch zunichte machen. Womit wollten wir Licht und Wärme aufhalten? Mit unserer Vorstellung von der Leere?

60

Wir haben nichts, womit wir dem Sein als Ganzes eine Grenze setzen könnten. Die Etwas fehlen nicht nur außerhalb des ganzen Seins. Sie fehlen auch noch innerhalb des allgemeinen Seins, in dem noch keine Etwas aufgetaucht sind. Oder wieder: ohne Etwas kein Anfang und kein Ende, auch nicht räumlich.

Eine Grenze zwischen Sein und leerer Unendlichkeit ist ein leeres Postulat. Diese Grenze ist wieder nur das vorausgesetzte Nichts, nur mit der Einschränkung, dass das leere Unendliche dem Sein anliege, es umfasse oder einbette.

Das leere Unendliche ist eine absurde Konstruktion unserer Vorstellung. Einerseits verlangt diese Konstruktion nach dem vorausgesetzten Nichts. Andererseits verlangt dieses Konstruktion nach dem ganzen Sein. Aber die Konstruktion kann nicht sagen, worin sich beide unterscheiden, was ihre Grenze ausmacht.

Nun haben wir folgende Situation: das Ganze des allgemeinen Seins hat keinen Anfang und kein Ende, weder zeitlich noch räumlich. Zugleich ist das leere Unendliche eine absurde Vorstellung. Daraus ergibt sich, dass das Sein selbst unendlich ist.

Diesseits und Jenseits

Im allgemeinen Sein kann kein Etwas bestehen, das die Allgemeinheit des Seins stört. Kein Teil des allgemeinen Seins kann eine solche Besonderheit ausbilden, die seine Absonderung vom Sein verlangt. Die Absonderung einer solchen Besonderheit würde das allgemeine Sein in zwei Teile teilen. Das allerdings hätte vernichtende Folgen.

Der erste Teil wäre das abgesonderte Sein der ersten Besonderheit. Was abgesondert ist, hat keine Verbindung zum übrigen Dasein. Dieser besondere, verbindungslose Teil des Seins könnte nicht länger das allgemeine Sein verbleiben. Im Gegenteil, sein Bestand wäre an die Besonderheit und Absonderung gebunden. Der separate Teil wäre sowohl verbindungslos, als auch abhängig. Das ist aber unmöglich, also kann der separate Teil nicht bestehen. Das Jenseits ist nicht möglich.

Der zweite Teil nach der Trennung des allgemeinen Seins wäre der Rest des allgemeinen Seins. Aber diesem Rest stünde nun fortan der erste, abgesonderte, verbindungslose Teil gegenüber. Auch der zweite Teil bliebe nicht das allgemeine Sein. Auch er bliebe ohne Verbindung und zugleich abhängig. Auch das Diesseits ist nicht möglich.

Das allgemeine Sein lässt sich nicht in Jenseits und Diesseits teilen. Es ist entweder umfassend, oder es besteht nicht.

Das absolute Nichts lässt sich nur voraussetzen unter Leugnung der Voraussetzenden. Wenn wir uns anerkennen, so müssen wir auch anerkennen, dass das allgemeine Sein besteht. In weiterer Folge müssen wir anerkennen, dass das allgemeine Sein im Ganzen ohne Teilung in Jenseits und Diesseits besteht. Jenseits und Diesseits des ganzen Seins sind leere Abstraktionen, sie sind nicht Teil der Natur. Allerdings werden wir Jenseits und Diesseits noch in anderem Zusammenhang näher kennen lernen.

Die Teilung des Ganzen

Setzt das Ganze einen Anfang, so setzt es einen Anfang notwendig in sich, in seinem Inneren, das ist, zwischen seinen neu aufkommenden Teilen. Das Ganze fängt an, sich zu teilen, sobald es einen Anfang setzt oder duldet.

Zugleich hört das Ganze damit auch auf, ungeteilt als Ganzes zu bestehen. Mit dem ersten Anfang, den es setzt, besteht das Ganze fortan nur mehr in seinen Teilen, die es zu sich vereint.

Wenn sich das Ganze teilt, so entwickelt es in sich Teile. Entwickelt das Ganze Teile, so entwickelt es sich selbst in seinen Teilen. Die Entwicklung des Ganzen besteht darin, wie es sich teilt und seine Teile zu sich vereint. Im Wechsel seiner Teile liegt seine Erhaltung, Erneuerung und Entwicklung.

Nicht nur die Teile entwickeln sich im Stadium ihres Nichts, sondern auch das Ganze. Wieder finden wir, das Ganze entwickelt sich nur so wie seine Teile.

Da erhebt sich die Frage, kann das Ganze seine Teilung nicht auch unterlassen? Kann es ungeteilt bestehen? Kann das allgemeine Sein so beschaffen sein, dass es keiner Teile bedarf?

Das Ganze ist notwendig geteilt

Stellen wir das Ganze auf die Probe. Es verkörpert das allgemeine Sein, verzichtet aber auf eine innere Teilung. Es verharrt homogen ohne innere Regung, Bewegung oder Veränderung. Ein solches Ganzes ist tot und bietet keinen Lebensraum für uns Menschen. Wollten wir also ein allgemeines Sein ohne Teile, dann müssten wir wieder von uns absehen.

Wir stehen vor demselben Problem, das wir schon mit dem absoluten Nichts hatten: es handelt sich um eine unzulässige Voraussetzung. Sie ist unzulässig, weil sie unsere eigene Aufhebung voraussetzt. Nicht dass wir uns selbst unbedingt mögen müssen, aber wir dürfen in einer Entscheidung zwischen richtig und falsch nicht von uns absehen. Sonst ist die Grundlage der Entscheidung falsch und damit notwendig auch das Ergebnis der Entscheidung.

Das Verschwinden der Teile

Nun könnten wir annehmen, dass das Sein nach uns und der uns bekannten Welt in ein Stadium des ungeteilten Daseins übergehen könnte, oder dass es vor uns und den uns bekannten Teilen aus einem ungeteilten Stadium hervorgekommen sei.

Das ist eine Untersuchung wert. Ich betrachte zuerst die Annahme, dass das Sein nach uns homogen werden könnte. Dazu lasse ich die Teile des Seins zusammenfallen oder verschwinden. Ich beginne mit dem Verschwinden.

Wenn aus dem allgemeinen Sein Teile verschwinden, dann hält das Fehlen Einzug in das allgemeine Sein, jene Leere, die dem Verschwinden folgt. Das aber ist das nachkommende Nichts, das Nichts nach dem Ende des Etwas. Je mehr Teile untergehen, desto umfassender wird das nachkommende Nichts, bis es schließlich das allgemeine Sein ersetzt.

Gehen alle Teile des allgemeinen Seins unter, so verwandelt sich das Ganze in das nachkommende Nichts. Deshalb kann das Ganze nicht homogen werden ohne zugleich unterzugehen, ohne sich ganz aufzulösen. Oder einfach: mit seinen Teilen verschwindet auch das Ganze.

Die Vereinigung der Teile

Jetzt untersuche ich den Fall, dass alle Teile des Seins zusammenfallen, sich in einem homogenen Ganzen vereinen.

Dazu ist erforderlich, dass alle Teile ihre Unterschiede aufgeben. Werden die Teile unterschiedslos, so hören sie auf, Etwas zu sein. Sie lösen sich im allgemeinen Sein auf.

Dieses allgemeine Sein ist aber dasselbe wie das ganze nachkommende Nichts. Es ist der umfassende Neuanfang des Seins, seine vollständige Verwandlung, seine Wiedergeburt. Fällt also das Sein in sich zusammen, so verwandelt es sich, so geht aus seiner Mitte ein neues Sein mit allen seinen Teilen hervor.

So finden wir, besteht das Sein als das Ganze, so kann es nicht homogen sein. Solange das Sein besteht, besteht es notwendig in sich geteilt, das ist zugleich, vereint aus allen seinen Teilen.

Ich komme nun zu der Annahme, dass das Sein vor uns homogen gewesen sein könnte.

War das allgemeine Sein vor uns homogen, so war es vor uns unmöglich auch das Ganze. Jedoch sind wir Teil des allgemeinen Seins, deshalb sind wir auch Teil des Ganzen. Also war das allgemeine Sein auch vor uns schon das Ganze, bestand es immer schon als das Ganze. Als das Ganze kann es nie homogen gewesen sein, auch nicht vor uns.

So erhalten wir als Ergebnis, dass das Ganze notwendig in seine Teile geteilt ist, die es zugleich zu sich vereint. Die Teile sind die Daseinsweise des Ganzen. Das allgemeine Sein ist nicht möglich ohne die Fülle seiner Etwas, ohne die Vereinigung aller seiner Teile.

65

Noch eine kurze Probe: Verschwinden die Teile des Seins, so wird das allgemeine Sein zum nachkommenden Nichts, zum Nichts nach dem Ende des Etwas. Tauchen die Teile nie im Sein auf, so bleibt das Sein das vorausgehende Nichts, das Nichts vor dem Anfang des Etwas. Das Sein ohne seine Etwas oder seine Teile ist das ganze Nichts. Wird das ganze Nichts umfassend, so wird es zum absoluten Nichts, zu einer falschen Voraussetzung. Auch so finden wir, dass das Sein nicht homogen bestehen kann. Es kann sich nur erhalten, indem es sich teilt und vereint.

Das fremde Sein

Ich unternehme einen letzten Versuch: irgendwo abseits unseres allgemeinen Seins, in einem fremden Universum, würde die Physik sagen, bestehe ein fremdes, ein ungeteiltes Sein, also ein homogenes Ganzes.
Allein, diese Art von Jenseits kann nicht bestehen.

Soll das jenseitige Sein das Ganze sein, so muss es unser Sein umfassen. Das kann es aber nicht, denn ohne Teile kann es nichts austauschen, also auch keine Verbindung herstellen. Das fremde Sein kann uns weder wahrnehmen noch aufnehmen. Will es das Ganze werden, will es uns aufnehmen, so muss es darauf verzichten, homogen zu sein.

Nun lassen wir das fremde Sein in sich geteilt sein. Wir verzichten auf seine Homogenität.

Jetzt zeigt sich, dass beide Einheiten, das Diesseits und das Jenseits, gar nicht ganz sind. Sie sind nur die zwei Teile des gemeinsamen Ganzen.

Also vereint das allgemeine Sein beide Teile, das Diesseits und das Jenseits, wird das Ganze und ist notwendig in sich geteilt. So ergibt sich: indem das allgemeine Sein auch das ganze Sein ist, umfasst es alle Teile, kann es niemals homogen bestehen.

Das Sein als absoluter Geist

Manche sind der Auffassung, dass das Sein geistiger Natur sei. Das eigentliche Sein sei ein absoluter Geist, und unsere sinnliche Welt sei nur ein Widerschein dieses reinen Geistes. Ich möchte hier auf die Frage eingehen, ob nicht ein solches Sein homogen sein könne oder müsse.

Wenn das Sein absoluter Geist sein soll, so bedarf es jenes Untergrundes oder Hintergrundes, von dem es sich abgelöst hat, um absolut zu sein. Ein solches Sein ist also geteilt in den absoluten Geist und in den Rest der Welt. Nenne ich diesen Rest der Welt die Materie, dann komme ich wieder zu jenem allgemeinen Sein, von dessen Existenz ich ausgegangen bin. Es setzt sich aus dem Geist, der Materie und dem Denken zusammen, das zwischen beiden vermittelt oder entscheidet. Wie das Denken urteilt, das bleibt dem Denken überlassen.

Wenn das Sein reiner Geist sein soll, so bedarf dieser Geist eines Inhaltes, nämlich seiner Ideen. Ein Geist ohne Inhalt wäre zwar homogen, aber auch leer. Er könnte keine Welt als Widerschein seiner selbst beinhalten. Beinhaltet er aber eine Welt, so ist er nicht leer, sondern erfüllt. Dann aber ist er auch in sich geteilt, nämlich in seine Ideen. Ist der reine Geist in sich geteilt, so ist auch das Sein nicht homogen, das er hervorbringen soll.

Bringt der reine Geist das Sein aus sich hervor, so ist dieses Sein geteilt nach den Ideen des reinen Geistes. Weiters tritt das so hervorgebrachte Sein dem reinen Geist notwendig gegenüber. Es wird zu seinem Gegenstand, auch wenn es Widerschein bleibt. Ist es aber Gegenstand des Geistes, so wird es zugleich zum Gegenstand des Denkens.

Was Gegenstand des Denkens ist, das ist außerhalb des Denkens. Es ist auch außerhalb des reinen Geistes, da es von ihm als Widerschein hervorgebracht oder eben veräußert wurde. Was außerhalb des Geistes und des Denkens ist, das ist allerdings wieder Materie. Auch hier gelange ich zu einem Sein, das sich aus Geist, Denken und Materie zusammensetzt. Nur die Reihenfolge ist anders.

Die Reihenfolge halte ich für weniger entscheidend als den Umstand, dass das Sein in keinem Fall homogen sein kann.

Das Sein als menschlicher Zweck

Nun könnten wir uns noch einbilden, dass wir die Allgemeinheit des Seins aufheben, zum Sein des Menschen machen könnten. Aber dann wäre das Sein nicht bloß unserer Umgebung von uns abhängig, sondern auch das Sein des Kosmos. Wir müssten alle Teile des Seins unserer Daseinsweise unterwerfen, die Sterne dirigieren, die Galaxien lenken, die Tiere und Pflanzen mit unseren Zwecken und Launen bedrängen, ja auch die anderen Menschen unserer Willkür und Einbildung gefügig machen. Kurz: wir müssten trotz aller unserer Unzulänglichkeiten und inmitten unserer Dummheit und Egozentrik herrschen, uns die Natur Untertan machen, oder zumindest das, was wir uns als Natur oder als untertänig einbilden.

Zum Glück sind keinerlei solche Anwandlungen auszumachen, würden sie doch den Menschen rasch einer regulierenden Verwandlung in jene Einzeller zuführen, die den Nährboden für ein besseres Leben aufbereiten. Weil Allmachtsträume mit dem Schlaf enden, dürfen wir auf volle Wachheit bauen.

Zusammenfassung der ersten Etappe

Bisher habe ich die Fragen a*) bis d*) wie folgt beantwortet:

a*) Woraus kommt die Möglichkeit des Anfangs?
Die Möglichkeit des Anfangs ist das vorausgehende Nichts. Beide gehen aus dem nachkommenden Nichts hervor, indem sich das nachkommende Nichts in das vorausgehende Nichts verwandelt.

b*) Wie besteht das Sein als Ganzes?
Das ganze Sein besteht nur so, wie es von allen seinen Teilen, von allen seinen Etwas gemeinsam hervorgebracht wird. Darüber hinaus besteht keine andere Daseinsweise des Seins.

c*) Welchen Anfang und welches Ende hat das Sein?
Anfang und Ende wohnen dem ganzen Sein inne als das Auftauchen und Verschwinden der Besonderheiten oder Teile des Seins. Das Sein als Ganzes hat weder Anfang noch Ende, weil das ganze Sein nur so besteht, wie es von seinen Teilen hervorgebracht wird. Im Sein sind nur alle jeweiligen Anfänge und Enden der besonderen Etwas oder Teile des Seins.

d*) Warum teilt sich das Sein in Besonderheiten?

Mit jedem Anfang, der im Sein auftaucht, teilt sich das ganze Sein in besondere Teile. Anfang und Teilung des Seins sind nur zwei Aspekte der Daseinsweise des Seins, die sich nicht von der Daseinsweise seiner Besonderheiten unterscheidet.

2. Das besondere Sein

Zerstören die Teile nicht die Allgemeinheit des Seins? Eingangs sagte ich, dass ein erstes Etwas das allgemeine Sein in sein eigenes Sein verwandeln würde. Ein solches Etwas wäre der Mensch. Nun bestreite ich den Anspruch des Menschen, das allgemeine Sein für sich zu vereinnahmen. Wie passen überhaupt irgendwelche Teile in das Ganze, wenn keine Etwas zugelassen sind?

2.0.1 Die Daseinsbedingung des Etwas

Bestehen zwei Teile ohne Verbindung zueinander, so ist die Allgemeinheit des Seins aufgehoben. Das allgemeine Sein geht unter, wenn es sich in verbindungslose Teile teilt. Das allgemeine Sein kann nur allgemein bleiben, solange es alle Teile umfasst, das ist, die Verbindung aller Teile aufrecht erhält.

So haben im allgemeinen Sein alle Etwas Platz, die sich nicht verbindungslos voneinander absondern. Die Etwas müssen sich voneinander unterscheiden, damit sie Etwas sind. Aber die Etwas dürfen sich nicht so voneinander unterscheiden, dass ihre Verbindung zueinander abbricht, sonst geht das allgemeine Sein unter. Geht das allgemeine Sein unter, so gehen auch alle seine Teile unter, also auch alle Etwas.

Das allgemeine Sein kann sich jedoch nicht in das nachkommende Nichts verwandeln, ohne dass sich dieses nachkommende Nichts nicht wieder in das vorausgehende Nichts verwandelt. Das allgemeine Sein kann nur so untergehen, indem es sich in ein neues Sein verwandelt. Verwandelt sich aber das Sein jedes Mal, wenn es untergeht, so geht es niemals unter.

Geht das Sein unter, so gehen seine Teile unter. Geht das Sein unter, so verwandelt sich das Sein. Also verwandeln sich nur die Teile des Seins, wenn es untergeht, wenn es sich verwandelt. Das Sein verwandelt sich so, wie sich seine Teile verwandeln. Das Sein geht so unter, wie seine Teile untergehen, indem sie neue Teile bilden. Oder wieder: das Sein besteht und entwickelt sich nur so, wie seine Teile bestehen und sich entwickeln. Das allgemeine Sein kann nicht mit seinen Teilen untergehen, ohne sich nicht auch mit seinen Teilen zu verwandeln oder zu entwickeln.

Die Teile des Seins sind die Etwas. Die Etwas können nicht untergehen, ohne sich zu verwandeln. Das Sein bleibt das allgemeine Sein, bewahrt die Verbindung aller seine Teile, indem sich die Etwas nur verwandeln, wenn sie untergehen. So gehen auch die Etwas niemals ganz und eigentlich unter, sondern verwandeln sich nur in neue Etwas, wenn die alten Etwas untergehen. So bleiben auch alle Etwas zueinander in Verbindung, solange sie kommen und gehen, solange sie bestehen, solange sie sich entwickeln.

Zugleich müssen sich die Etwas voneinander unterscheiden, obwohl sie in Verbindung bleiben. Wir haben eine erste Daseinsbedingung der Etwas gefunden: die Etwas können sich nur soweit voneinander unterscheiden, als sie auch in Verbindung bleiben.

2.1 Der Äther

Die Etwas müssen einander unterscheiden, und sie müssen in Verbindung bleiben. Wie geht das vonstatten?

Um einander zu unterscheiden, müssen die Etwas aus sich aussondern, was nicht ihrer Eigenart entspricht; und sie müssen zu sich vereinen, was sie ausmacht. Sie bilden besondere Substanz und setzen das Übrige oder Störende frei.

Das schafft nicht erst die lebende Zelle, das bringt schon ein Atom zuwege. Es nimmt nur jenes Licht in sich auf, das der Bewegung und Erhaltung seiner Teile genügt, insbesondere der Elektronen. Und das Atom gibt nur jenes Licht frei, das seiner Erhaltung oder inneren Bewegung widerspricht. Wie das vonstatten geht, werden wir im Kapitel über die Rotation sehen.

Hier ist vorerst festzuhalten, dass die Selektion zwischen dem Möglichen, dem Notwendigen und dem Überschüssigen notwendig geschieht. Jedes Etwas vollbringt sie. Ansonsten bestünde kein Etwas, geschweige denn das allgemeine Sein.

Das Diesseits und das Jenseits sind demnach Erzeugnisse des Etwas. Das Diesseits ist das Etwas selbst. Das Jenseits ist das von ihm Erübrigte. Diesseits und Jenseits bestehen nicht innerhalb und außerhalb des allgemeinen Seins, sondern nur innerhalb des allgemeinen Seins.

Das Diesseits ist das allgemeine Sein innerhalb seiner Teile. Das Jenseits ist das allgemeine Sein aus der Sicht der Teile, also zum Beispiel aus unserer Sicht. Wir rechnen nur großzügig mit, was wir gerne hätten, uns das Dasein zu erleichtern. In der Natur sind Diesseits und Jenseits dasselbe wie die Teilung das allgemeinen Seins in alle seine Etwas.

Um miteinander in Verbindung zu bleiben, müssen die Etwas etwas austauschen. Was die Etwas austauschen, kann nur das sein, was sie in sich erübrigen und deshalb aus sich freisetzen. Was die Etwas austauschen, ist ihr Jenseits, während sie ihr Diesseits zu sich vereinen.

Das Jenseits der Etwas, ihr Emittat, ihre Freisetzung, ist allen Etwas gemeinsam. Es ist ihr gemeinsames Produkt und steht ihnen allen als Quelle der Erfrischung zur Verfügung. Dieses Gemeinsame aller Etwas nenne ich den Äther. Er wird von allen Etwas ausgetauscht. Er ist also notwendig vorhanden.

Der Äther ist zugleich das Nichts des Etwas. Er ist das kosmische Meer, in dem alle alten Etwas untergehen, und er ist der Himmel, aus dem alle neuen Etwas auftauchen.

Zu dem Umstand, dass die Physik den Äther leugnet, weil sie ihn nicht messen kann, komme ich in Kürze. Zuerst müssen wir den Äther näher beleuchten, weil er uns noch mehr über das Etwas erzählen kann.

2.1.1 Die Daseinsbedingungen des Äthers

Der Äther muss von jedem Etwas aufgenommen werden können. Sonst bricht die Verbindung ab, sonst kommt es zur Auflösung des allgemeinen Seins. Der Äther muss in jedes Etwas Eingang finden.

Findet der Äther in jedes Etwas Eingang, so muss er aus jedem Etwas auch wieder hervorgehen können. Kann der Äther von einem Etwas endgültig verschluckt werden, so geht das Gemeinsame der Etwas verloren. Wieder würde die Verbindung abbrechen und das allgemeine Sein aufhören.

Mehr noch: hat der Äther zwischen den Etwas keinen Bestand, zerfällt er zwischen den Etwas, löst er sich zwischen seiner Freisetzung und Aufnahme auf, so verlieren die Etwas wieder ihre Verbindung, und es kommt wieder zum Verlust des Seins.

Schließlich: geht das Gemeinsame der Etwas aus allen Etwas hervor, und findet es auch Eingang in alle Etwas, so muss das Gemeinsame auch in allen Etwas enthalten sein.

Wir haben vier Bedingungen für den Äther gefunden, das ist, für sein Dasein. Das sind auch vier Bestimmungen des Äthers in unserem Denken:

- Der Äther wird aufgenommen.
- Der Äther wird freigesetzt.
- Der Äther besteht selbständig zwischen Aufnahme und Freisetzung.
- Der Äther wohnt allen Teilen des Seins inne.

2.1.2 Der Austausch des Äthers

Wir haben inzwischen ein allgemeines Sein gefunden, das viele Etwas beinhaltet, ohne sich aufzulösen oder unterzugehen. Die Bedingung ist, dass alle Etwas in Verbindung zueinander bleiben, indem sie das austauschen, was ihnen gemeinsam ist, nämlich den Äther.

Das von uns aufgefundene Sein besteht aus allen Etwas und aus deren Austausch, aus der Gesamtheit beider. Solange alle Etwas ihren Äther austauschen, solange bilden sie selbst zusammen mit ihrem Austausch das allgemeine Sein.

Nach außen bringen die Etwas den Äther hervor. Zugleich bringen die Etwas nach innen sich selbst hervor, das ist, ihre Besonderheit. Erst der lückenlose Austausch des Gemeinsamen ermöglicht den Etwas, ihre Besonderheit vollständig auszubilden. Der Äther ist nicht nur die vollendete Verbindung aller Teile, sondern auch der vollendete Unterschied aller Teile des Seins. Der Äther ist die Vollendung von Verbindung und Unterschied. Er ist der Vollzug oder die Daseinsweise des besonderen Seins im allgemeinen Sein.

Wenn ein Teil des Seins mit einem anderen Etwas Verbindung aufnimmt, dann geschieht das über das ausgetauschte Emittat, über den gemeinsamen Äther. Die Teile des Seins nehmen einander so wahr, indem wechselseitig der Äther des Einen in der Besonderheit des Anderen aufgenommen wird.

Wenn wir unsere Sinnesorgane gebrauchen, geschieht nur dasselbe. Wir nehmen auf, was andere Teile des Seins zuvor freigesetzt haben. Ohne den Äther können wir nichts wahrnehmen, weder einen anderen Teil des Seins, noch uns selbst.

Zugleich geschieht auf der anderen Seite dasselbe. Der andere Teil des Seins nimmt unser Emittat auf, den von uns freigesetzten Äther. Auch der andere Teil des Seins verändert seine Besonderheit, indem er unser Emittat in sich aufnimmt. Das vergessen oder übersehen wir gerne. Erst bei Tieren und anderen Menschen bemerken wir die Veränderung des Anderen, die von uns ausgeht. Beim Planet Erde bemerken wir unsere Wirkung hoffentlich nicht zu spät.

2.1.3 Die Harmonie des Ganzen

Das allgemeine Sein ist das Sein, das alle Teile gemeinsam aus sich hervorbringen. Die alten Teile gehen im Nichts, genauer, im neuen Äther unter, und die neuen Teile kommen aus dem Nichts, genauer, aus dem alten Äther hervor. Oder auch: alle Besonderheiten bilden zusammen das allgemeine Sein, solange ihre Verwandlung ineinander nicht abbricht.

Solange sich die Teile nur soweit voneinander absondern, als sie sich auch wieder vereinen, solange genügt ihr Äther ihrer Erhaltung als Teile ebenso wie der Erhaltung des Ganzen. Der Äther garantiert nicht nur den Bestand aller Etwas und ihrer Unterschiede, sondern auch die Verbindung aller Teile und damit den Bestand des Ganzen.

Wir können das auch so fassen: Solange die Teile gemeinsam wirken, solange Ausgewogenheit oder Gleichklang im Austausch und in der Verwandlung der Besonderheiten besteht, solange besteht das allgemeine Sein. Der Äther ist die überlieferte „Harmonie der Sphären", die das Ganze zusammenhält.

2.2 Das Licht

Die Physik leugnet den Äther, weil sie ihn seit 1887 (Michelson und Morley) nicht messen kann. Sie findet keinen Unterschied in der Lichtgeschwindigkeit, wie immer diese auch gemessen wird. Sollte der Äther bestehen, sagt die Physik, so müsse er dem Licht Widerstand leisten und das Licht verschieden schnell fortpflanzen oder bremsen.

Allerdings setzt die Physik voraus, dass sich der Äther vom Licht unterscheidet. Das tue ich nicht. Der Äther sei eine spekulative Substanz, meint die Physik, und das Licht sei eine substanzlose, elektromagnetische Welle.

Dazu fällt mir erstens ein, spekulative Substanzen gelten mir mehr als Maße vorausgesetzter oder geleugneter Substanzen. Ich will ja wissen, was existiert, und gehe davon aus, dass mehr existiert, als wir messen und in der Folge vielleicht errechnen können. Also will ich das Gemessene ergründen, das dem Maß Vorausgesetzte.

Zweitens kann das Licht keine elektromagnetische Welle sein, weil die elektromagnetische Welle ein Maß der Lichtausbreitung ist. Weil sich das Maß vom Gemessenen unterscheiden muss, muss auch das Licht von seinem menschlichen Maß verschieden sein.

Der physikalische Glaube, das Licht sei substanzlos, rührt von dem dogmatischen Irrtum her, allein das Maß als gegeben zu nehmen. Es ist umgekehrt: gegeben ist das Gemessene, und das Maß ist ein menschlicher Vergleich, eine Zutat der Auffassung, nämlich die Zutat des Zählens.

Die Natur selbst zählt nicht, im doppelten Sinne des Wortes. Die Natur zählt nicht, im ersten Wortsinne, weil die Teile des Seins einander nicht zählen, einander nicht quantifizieren. Die Natur zählt nicht, im zweiten, zynischen Wortsinne, weil wir Menschen sie außer Acht lassen, ob wir nun in die Maße der Physik verliebt sind oder schlicht Ignoranten.

Zählen tun wir Menschen, weil wir das vermeintlich Unsere vermehren und beherrschen wollen. Wir behandeln die Natur so wie die uns anvertrauten Schafe, die wir alsbald zu solchem Geld machen wollen, das sich selbst vermehrt. Allein, wir sind schlechte Hirten. Wir zählen das Falsche.

Das Emittat aller Etwas ist dasselbe wie ihr gemeinsames Licht. Einen Teil dieses Lichts können wir sehen, einige weitere Teile nicht sehen, aber mit Instrumenten aufnehmen. Andere Arten oder Sorten können wir nur vermuten oder erschließen. Aber alle Teile des Lichts kommen aus den Etwas und sind ihr gemeinsamer Äther.

Deshalb gibt es nicht nur keinen Widerstand zwischen Äther und Licht, sondern auch keinen Unterschied. Der Äther ist die Gesamtheit des Lichts.

Was wir als das Licht bezeichnen, ist nur der von uns benannte und derzeit messbare Teil des Äthers. Mit derzeit meine ich die Verfahren aus dem Elektromagnetismus, die Strom und Magnetismus zum Messen einsetzen. Wir sind bislang an das Licht der Elektronen gebunden, wenn wir Instrumente einsetzen. Deshalb spricht die Physik von elektromagnetischen Wellen, wenn sie von ihren Maßen des Lichtes spricht, und dabei glaubt, vom Licht zu sprechen.

Der Äther ist nicht messbar

Wenn wir Licht mit Instrumenten aufnehmen, so nehmen unsere Instrumente dieses Licht in sich auf. Ein Etwas, das Licht in sich aufnimmt, muss sich verändern. Es muss sich von jenem Etwas unterscheiden, das es war, bevor es Licht in sich aufgenommen hat. Das gilt auch für die Instrumente der Physik.

Anders ausgedrückt: zwischen dem Äther und den Etwas besteht immer die Harmonie des Ganzen, das ist, immer der Ausgleich von Überschuss und Mangel. Sonst gingen die Verbindung der Teile und das Sein unter.

Zum Ausgleich von Überschuss und Mangel gehört auch die Bewegung, dazu später. Soviel ist hier zu sagen: Ein Etwas, das sich bewegt, kann nicht in derselben Weise emittieren und absorbieren wie in Ruhe. Die Physik misst diesen Unterschied als Impuls oder Krafteinwirkung, weil sie nach äußeren Ursachen der Bewegung sucht, und zwar wieder in ihren Maßen. Auch dazu später.

Ein Etwas, das anders emittiert und absorbiert wie zuvor, ist ein anderes Etwas. Es mag seine Eigenart wahren, indem es sich bewegt. Aber indem es sich bewegt, und indem es seinen Austausch ändert, ändert es seinen Äther.

Ändert es seinen Äther nicht, so kann es während seiner Bewegung nicht seiner Verbindung zum übrigen Sein entsprechen. Also muss sich ein bewegtes Etwas von dem Etwas unterscheiden, das es war, als es ruhte.

Nun haben wir folgende Situation: bewegte Etwas produzieren einen anderen Äther als ruhende. Bewegte Etwas nehmen auch anderes Licht in sich auf als ruhende Etwas. Und das ausgetauschte Licht muss allen Austauschbedingungen entsprechen: seiner neuartigen Genese und seiner veränderten Aufnahme in den bewegten Etwas.

Daraus ergibt sich: das ganze bewegte System muss harmonisch bleiben, um nicht aus dem Sein zu fallen. Also verändern sich alle bewegten Etwas genau so, wie sich auch ihr gemeinsamer Äther ändert.

Jedes mitbewegte Instrument muss sich genau so verändern, wie das dem gemeinsamen Äther entspricht. Kein mitbewegtes Instrument kann etwas anderes ausmachen als den ruhigen Austausch des Ganzen. Es wird seine eigene Ruhe korrekt als die Ruhe des Ganzen messen. Es wird demnach mitteilen: Alles beim Alten, keine Veränderung, kein Unterschied zu vorher auszumachen.

In dieser Richtung hat übrigens auch der Physiker Hendrik Lorentz geforscht. Er wurde jedoch 1905 vom Diktum Einsteins überrollt, dass die Physik auf den Äther zu verzichten habe, weil sie inzwischen über die Raumzeit verfüge. Einmal das Maß des Irgendwas gewonnen, sei das Irgendwas in der Wissenschaft ohne Belang, besagt dieses Diktum. Aber bitte kein Missverständnis: Einsteins Verfahren zum Messen der Bewegung sind die bislang besten. Lediglich seine Philosophie beruht auf dem Irrtum, das Maß mit dem Gemessenen zu verwechseln, das Gemessene durch das Maß ersetzen zu wollen.

Die Lichtgeschwindigkeit

Der moderne Mensch möchte viel Beute machen und liebt deshalb die Geschwindigkeit. Die Physik sollte dies nicht soweit tun, dass sie eine Geschwindigkeit absolut setzt, nämlich die Lichtgeschwindigkeit.

Die Geschwindigkeit ist ein Maß der Bewegung, wie wir alle wissen. Sie misst die Strecke der Bewegung an deren Dauer. Das Maß der Bewegung ist jedoch selbst keine Bewegung, was wir alle längst vergessen haben. Die Bewegung ist das Gemessene, und die Geschwindigkeit ist das Maß. Beide sind notwendig verschieden, um miteinander verglichen werden zu können. Die Geschwindigkeit des Lichtes ist notwendig verschieden von der Bewegung des Lichtes. Diesen Umstand dürfen wir nicht aus den Augen verlieren.

Die Lichtgeschwindigkeit wird immer gleich groß gemessen, sie gilt als konstant. Weiters gilt sie als nicht überschreitbar. Das Erste besagt, dass pro Sekunde immer dieselbe Lichtstrecke gemessen wird. Das Zweite besagt, dass keine Bewegung eine größere Wegstrecke pro Sekunde aufweist als die Bewegung des Lichtes.

Allerdings ist auch das Licht verschieden von seiner Bewegung. Wir haben a) das Licht, b) seine Bewegung, und c) die Geschwindigkeit seiner Bewegung zu unterscheiden.

2.2.1 Die Zusammensetzung des Lichts

Ich beginne mit dem Licht. Ich habe es vorhin mit dem Äther gleichgesetzt. Der Äther wird von allen Etwas so freigesetzt, wie er von ihnen erübrigt wird, und zwar in ihrem jeweiligen Zustand. Das Licht wird demnach immer neu und immer anders zusammengesetzt. Das Licht ist weder absolut noch konstant.

Das sehen wir auch. Das Licht ist aus verschiedenen Farben in unterschiedlicher Intensität zusammengesetzt. Es verändert sich mit seinem Ursprung, etwa der Sonne, den anderen Sternen, oder einem glühenden Gas oder Faden.

Zwar sagt die Physik, dass gleiche Atome immer gleiche Spektrallinien zeigen, und dass auch im Sternenlicht solche Linien auftauchen, die auf dieselben Atome schließen lassen. Aber die Spektrallinien selbst sind der Beweis für die unterschiedliche und wechselnde Zusammensetzung des Lichts. Die Spektrallinien ändern sich nämlich mit dem Zustand des jeweiligen Atoms.

Das besagt: solange die Atome ihre Eigenart bewahren, solange bewahren sie auch die Eigenart ihres Lichtes. Umgekehrt muss sich das Licht immer so zusammensetzen, wie es von den Atomen freigesetzt wird. Wenn die Atome ihre Eigenart verändern, muss sich auch ihr Licht verändern.

Licht wird nicht nur unterschiedlich zusammengesetzt, sondern auch unterschiedlich aufgenommen. Das Licht der

Sonne reicht uns hin, wir sind für anderes Licht nahezu unempfindlich. Würden wir das Licht der anderen Sterne so aufnehmen wie das Licht der Sonne, so würden wir verdampfen wie Grubenmolche im Scheinwerferlicht sorgloser Kameraleute.

Ähnliches gilt für alle Etwas: kein Etwas absorbiert mehr Licht, als es zu seiner Erhaltung und Bewegung benötigt. Jedes Etwas, das zu viel absorbiert und zu wenig emittiert, löst sich auf. Sein Verband wird zerstört, es verdampft, es wird letztlich zu Licht oder Äther.

2.2.2 Die Bewegung des Lichtes

Ich setze meine Unterscheidung fort mit der Bewegung des Lichtes. Das Licht entspringt verschiedenen Etwas in unterschiedlichen Erhaltungs- und Bewegungszuständen. Die einen sind in Teilung, die anderen in Vereinigung. Manche Quellen sind große, genügsame Verbände. Andere Quellen sind äußerlich in eruptiver Auflösung, während sie innerlich zusammenfallen.

Auch die Senken des Lichtes, seine Absorber unterscheiden sich vielfältig. Es gibt Absorber, die ihren Mangel kaum decken können. Sie erfrieren und kondensieren. Und es gibt solche Absorber, die kaum noch Licht aufnehmen. Sie sind überhitzt und dehnen sich aus.

Trotz seiner verschiedenen Quellen und Senken muss das Licht allen am Austausch beteiligten Etwas genügen. Zudem muss es sich auch selbst genügen. Es darf auf seiner Reise nicht zerfallen, sich nicht auflösen. Sonst würde die Verbindung der Etwas abreißen und das Sein aufhören.

Aber, wir erinnern uns, das Ganze ist in Ruhe, wenn sein Äther dem Austausch seiner Etwas entspricht. Dann sind nämlich auch die Etwas in relativer Ruhe.

Das ist die Lösung unseres Problems. Das Licht entspringt verschiedenen Quellen und wird von verschiedenen Senken aufgenommen. Aber weil das Ganze in Ruhe ist, ist es auch der Äther und damit auch das Licht. Das Licht ist in Ruhe, es ruht in sich selbst, wenn es sich bewegt. Wie das Licht dies zuwege bringt, dazu gleich später.

Vorher komme ich kurz zurück zur Geschwindigkeit der Bewegung des Lichtes. Die Physik verzeichnet den Ausgang des Lichtsignals bei der Quelle, und sie notiert den Eingang des Lichtsignals bei der Senke. Zeit und Weg dazwischen werden gemessen und daraus wird die Geschwindigkeit errechnet, der Weg in der Zeiteinheit. Soweit das Verfahren.

Dass sich dabei das Licht von der Quelle zur Senke bewegt, dass unterstellt die Physik, das setzt sie voraus. Das kann sie nicht prüfen. Die Physik beurteilt nicht die Bewegung des Lichtes, sondern deren Geschwindigkeit, wobei beide notwendig voneinander verschieden sind.

Das Licht als Welle

Angenommen, das Licht ruht, weil der Äther ruht. Der Austausch der Etwas vollzieht sich ohne Turbulenzen. Ich merke an, nur in solchen Situationen kann die Geschwindigkeit des Lichtes gemessen werden, denn während der Turbulenzen gehen die Etwas und die Instrumente unter. Wir haben also ein ruhiges System, zum Beispiel unser Sonnensystem, ein relativ stabiles Ganzes. In diesem ruhigen Labor messen wir, was wir sehen, nämlich Ausgang und Eingang des Lichtsignals.

Ich gehe einen Schritt weiter. Die relativ ruhigen, stabilen Etwas erzeugen einen ruhigen Äther. Dieser Äther ist notwendig zwischen den Etwas schon da, die ihn wechselseitig freisetzen und aufnehmen. Darin besteht ja die Verbindung der Etwas zueinander und damit zum Sein.

Jetzt rufen wir in einem der Etwas eine Instabilität hervor, eine Störung. Das Etwas reagiert mit der Emission von Licht. Dieses Licht reist nicht durch die Leere, die wir uns einbilden. Es bewegt sich durch den Äther, durch jenes Licht, das schon da ist, das schon früher, vor der Störung des Systems freigesetzt worden war.

Das durch uns hervorgerufene Signal ist ebenso eine Störung im Äther, wie es eine Störung in allen anderen Etwas ist, die diesen Äther in sich haben. Eines der Etwas wird das Signal schließlich aufnehmen und seinerseits mit einer Freisetzung von Licht reagieren. Aber zwischen Emission und Absorption ist das Licht im Äther unterwegs. Das neue Licht, das Licht der Störung, bewegt sich im alten Licht der relativen Ruhe.

Das Bild von der Welle im Wasser (*im* Wasser, nicht auf dem Wasser) ist also tatsächlich ein gutes Analogon und wurde nur aufgegeben, weil das Wasser nicht gefunden wurde. Dieses Meer ist jedoch lediglich das alte Licht, und die Welle ist das neue.

Die Messung der Geschwindigkeit kann nicht beurteilen, was sich worin bewegt. Aber sie stellt fest, dass sich das Unbekannte im Unbekannten immer gleich schnell bewegt.

Jetzt können wir erkennen, was geschieht und warum es nicht anders geschehen kann:

Das neue Licht bewegt sich im alten Licht immer gleich schnell, weil das Licht unter sich und seinesgleichen ist, wenn es sich bewegt. Dazu später mehr im Kapitel über das Photon. Hier betrachte ich zuerst das alte Licht.

Das alte Licht ruht. Es wird von allen Etwas erübrigt und von keinem Etwas aufgenommen. Das alte Licht ist unsichtbar.

Der Lichtsee ist notwendig da, aber wir können ihn nicht sehen, weil er ebenso ruhig ist wie wir. Er liegt ohne jede Regung, die nicht auch einer unserer Regungen entspräche. Er hat keinen weiteren Überschuss abzugeben, den wir noch aufnehmen könnten. Der See ist von unserem Emittat bereits gesättigt, er hat keinen Durst, den er aus uns löschen könnte. Der See ist für uns unsichtbar, weil er als Quelle und Senke für uns schon vollständig oder vollendet ist.

Wir unsererseits haben keinen solchen Mangel, den wir aus dem See decken könnten. Wir haben auch keinen weiteren Überschuss an den See abzugeben, da wir das schon getan haben. Kurz: der See und wir sind in relativer Ruhe. Mit dem vollbrachten Austausch fehlt ein weiterer Austausch. Oder: die Verbindung ist bereits vollständig und damit ausgeglichen, ruhig, still.

Trifft nun das neue Licht ein, so ist es notwendig eine Störung der Ruhe des alten Lichtes.

Das alte Licht ist in sich geteilt, wird es doch aus verschiedenen Quellen zusammengesetzt und in verschiedenen Senken aufgenommen. Das bedeutet, dass jeder Teil des alten Lichtes, das ist, jeder Teil des ruhenden Äthers, auf die eingehende Störung reagieren muss. Überschuss und Mangel breiten sich im ruhenden Äther aus, und zwar allgemein, das heißt auch allseitig. Eine solche Bewegung bezeichnet die Physik als Welle.

Das Licht als Strahl

Wird die Stille im alten Licht, im ruhigen Austausch der beteiligten Etwas gestört, so wird ein Etwas Licht aussenden. Das neue Licht bewegt sich allseitig durch das alte Licht, durch den stillen Äther. Schließlich zeigt ein anderes Etwas die Aufnahme des neuen Lichtes an, indem es seinerseits Licht aussendet, das nunmehr in seinem Inneren überflüssig geworden ist.

Dieses andere Etwas wurde davor zum Absorber, zur Senke des neuen Lichtes. Zum Lichtempfänger kann das aufnehmende Etwas aber nur werden, wenn es einen inneren Mangel aufweist, den das neue Licht auch decken kann, und zwar besser als das alte Licht. Der Lichtempfänger schöpft das neue Licht aus dem unsichtbaren See des alten Lichtes, weil ihm der alte, stille Äther zwar vollständig zur Erhaltung genügte, nicht jedoch zur Erneuerung und Entwicklung.

Zuweilen sehen wir einen Lichtstrahl, wie wir meinen. Was wir dabei aber eigentlich sehen, das sind reflektierende Partikel in der Luft, etwa Staub oder Tröpfchen. Jedes dieser Etwas ist zuerst Absorber und dann Emittent der Störung. Der Lichtstrahl ist eine Kette des Ereignisses. Das Ereignis selbst ist der fortgepflanzte Austausch von Überschuss und Mangel, ist die Welle im alten Licht.

Die duale Erscheinung des Lichtes

Obwohl sich das neue Licht im alten Licht allseitig ausbreitet, erscheint der Weg des neuen Lichtes geradlinig. Aber die Linie ist eine geometrische Zutat des Beobachters, eine falsche Abstraktion. Die kürzeste Verbindung zwischen Lichtquelle und Senke ist nicht die Gerade zwischen Sender und Absorber, sondern der Weg des neuen Lichtes durch das alte Licht, seine allseitige Ausbreitung durch den ruhenden Äther. Die kürzeste Verbindung ist die Welle, die den ganzen See des alten Lichtes durchlaufen muss, bevor sie den Absorber erreicht.

Das besagt auch, dass ein Etwas erst dann wieder aus dem alten Licht schöpfen kann, wenn das alte Licht ausreichend von neuem Licht durchflutet wird. Und genau in diesem Umstand liegt die Konstanz der Lichtgeschwindigkeit begründet, die in allen ruhigen Teilen des Seins gegeben sein muss.

Der alte Lichtsee muss soweit belebt werden, dass aus ihm wieder erfrischendes, neues Licht geschöpft werden kann. In einem ruhigen System nimmt dies immer dieselbe Zeit in Anspruch, gemessen an dem Weg, den die Belebung des Sees durchlaufen muss. Oder einfach: wenn die zu belebenden Teile des alten Lichtsees gleich groß sind, dann dauert ihre Belebung auch immer gleich lang.

Geometrisch deckt sich dabei der Radius der Welle mit der zu überwindenden Distanz, weil das Zentrum der Welle auch das Zentrum der Erneuerung des alten Lichtes oder stillen Äthers ist. So kann das Licht dual erscheinen, einmal als Welle, einmal als Strahl. Beide Erscheinungen bezeichnen dasselbe, haben denselben Urheber, nämlich die allseitige Ausbreitung des neuen Lichtes im alten Licht.

Das Antlitz

Ein geliebtes Gesicht erhebt einen bedeutsamen Einwand: siehst du mich denn wirklich, wenn du mich anschaust, oder blickst du nur in ein Meer aus altem, unsichtbarem Licht, wie du sagst?

Wenn ich dein Gesicht erblicke, dann empfange ich deine Spende an den Äther, der uns verbindet. Und diese Spende tut ihre Wirkung! Das neue Licht, das du freigibst, pflanzt sich im alten Licht fort, bis ich es in meinen Augen aufnehme. Und was dann in mir vorgeht, weist du ja.

Wie willst du wissen, dass es sich um meine Spende an den Äther handelt? Wenn es keinen Lichtstrahl gibt, wie du behauptest, dann könntest du ja um die Ecke schielen, und vielleicht ein anderes Gesicht im Auge oder Sinn behalten, während du glaubst, allein mich anzuschauen.

Was dein Gesicht an Licht gibt, wird vom alten Licht aufgenommen. Aber weil sich diese Belebung im alten, ruhigen Licht allseitig gleichmäßig ausbreitet, pflanzt sie sich aus der Sicht des Empfängers ungestört oder direkt auf ihn gerichtet aus. So erscheint mir dein Gesicht detailgetreu.

Aber es ist gar nicht mein Gesicht, das du siehst. Wenn mein Licht bei dir ankommt, ist es doch längst vom Äther verschluckt worden. Was du siehst, das ist der Äther. Wie willst du mich im Äther finden, wenn sich mein Licht kugelförmig ausbreitet?

Was bei mir von dir ankommt, das möchte ich dein Antlitz nennen, deine Erscheinung. Dein Antlitz ist das Licht, das du an den Äther spendest und das ich aus dem Äther in mir aufnehme. Der Umstand, dass dein Antlitz lückenlos und unverzerrt bei mir ankommt, sagt mir, dass sich dein neues Licht im alten Licht lückenlos und ungestört ausbreitet.

Wenn sich mein Antlitz aber kugelförmig in alle Winde des Lichts verstreut, wie du mir aufbinden willst, dann müssen es doch alle Augen sehen, nicht nur deine, die mich anschauen.

Nur die Augen, die auf dich gerichtet sind, erblicken dein Antlitz. Das beruht jedoch nicht darauf, dass du Strahlen aussendest. Strahlen sind geometrische Konstrukte. Das Erblicken rührt daher, dass nur auf dich gerichtete Augen empfangsbereit sind für das Licht, das von dir kommt. Wenn ich wegschaue, sehe ich andere Erscheinungen, die sich ebenfalls im Meer des alten Lichtes ausbreiten oder fortpflanzen.

Wo bleibt dann die Kugelwelle im alten Lichtmeer, wenn du immer nur in einer Richtung empfangsbereit sein willst?

Das neue Licht, das du an den Äther freisetzt, durcheilt ihn in allen Richtungen gleichmäßig. Aber ich muss in das Zentrum dieser Belebung des alten Lichtes blicken, wenn ich dein Antlitz in mir aufnehmen will. Nur wenn ich die Quelle der Lichtspende ausmache, sehe ich, was ich sehen will oder zu sehen suche. Nur dann ist dein Antlitz deckungsgleich und detailgetreu mit deinem Gesicht, genauer, mit der Lichtspende deines Gesichtes an den Äther. Denn nur dann erfolgt auch mein Empfang der Lichtspende aus dieser Richtung gleichmäßig.

Und was siehst du, wenn du nicht in die Quelle der Erscheinung blickst, wenn deine Kugelantennen schlecht gepeilt sind?

Dann sehe ich diffuses Licht. Ich kann keine Quelle ausmachen. Bestenfalls kann ich auf eine andere Quelle schließen.

Die da wäre?

Die Sonne zum Beispiel. Wenn es Tag ist, schaue ich nicht in die Sonne. Aber ich sehe die Dinge, die ihr Licht reflektieren. Das allerdings auch wieder nur, wenn ich die Dinge direkt anschaue. Daraus kann ich schließen, wo die Sonne gerade steht. Sonst sehe ich nur Helligkeit oder Dunkelheit, oder auch gar nichts Bestimmtes, wenn ich nicht aufnahmebereit bin.

Und bei Nacht? Wenn sich die Kugelwellen im alten Licht überallhin gleichmäßig ausbreiten, dürfte es doch gar nicht dunkel werden.

In der Nacht nimmt das neue Licht längere Wege durch den Äther. Von der Sonne zum Mond, vom Mond zu den Dingen, von den Dingen zu mir. Je öfter das Licht reflektiert, das ist, aufgenommen und wieder freigesetzt wird, desto älter wird es, desto schwächer wird die Belebung des Äthers. Also erscheinen mir die Dinge in der Nacht dunkel. Mit Ausnahme deines Antlitzes, natürlich.

Ja, ja. So bist du. Du siehst immer nur, was du sehen willst. Und was schaust du jetzt an?

2.3 Die Besonderheit

Jedes Etwas bedarf zumindest zweier Eigenheiten, damit es zustande kommt. Die erste Eigenheit ist der Inhalt, die zweite ist die Form.

Hat ein Etwas keinen Inhalt, so ist sein Bestand inhaltslos, also leer. Ein leerer Bestand ist jedoch kein Bestand, sondern dessen Aufhebung. Ein Etwas ohne Inhalt kann nicht bestehen.

Hat ein Etwas keine Form, so ist sein Bestand formlos, ohne Kontur, ohne Grenze. Das ist auch, ohne Anfang und Ende nach innen und außen. Ein Bestand ohne Grenze geht in anderen Beständen auf, ist also kein Bestand. Ein Etwas ohne Form kann nicht bestehen.

Der Inhalt des Etwas ist ein Teil vom allgemeinen Sein. Die Form des Etwas ist die Grenze des Inhalts. Weil die Form vom Inhalt abhängt, betrachte ich zuerst den Inhalt.

2.3.1 Der Inhalt

Der Inhalt eines Etwas entsteht, indem sich das allgemeine Sein teilt. Wir erinnern uns: das allgemeine Sein teilt sich notwendig. Will es homogen werden, so müssen alle seine Teile verschwinden und das Sein in das nachkommende Nichts aller Etwas verwandeln. Umfasst jedoch das nachkommende Nichts alle Teile oder das Ganze, so wird es zum vorausgehenden Nichts, zur Möglichkeit des ganz neuen Anfangs. Dann teilt sich das Sein nur erneut und vollständig neu.

Weil sich das allgemeine Sein notwendig teilt, entstehen alle Inhalte der Etwas notwendig. Aus demselben Grund muss jedes Etwas ein Teil vom allgemeinen Sein sein. Der Inhalt eines Etwas ist das allgemeine Sein in Portionen oder eben in Teilen.

Das allgemeine Sein teilt sich in unterschiedliche Inhalte. So geht ihm kein Inhalt verloren. Wo immer ein Inhalt zu unterschiedlich von einem anderen Inhalt wird, teilt sich das Sein in weitere Teile. So bleibt es vollständig und umfassend. Das allgemeine Sein bleibt das Ganze, indem es alle Unterschiede der Inhalte nicht nur duldet, sondern indem es jedem Unterschied mit einer weiteren Teilung seiner selbst entspricht.

Was sich teilt und unterscheidet, muss sich voneinander abgrenzen. Der eine Inhalt muss aufhören, wo der andere Inhalt anfängt. Ist dazwischen eine Lücke, so ist dazwischen anderer Inhalt des allgemeinen Seins, der sich von den beiden ersten Inhalten abgrenzt. Also ist dazwischen ein weiterer Teil des allgemeinen Seins, der Inhalt eines dritten Etwas. Das Sein ist lückenlos, indem es sich restlos teilt. Das Sein ist fehlerlos, indem kein Teil, kein Inhalt fehlt.

Der Austausch von Inhalt

Die Inhalte setzen einander Grenzen. Dies ist ihre gegenseitige Absonderung, die vollständig im allgemeinen Sein verbleibt. Im allgemeinen Sein haben alle Inhalte Platz, weil sie einander Platz machen. Sie entsprechen jedem Unterschied zwischen sich mit einer weiteren Teilung des Ganzen.

Nicht ein Inhalt begrenzt sich, sondern alle beteiligten Inhalte begrenzen einander gegenseitig. Gemeinsam bilden sie das Ganze und zugleich bilden sie die Teile mit ihren gegenseitigen Grenzen.

Jeder Teil wahrt seinen Inhalt für sich, indem er sich von anderen Inhalten absondert. Sondert er aber sich ab, so sondert er auch fremden Inhalt ab. Die Grenze zwischen zwei Inhalten kommt notwendig nur von beiden Seiten zustande. Sie wird von beiden Teilen des allgemeinen Seins gebildet, indem die gegenseitigen Unterschied nicht ausgeglichen, sondern verstärkt werden.

So finden wir, dass die Hervorbringung von gesonderten Inhalten oder Teilen des Seins eines Austausches zwischen den

Etwas bedarf. Was einem Inhalt nicht entspricht, muss in einen anderen Inhalt übergehen. Es muss von da nach dort gelangen. Es muss sich also bewegen. Die Eigenart der Etwas oder Teile des Seins kommt so zustande, dass Überschuss und Mangel an Inhalt ausgetauscht werden.

Das Ausgetauschte muss zuerst von einem Inhalt ausgesondert werden, und dann von einem anderen Inhalt aufgenommen werden. Die Hervorbringung von Eigenart bedarf des Wechsels von Inhalt.

Was sich während des Austausches von Inhalten bewegt, ist wieder Inhalt des allgemeinen Seins, ist wieder Teil des Ganzen. Es sondert sich wieder von allen anderen Inhalten ab, auch während es auf Reisen ist. Umgekehrt finden wir, dass alle Inhalte sich bewegen, unentwegt einander austauschen.

Der Wechsel des Inhalts

Weil die Etwas unentwegt Überschuss und Mangel ihrer Inhalte austauschen, wechselt auch unentwegt ihr eigener Inhalt. Er erneuert sich im Austausch mit anderen Inhalten.

Der ruhende Inhalt bildet das eigentliche Etwas. Aber der Inhalt kommt nur zur Ruhe, wird und bleibt nur vollständig, indem er ständig seinen Überschuss abgibt und seinen Mangel deckt. Was im Inneren des Inhaltes zu viel ist, wird als Emission freigesetzt. Was im Inneren des Inhaltes fehlt, muss aus dem Emittat anderer Inhalte aufgenommen werden. Es muss aus dem Äther absorbiert werden.

Die Ruhe des Inhalts ist seine innere Bewegung und Tätigkeit der Erneuerung. Diese bewegte Ruhe oder Mitte des Etwas möchte ich den Kern der Sache nennen. Wir dürfen dabei an ein Atom denken, oder auch an einen Himmelskörper.

Wenn der ruhende Kern emittiert und absorbiert, dann muss er auch selektieren. Im Kern müssen solche Bewegungen stattfinden, die das Eigene vom Übrigen absondern und zu sich, zum Kern der Sache vereinen.

Die Zonen der Absonderung des Eigenen vom Übrigen, der Trennung zwischen Aufnahme und Freisetzung, die Zonen der Selektion möchte ich die Schalen der Sache nennen.

Im Kern ruht der Inhalt, während er sich in den Schalen beständig erneuert.

Damit der Inhalt im Kern ruhen kann, muss er sich aus den Schalen vervollständigen. Er muss auch in die Schalen freisetzen, was ihm selbst zuviel ist. Es muss auch einen Austausch zwischen Kern und Schale geben, nur dass dieser bereits abgeschirmt, durch die Schalen gefiltert abläuft.

Umgekehrt können wir sagen, dass der Inhalt umso ruhiger wird, je mehr Schalen er passiert hat und je näher er dem Kern kommt. Die Schalen sind das Milieu, das sich der Kern aufbaut, um zur Ruhe zu kommen, um ausgeglichen Äther austauschen zu können.

Während der Kern dauert, verändern sich die Schalen. Im Inhalt bestehen sowohl Dauer als auch Veränderung. Das sind allerdings die beiden Daseinsweisen der Zeit.

Mehr noch: der Kern der Sache bringt seine Dauer aus sich selbst hervor. Seine Dauer ist sein Produkt. Die Schalen der Sache bringen die Veränderung des Inhalts aus sich hervor. Dauer und Veränderung sind beide ein Erzeugnis des wechselnden Inhalts.

Aus diesem Grund ist die Zeit ein Kind des Etwas. Aus diesem Grund kann sie erst jetzt in das Sein eintreten, wo auch das Etwas bereits Eingang in das Sein gefunden hat.

2.3.2 Die Zeit

Die Zeit wird vom Wechsel des Inhalts in die Welt gesetzt.

Während der Dauer des Kerns verändern sich die Schalen. Die Schalen sind der Nährboden des Kerns und der Kern ist das Gebilde oder Ergebnis in ihrer Mitte.

Während der Veränderung des Kerns dauern die Schalen. Die Schalen sind das Schutzschild des Kerns oder sein ruhiges Milieu.

Die Dauer liegt zwischen Anfang und Ende des Kerns.

Der Kern beginnt, wo er das Seine zu sich vereint. Der Anfang ist ein Erzeugnis des Kerns. Der Kern endet, wo die Vereinigung des Seinen aufhört. Auch das Ende ist ein Erzeugnis des Kerns. Die Dauer ist vom Kern der Sache abhängig. Die Dauer wird von Anfang bis Ende vom Kern hervorgebracht.

Die Veränderung des Inhalts liegt zunächst zwischen Ende und Anfang der Schalen.

Die Schalen hören auf, wo das Eigene in das Übrige übergeht, wo die Emission die Absorption überwiegt oder ablöst. Das Ende des Inhalts ist ein Erzeugnis der Schalen.

Die Schalen fangen an, wo der Äther in das Eigene übergeht, wo die Aufnahme die Freisetzung überwiegt oder ablöst. Auch der Anfang des Inhalts ist ein Erzeugnis der Schalen.

Die erste Veränderung ist zunächst von den Schalen der Sache abhängig, wird von ihnen hervorgebracht.

Die Veränderung des Inhaltes liegt aber auch zwischen Ende und Anfang des Kerns. Der Kern vervollständigt und erneuert sich aus den Schalen. Er beendet seinen alten Inhalt, wenn er Teile seiner selbst an die Schalen freigibt. Und der Kern beginnt seinen neuen Inhalt, wenn er Teile seiner selbst aus den Schalen aufnimmt und zu sich vereint.

Die zweite Veränderung ist vom Kern abhängig, wird von ihm hervorgebracht.

Dauer und Veränderung sind beide Erzeugnisse des Inhalts. Sie werden von seinem Wechsel hervorgebracht. Die Dauer ist die relative Ruhe des wechselnden Inhalts, sein Verweilen im Etwas. Die Veränderung ist der Wechsel des ausgetauschten Inhalts, sein Verweilen im Äther oder Nichts des Etwas.

Während der Kern ruht, verändern sich die Schalen. Und der Kern kann nur ruhen, indem sich die Schalen verändern. Während das Etwas dauert, verändert sich sein Äther. Und die Etwas können nur dauern, indem sie ihr Emittat und ihren Nährboden, den Äther, ständig verändern. Die Dauer ist ein Kind der Veränderung, ist ihr Ergebnis. Oder auch: das Sein ist ein Kind des Nichts, denn es kommt aus dem Werden.

Aber es gilt auch: während sich die Etwas verändern, dauern sie an. Nur indem sie sich erneuern, haben sie Bestand, dauern sie. Die Veränderung wohnt der Dauer inne, ihrem eigenen Kind. Das Werden, das Nichts, wohnt dem Sein inne, seinem eigenen Ergebnis oder Resultat.

Die Dauer ist ein Ergebnis der Veränderung. Und die Veränderung wohnt der Dauer inne. Wir haben beide Daseinsweisen der Zeit in ihrem Ursprung aufgefunden.

Die Zeit ist das Ganze aus Dauer und Veränderung. Sie vereint Dauer und Veränderung zu sich. Sie umfasst oder umspannt Dauer und Veränderung, denn beide sind nur dasselbe, nämlich der Wechsel des Inhalts. So ist die Zeit nichts anderes als eben dieser Wechsel des Inhalts.

Die Zeit wird vom Wechsel des Inhalts in die Welt gesetzt, und die Zeit ist der Wechsel des Inhalts. Das besagt auch, dass die Zeit von der Zeit in die Welt gesetzt wird. Die Zeit gebiert sich selbst. Oder einfach: jeder Wechsel eines Inhalts zieht einen weiteren Wechsel eines anderen Inhalts nach sich.

Der Wechsel des Inhalts setzt jedem Etwas Anfang und Ende, hat aber selbst im Ganzen weder Anfang noch Ende. Denn das Ganze hat immer denselben Inhalt. Das Ganze kann seinen Inhalt nicht wechseln. Wie immer sich der Inhalt des Ganzen innerhalb des Ganzen verändern mag, er bleibt immer nur der ganze Inhalt. Auch so erhalten wir, dass das ganze Sein zeitlos ist.

Während sich die Zeit selbst gebiert, verändert sie sich. Während sich die Zeit verändert, dauert sie an. So vereint sie Dauer und Veränderung, ihre beiden Teile zu sich, zum Ganzen der wahren, eigentlichen Zeit.

Oder auch, wieder umgekehrt: indem der Wechsel des Inhalts alle Dauer und Veränderung umfasst, ist er die ganze Zeit. Er ist sie selbst.

Das Maß der Zeit

Zweifler mögen einwenden, die Zeit bestehe doch aus Jahren, Sekunden, oder auch Jahrmillionen. Wie kann sie dann der Wechsel des Inhalts sein?

Da möchte ich wieder erinnern: das Maß muss vom Gemessenen verschieden sein. Jahre, Sekunden und ähnliche Zeitabschnitte sind nicht Teile der Zeit, sondern Teile unseres Maßes der Zeit.

Wenn etwa die Physik die Zeit als vierte Koordinate der Raumzeit auffasst, so ersetzt sie wieder das Gemessene, die Zeit, mit ihrem physikalischen Maß. Die Physik substituiert die Zeit mit einer gefügigen Zahl. Sie verwendet als Zeit eine Zahl. Eine solche Zahl wächst gleichmäßiger oder geduldiger als die beste Uhr ticken kann. Die Physik kann diese Uhr anheften, wo sie möchte, solange das in Gedanken geschieht und ihren Vergleichen genügt.

In der Natur aber muss die Zeit etwas sein, was allen Etwas genügt, nicht nur uns Menschen und unseren Vergleichen. Was aber allen Etwas genügt, nämlich ihrer Dauer und ihrer Veränderung, das ist der Wechsel ihres Inhaltes.

Kritik der Gleichzeitigkeit

Einstein stellt in seiner Relativitätstheorie fest, dass Gleichzeitigkeit nicht gemessen werden kann. Er folgert, dass Gleichzeitigkeit deshalb nicht besteht, oder wenigstens in der Physik keine Geltung haben dürfe. Das ist freilich eine Untersuchung wert. Im folgenden werde ich das Wort „Kritik" noch öf-

ter in diesem Sinne gebrauchen: ich schau mir das lieber nochmals genauer an.

Wenn ein Inhalt wechselt, wechseln notwendig zugleich
die umgebenden Inhalte. Anders kommt ja ein Wechsel nicht
zustande, als dass das Eine in das Andere übergeht. Hier scheint
also doch ein Fall von Gleichzeitigkeit vorzuliegen.

Wenn ein Etwas emittiert, breitet sich das Emittat allerdings eine Weile im Äther aus, bevor es von einem anderen
Etwas absorbiert wird. Zwischen Emission und Absorption liegt
notwendig eine Zeitspanne, in der das Emittat vom Einen zum
Anderen wechselt. Es ist die Zeit des Übergangs.

Wir können auch sagen, Emission und Absorption desselben Lichts geschehen nicht gleichzeitig. Dies ist auch der Fall
in Einsteins Untersuchung. Er setzt nämlich die Lichtgeschwindigkeit konstant und fragt nach der Zeit, die ein Lichtsignal
braucht, um von einem Ort zum anderen zu gelangen.

In einem solchen Fall kann es keine Gleichzeitigkeit geben, ist doch das Licht zwischen Freisetzung und Aufnahme
immer auf Reisen. Weiters kann kein Beobachter feststellen, ob
er zugleich mit einem anderen Absorber dasselbe Licht aufnimmt. Wollte er das erforschen, müsste er immer ein neues
Lichtsignal von den anderen Beobachtern abwarten. Das wäre
aber jedes mal eine neue Absorption, der eine eigene Emission
zu einem früheren, unbekannten Zeitpunkt vorausgeht. Also ist
Gleichzeitigkeit nicht feststellbar.

Nun sage ich oben, der Wechsel des Einen in das Andere
geschieht notwendig gleichzeitig. Was aber ist das Eine, und
was ist das Andere?

Ist das Eine ein Emittent, ein Etwas, das Licht freisetzt, so ist das Andere zunächst nicht der spätere Absorber, sondern unmittelbar der Äther. An der Grenze des Etwas, wo es seine Form öffnet, um das Emittat freizusetzen, vollziehen sich die Freisetzung des Emittats und dessen Aufnahme im Äther gleichzeitig.

Anders ausgedrückt: während das Etwas seinen Inhalt wechselt, wechselt es auch den Inhalt des Äthers. Das Etwas bringt nicht nur seine Zeit aus sich hervor, sondern zugleich die Zeit des Äthers.

Dasselbe gilt umgekehrt im Akt der Absorption. Während das Etwas seinen Inhalt auffrischt, bringt es wieder die Zeit doppelt hervor: seine eigene Zeit und auch die Zeit des Äthers. Auch das geschieht notwendig gleichzeitig.

Wir können das auch so fassen: die Zeit der Veränderung ist immer zweifach gegeben. Das Ende des Alten ist zugleich der Anfang des Neuen.

Noch eine andere Form der Gleichzeitigkeit ist in der Natur gegeben, nämlich die gleichzeitige Dauer. Während die Sonne besteht, besteht zugleich die Erde. Während ich mit jemandem spreche, ist die andere Person gegeben. Während viele Dinge gleichzeitig bestehen, dauern viele Bewegungen gleichzeitig an. Oder einfach: viele Akte des Austausches vollziehen sich gleichzeitig.

Wie entscheiden wir den Fall?

Einstein spricht nicht von der Gleichzeitigkeit, sondern vom Maß der Gleichzeitigkeit. Die Gleichzeitigkeit besteht notwendig in der Natur, aber sie kann nicht gemessen werden. Verzichtet die Physik auf das Kriterium der Gleichzeitigkeit, so verzichtet sie allerdings auf einen wichtigen Aspekt der Natur. Die Physik setzt aber die Gleichzeitigkeit weiterhin stillschweigend voraus. Denn ein Beobachter kann ein Lichtsignal nur dann aufnehmen, wenn er gleichzeitig mit dem Lichtsignal existiert. Der Äther und der Absorber müssen sich zugleich verändern.

Der Umstand, dass das Maß der Gleichzeitigkeit versagt, besagt, dass die Zeit von ihrem Maß verschieden ist. Einerseits ist die Gleichzeitigkeit gegeben, während andererseits kein Maß der Gleichzeitigkeit besteht. Hier setzt sich das Gemessene über das Maß hinweg, was zur Unterscheidung beider hilfreich ist.

Das Jahr

Ein Jahr ist die Dauer des Erdumlaufs um die Sonne. Die Dauer des Erdumlaufs ist die Dauer einer Bewegung. Damit die Erde um die Sonne rotieren kann, muss sie ihre Absorption aus der Sonne mit ihrer Emission an den Äther ausgleichen.

Würde die Erde nur Sonnenlicht in sich aufnehmen, so würde sie sich der Sonne nähern und überhitzen. Würde die Erde nur Wärme an den Äther abgeben, so würde sie sich von der Sonne entfernen und unterkühlen.

Indem die Erde gleichermaßen absorbiert wie emittiert, bleibt sie als Körper stabil. Weiters bleibt die Erde dadurch der Sonne äquidistant. Die Erde bringt also ihren Umlauf selbst aus sich hervor. Wie die Körper ihre Bewegung zeitigen, dazu werden wir bald mehr erfahren.

Was tatsächlich wechselt, während die Erde stabil bleibt, genauer, während ihre Atome und Moleküle stabil bleiben, das ist der Inhalt dieser irdischen Atome und Moleküle. Es ist ihr Äther oder Licht. Während das neue Licht der Sonne aufgenommen wird, wird das alte Licht des stillen Äthers abgegeben.

Was ein Jahr misst, ist demnach die Erhaltungsarbeit der Erde, ihrer Atome und Moleküle während eines Umlaufs um die Sonne. Was das Jahr hervorbringt, das ist der Wechsel des Inhaltes der irdischen Atome. Die Erde kann nur so ihren Umlauf überdauern, indem sie auf ihrem Umlauf ihr Licht gegen das der Sonne austauscht.

Die Erde bringt ihre Dauer selbst aus sich hervor, indem sie ihren Inhalt wechselt. Die Erde bringt ihre Veränderung aus sich hervor, indem sie ihren Inhalt wechselt. Also bringt die Erde ihre ganze Zeit aus sich selbst hervor, nämlich den Wechsel ihres ganzen Inhaltes.

Aber die Erde bleibt doch die ganze Zeit dieselbe Erde, wollen wir einwenden. Wir sehen doch, dass sie dieselbe bleibt.

Nein, was wir sehen, das ist das Antlitz der Erde, das ist ihre Spende an den Äther. Ihre Erscheinung ist das, was wir aus dem Äther aufnehmen, wenn wir die Erde betrachten.

Aber hat die Erde nicht immer dieselbe Form? Was seine Form bewahrt, muss doch immer dasselbe sein, oder?

2.3.3 Die Form

Die Form eines Etwas entsteht dort, wo sich der Inhalt des Etwas als besonderer Teil des allgemeinen Seins behauptet. Indem der Inhalt seinen Bestand erhalten kann, bringt er selbst die Form des Etwas hervor. Wo der Inhalt aufhört und anfängt, wo er sich als besonderer Teil zugleich absondern und bewahren kann, dort bildet er seine Grenze und damit auch die Form.

Die Form des einen Inhalts ist zugleich die Form, die alle anderen Inhalte erübrigen und dulden, das ist, zwischen sich entstehen lassen. So wie die Inhalte ein geschlossenes Gefüge bilden, so tun dies die Formen.

Indem die Inhalte fortwährend ausgetauscht werden, um ihre Eigenart zu erhalten, bringen sie ständig neue Formen für sich und für die anderen Inhalte hervor. So wie der Inhalt wechselt, so wechselt die Form.

Anfang und Ende des Raumes

Der Wechsel des Inhalts haben wir vorne als die Zeit ausgemacht, als das Ganze aus Dauer und Veränderung. Wenn der Inhalt wechselt, bildet er neue Grenzen, also auch neue Formen. Die Zeit formt die Etwas an ihrer Grenze, das ist, wo sie anfängt und aufhört.

Dauert das Etwas an, weil sein Inhalt ruht, so dauert auch die Form des Etwas an. Am Rande des inhaltlichen Bestandes hört die Zeit des Etwas auf, nämlich sein inhaltlicher Wechsel. An der Grenze des inhaltlichen Bestandes fängt zugleich die Zeit des Äthers an, nämlich dessen inhaltlicher Wechsel.

Die Form erwächst ebenso aus dem Ende des Etwas wie aus dem Anfang des Äthers. Die Grenze des Inhalts kommt aus dem Ende und aus dem Anfang der Zeit. Oder umgekehrt: Ende und Anfang der Zeit sind vereint in der Grenze des Inhalts, somit in der Form des Etwas.

Wo das eine aufhört, fängt das andere an. Das gilt für den Inhalt, wie für die Form. Das Ende des Alten ist zugleich der Anfang des Neuen. Das Werden ist der Übergang des Alten in das Neue, ist das Nichts im Sein, ist dessen Entwicklung.

Wo eine Form anfängt, hört die andere Form auf. Das besagt auch, dass der Wechsel einer Form auch den Wechsel aller anliegenden Formen mit sich bringt. Die Formen bilden ein lückenloses Gefüge, wie die Inhalte, deren Grenzen sie sind.

Wenn die Formen ein lückenloses Gefüge bilden, sind sie dann nicht der Raum? Der erste von uns aufgefundene Raum unterscheidet sich nicht von der Summe der Formen.

Allerdings, wollen wir da gleich einwerfen, sei der Raum das Erfüllte, und wir müssen auf die Fülle verzichten, wenn wir den Raum erfassen wollen.

Gut, probieren wir das.

Der abstrakte Raum

Wir reinigen den Raum von seiner Fülle. Wir packen alle Etwas in das Abseits des Raumes. Dieses Abseits ist in unserem Denken. Also packen wir alle Etwas in unser Denken, wenn wir den Raum gereinigt, abstrakt haben wollen. Das Denken schafft das mühelos. Es ist ein guter Möbelpacker, solange auch die Möbel abstrakt sind. Noch ganze Sterne lassen sich mühelos wegdenken, wir löschen einfach ihr Licht.

Nun, angesichts der erwünschten Leere, befällt uns ein Verdacht. Wo hält sich das Abseits des Raumes auf? Ereilte das Jenseits nicht schon zuvor ein schlimmes Schicksal? Wenn das Jenseits vor der Türe unseres Geistes bleiben muss, stimmt dann unsere Adresse? Sind wir drin oder draußen?

Sind wir drin, so ist unser Sein nicht mehr ganz. Wir haben ihm eine große Lücke verpasst und damit schon verloren, denn das Sein ist umfassend. Unser Versuch, den Raum zu säubern, wird vom Sein respektierlich nicht einmal ausgelacht.

Sind wir draußen, so sind wir selbst ins Abseits geraten. Wir haben wieder verloren, nämlich das ganze Sein. Aber keine Panik, es geschah ja nur in unserer Vorstellung von allumfassender Leere.

Also finden wir, das ist nicht der richtige Weg, den Raum zu reinigen. Wir postulieren lieber den abstrakten Raum. Er war schon da, bevor etwas anfing. Richtig, dort ist er schon einmal aufgetreten, nämlich als der leere Raum. Aber dort haben wir ihm auch zugemutet, das vorausgesetzte Nichts zu sein, was er nicht sein wollte oder konnte. Also wieder nichts. Der abstrakte Raum ist ein geistiges Konstrukt, das nicht Teil des Seins sein kann.

2.3.4 Der Raum

In der Natur wird der Raum von den Formen hervorgebracht. Aber der Raum kann nicht bloß die Summe der Formen sein, weil die Formen beständig wechseln. Der Raum muss sich sogar von allen Formen unterscheiden, wenn er gegenüber den Formen Bestand haben soll.

Das ergibt folgende Schwierigkeiten: der Raum ist ein

Kind der Zeit. Er wird vom Wechsel der Inhalte als deren jeweilige Grenze, als deren jeweilige Form hervorgebracht. Trotzdem muss sich der Raum gegen alle Formen und auch gegen die Zeit behaupten, soll er Bestand haben. Wie macht der Raum das? Wie macht er sich selbständig?

Die Formen sind die Grenze des Inhalts. Aber wenn der Inhalt ständig wechselt, wechseln auch die Formen ständig. Es gibt in der Natur keine starren Formen, sondern nur veränderliche. Wenn also der Raum aus dem Wechsel des Inhalts hervorkommt, so kommt er nur in wechselnden, sich ständig verändernden Formen hervor.

Sehen wir von den starren Grenzen des Inhaltes ab, die es ja nicht gibt, so erhalten wir veränderliche Grenzen des Inhalts, wechselnde Formen der Etwas. Sie alle bringen gemeinsam den Raum hervor als das Ganze aller wechselnden Formen. Was aber ist das Ganze wechselnder Formen?

Das Ganze wechselnder Formen ist das Gemeinsame aller wechselnden Formen. Es ist der Formwechsel selbst. Der Raum ist nicht die Summe der Formen, sondern der Wechsel der Formen.

Der Wechsel der Form unterscheidet sich von der Form so, wie sich das Werden vom Ergebnis, wie sich das Nichts vom Sein unterscheidet. Der Raum ist das Nichts der Formen, aus dem sie alle hervorkommen und in das sie alle untergehen.

Der Äther ist das Nichts oder das Werden der Etwas. Die Zeit ist das Nichts oder das Werden der Inhalte. Und der Raum ist das Nichts oder das Werden der Formen. Jetzt haben wir das ganze allgemeine Sein vor uns, in uns und um uns, wie es ist, wie es war und wie es wird, wie es allein sein kann.

106

Die leere Form

Aber vielleicht waren wir voreilig. Prüfen wir nochmals mit Sorgfalt, was den von uns aufgefundenen Raum durchlöchern oder verdrängen könnte. Ist es die leere Form?

Weil die Form nur die Grenze des Inhalts gegen andere Inhalte ist, entsteht sie nur mit dem Inhalt. Sie erwächst nur so, wie sie vom Inhalt gebildet wird. Die Form ist ein Erzeugnis des Inhalts. Deshalb kann eine leere Form niemals entstehen. Sie kann auch niemals ohne Inhalt übrig bleiben. Geht der Inhalt unter, so löst sich die Form auf.

Wie den leeren Raum gibt es auch leere Formen nur als falsche Abstraktion, das ist, nur im inhaltslosen Denken.

Die starre Form

Kommt ein neuer Inhalt aus alten Inhalten hervor, so muss er sich neu vereinen. Um Bestand zu haben, muss er sich neu abgrenzen, also eine neue Form bilden. Weil sich ständig alte Inhalte auflösen und neue Inhalte vereinen, entstehen auch ständig neue Formen aus alten Formen.

Wenn sich nur eine Form im ganzen allgemeinen Sein verändert, verändert sich auch die Restform des übrigen Seins. Deshalb kann es keine starre oder unveränderliche Form geben. Wieder erhalten wir: starre Formen sind inhaltslose Abstraktionen.

Die Gestalt

Aber wir kennen doch die Gestalt der Erde. Wer wollte behaupten, dass die Erde eine veränderliche Form hat? Ist sie nicht immer ein Geoid, eine an den Polen etwas abgeflachte Kugel?

Die Gestalt ist die Erscheinungsweise der Form. Die Gestalt ist das, was das menschliche Auge aus dem Äther aufnimmt, und was das Denken daraus macht. Auch die Gestalt ist ein Abstraktum. Sobald wir die Form erfasst zu haben glauben, begnügen wir uns mit unserem geistigen Bild von der Form, das ist, mit der Gestalt.

Wir brauchen nur genauer hinzuschauen, oder länger zuzusehen. Wenn wir länger beobachten, dann sehen wir, wie die Berge der Erde kommen und gehen, wie sie fließen, sich erhitzt auftürmen und erkaltet zurückfallen. Wenn wir genauer hinschauen, sehen wir, wie sich die Wellen erhitzt aufbäumen und erkaltet wieder glätten. Dann sehen wir auch, wie sich die Winde erheben und fallen, wie sie sich drehen, um Hitze und Kälte der Atmosphäre auszugleichen.

Und wenn wir geistig ganz genau hinschauen, dann sehen wir sogar, wie sich jedes einzelne Molekül der Erde bemüht, Hitze und Kälte auszugleichen, indem es Überschuss freisetzt und Mangel durch Absorption wettmacht. Und genau das wird es gleich sein, was die Bewegung hervorbringt, nicht nur die Bewegung der Erde.

Kritik der Raumdimensionen

Seit Einstein wird in der Physik fleißig diskutiert, wie viele Dimensionen der Raum habe. Die Nichtphysiker möchten sich gern mit den drei Dimensionen aus dem Geometrieunterricht begnügen. Aber sie werden belehrt, dass die Lehre Euklids schnelleren Bewegungen nicht gerecht werde, weil sich da die

Raumzeit krümme. Da müssen schon Kugelkoordinaten von Gauss herhalten. Nach Einstein sind wenigstens vier Dimensionen notwendig, um die Raumzeit abzubilden. Aber es gibt inzwischen auch Theorien, die bis zu 36 Dimensionen verlangen. Wie sich da zurechtfinden? Wie viele Dimension hat der Raum nun wirklich?

Ich mache es mir wieder einfach: Der Raum hat überhaupt keine Dimension. Der Raum ist der Wechsel der Form. Ob und wie dieser Wechsel nun gemessen wird oder nicht, das ändert nichts am Sachverhalt.

Nur das Maß des Raumes hat Dimensionen. Wie viele davon, das ist eine Frage der Methode. Ich kann einen Weg mit einem Maßband messen, oder mit einem Lichtstrahl, oder mit einem Fahrrad, oder mit einem Jodler. Das sind schon vier Methoden oder Maßsysteme, und wenn ich mich anstrengen wollte, könnte ich wohl auch 37 Methoden aufzählen, einen Weg zu messen. Das mal drei oder gar mal 36 ergäbe schon eine kleine Rechenaufgabe.

Aber wie gesagt, ich mache es mir einfach: welches Maß für den Vergleich genügt, darüber entscheidet der Vergleich. Der Raum bleibt davon unberührt, wie wir ihn vergleichen. Umgekehrt sagt uns der Umstand, dass wir verschiedene Methoden des Vergleichens einsetzen können, dass der gemessene Raum verschieden ist von seinem Maß.

3. Die Bewegung

Die Bewegung gilt herkömmlich als Ortswechsel, oder auch als Durchqueren des Raumes von einem Ort zum anderen Ort. Untersuchen wir diese Möglichkeit oder Anschauung.

Wenn sich das Sein in seine Teile teilt, bildet es die verschiedenen Etwas, aber keine Orte. Nun können wir sagen, die Orte sind das, was die Etwas einnehmen, wenn sie entstehen. Aber da haben wir Pech. Das was die Etwas einnehmen, das sind ihre Formen, die Grenzen ihres Inhalts.

Nun gut, vielleicht sind die Formen ja zugleich die Orte der Etwas, wenden wir ein. Immerhin soll der Raum ja auch irgend etwas Wechselhaftes mit den Formen zu tun haben, wie wir soeben gehört haben.

Also schön, aber bitte der Reihe nach, auch das Denken macht nämlich Schritte.

Wenn die Orte dasselbe sein sollen, wie die Formen, dann unterscheiden sie sich nicht von den Grenzen des Inhaltes. Sie werden dann ebenso umfangreich oder voluminös wie die Inhalte. Das ergibt keine guten Orte, wie ich fürchte. Was ist der Ort der Milchstraße, wenn ich schlecht wissen kann, wo sie anfängt oder aufhört? Meine Ortsbestimmung wird zu spät kommen, sollte ich das jemals herausfinden.

Das ist aber unfair. Ich muss eben kleinere Orte verwenden. Den Ort der Erde zum Beispiel. Oder den Ort des Atoms, wenn ich ganz genau sein will.

Bitte sehr. Der Ort der Erde. Wo ist er? Die Erde ist ziemlich flott unterwegs, und nicht nur sie. Denn sie reist auch mit dem Sonnensystem um das Zentrum der Milchstraße, und dann noch mit der Milchstraße um das Zentrum des Galaxienhaufens.

Und der Ort des Atoms? Nehme ich da die Schalen der Sache, die zuckenden Elektronenwolken, oder dringe ich zum Kern der Sache vor, wenn ich genau sein will?

Genug, so geht das nicht. Wir müssen die Orte fest machen. Wir nehmen Nägel und nageln sie im Raum fest. Jetzt haben wir, was wir brauchen. Da ist da und bleibt es auch, nämlich genau da, wo wir es hingenagelt haben. Der Raum ist unser Nagelbrett, auf dem wir Ordnung schaffen, und die Orte sind die bunten Nägel aller Art, die wir dazu aufbieten. Wir brauchen nur aus dem Nagelbrett ein Koordinatengitter machen oder denken, dann erhalten wir aus den Orten brauchbare Angaben für den Ortswechsel, der die Bewegung nun doch einmal ist, oder zumindest sein soll und auch bleiben soll.

Leider gefehlt. Ein solcher Käfig der Orte ist nicht der Raum, sondern nur das Maß des Raumes. Nur der geometrische Raum besteht aus Orten. Umgekehrt sind Orte nichts anderes als Punkte oder kleine Abschnitte, also Teile des geometrischen Raumes. Aber der Raum selbst ist das Gemessene, er muss sich vom geometrischen Raum unterscheiden.

Kurz: wer die Bewegung als Ortswechsel auffasst, verwechselt die Bewegung mit ihrem Maß, mit der Wegstrecke. Wenn wir die Bewegung untersuchen wollen, müssen wir anders vorgehen.

3.1 Der Ursprung der Bewegung

Das Sein teilt sich in die Etwas, die ihrerseits besonderen Inhalt bilden und das Übrige absondern. So haben wir die Zeit gefunden, den Wechsel des Inhalts. Und so haben wir den Raum gefunden, den Wechsel der Form.

Jetzt fügen wir beide zusammen, Zeit und Raum nämlich. Während die Inhalte wechseln, wechseln auch die Formen. Was geschieht dabei mit den Etwas, den Urhebern beider Erhaltungsformen ihrer selbst? Was ist das schon wieder, zwei Erhaltungsformen? Da ist eine kleine Erfrischung angesagt!

3.1.1 Die Absorption

Wenn die Etwas ihren Inhalt erfrischen, dann nehmen sie Äther in sich auf. Das bedeutet, dass sie ihre Form öffnen und wieder schließen müssen. Diese Tätigkeit des Öffnens und Schließens ist ein Wechsel der Form, der dem Wechsel des Inhalts folgt.

Die Tätigkeit der Absorption bildet Zeit und Raum. Was aber Zeit und Raum bildet, bringt Zeit und Raum aus sich hervor. Was Zeit und Raum aus sich hervorbringt, das bewegt sich. Die absorbierenden Etwas bringen die erste Bewegung aus sich hervor.

3.2 Die Attraktion

Die erste Bewegungsart ist die Annäherung zweier Körper, ihre gegenseitige Attraktion. Sie beruht auf dem beiderseitigen Absorbieren des trennenden Äthers.

Wenn ein Etwas Äther in sich aufnimmt, verkleinert es

den Äther. Es nähert sich notwendig jener Quelle des Äthers, aus der sich das Etwas erfrischt. Die Schritte mögen so winzig sein wie ein subatomares Teilchen, oder wie ein Photon, das aufgenommen wird, aber sie sind unvermeidlich. Wie die Aufnahme selbst vonstatten geht, die Vereinigung, dazu gleich. Vorerst ist festzuhalten, dass die Aufnahme von Äther notwendig eine Annäherung hervorruft.

Diese Bewegungsart folgt dem Mangel der Etwas, den es zu decken gilt. Nur dann kommt es zur Aufnahme von Äther in den Inhalt des Etwas. Die Annäherung der Etwas bedeutet deshalb ihre absorbierende Erhaltungstätigkeit.

Den inhaltlichen Mangel der Etwas fasse ich als Kälte zusammen, als zu dünnen Äther im Inneren des Etwas. So gesehen geschieht das Fallen aufgrund innerer Erkaltung. Der Mangel wird durch das Fallen aufgehoben, das ist, durch die Absorption des trennenden, zu dünnen Äthers.

Dabei ist auch noch zu unterscheiden zwischen den Arten des Äthers im Inneren des Etwas. Das ist jedoch einer Kinematik der Bewegung vorbehalten, was uns hier zu weit führen würde. Hier muss der Hinweis ausreichen, dass ein Atom sowohl gerichtet, als auch allseitig Äther absorbiert und emittiert. Die Art, wie sich der gerichtete und der allseitige Austausch zusammensetzen, diese Art und Weise des Ätherwechsels erzeugt die Richtung oder Bahn, formt also die Bewegung des Atoms.

Kritik der Schwerkraft

Freilich ist hier die Schwerkraft zu würdigen, die nach den ehernen Gesetzen der Physik das Fallen hervorruft. Ich würdige die Schwerkraft wie folgt: es gibt sie nicht, jedenfalls

nicht als Urheber einer Bewegung. Was die Physik die Schwerkraft nennt, das ist das Maß des Fallens. Weil das Maß des Fallens nicht das Fallen sein kann, kann die Schwerkraft nur Zahlen auf die Erde holen, sonst aber nichts. Kein Atom, keinen
Apfel, keinen Mond und keinen Stern.

Das Fallen müssen die Atome selbst aus sich hervorbringen. Sie werden nicht abgeholt, nicht eingefangen, nicht gezupft
und nicht gestoßen, weder von einer Kraft, noch von anderen
menschlichen Maßen. Nach reiflicher Auskostung ihrer Lage in
den Gefilden der Kälte erwärmen sie sich wieder für die allseitige Wärme ihres Ursprungs, kehren also absorbierend zurück.

Kritik der Gravitation

Dem Aushängeschild der Mechanik ergeht es nicht viel
besser. Die Gravitation ist das Maß der Attraktion. Die Annäherung muss von ihrem Maß verschieden sein. Also ist die Gravitation kein Urheber der Annäherung. Das müssen die Etwas
schon allein zuwege bringen, ganz ohne Maß und Zahl, ganz
ohne Physik. Und eigentlich ist das sehr beruhigend. Denn ich
sähe es nicht gerne, wenn die Sterne auf die geometrischen An-
weisungen der Physik warten müssten, bis sie sich bewegen
dürften. Auch das ehernste aller Naturgesetze ist kein Naturge-
setz, sondern ein geometrisches Surrogat der Bewegung, ein
menschlicher Vergleich verschiedener Bewegungen.

„Aber die Masse fließt doch ein in dieses Gesetz! Die
Körper attrahieren einander gemäß ihrer Masse!" hören wir den
empörten Aufschrei der Physik.

Gut, gut. Oder eigentlich, nein, gar nicht gut. Die Masse
wird durch das Quadrat der Entfernung geteilt, das ergibt die

Gravitation, das Maß der Attraktion. Aber warum attrahiert diese Masse? Was besagt das Gravitationsgesetz über die Masse? Nur, dass die Masse umso mehr attrahiert, als sie versammelt ist.

Also: da ist eine Masse, und sie attrahiert, warum auch immer. Wir messen, dass die Attraktion mit der Masse zunimmt. Diese Masse dient wieder nur als Maß der Annäherung. Zu mehr taugt sie nicht in der Physik. Auch die Masse kann nicht sagen, was sie misst.

Das mittels der Masse Gemessene muss von der Masse selbst verschieden sein. Was die Masse misst, das ist der innere Mangel des Etwas, das ist seine relative Kälte. Das Gemessene ist der Mangel des Körpers im Vergleich zum umgebenden Äther, im Vergleich zum Äther seiner Nachbarn. Es ist der mangelhafte Zustand seines inneren Äthers.

Die vermeintliche „Anziehungskraft der Massen" nimmt mit dem Quadrat der Entfernung ab. Dieses Quadrat will den geometrischen Raum messen. In Wahrheit misst es jedoch den Äther, der den Mangel der Etwas deckt.

Weil die Mechanik alle Etwas auf „massereiche Schwerpunkte" reduziert, geht die Form der Etwas unter. Sie verschwindet in einem Punkt, wenn die Mechanik zugreift. Die Planeten werden geistig geschrumpft, und der Raum, den sie aus sich hervorbringen, wird geometrisch zu Flächen flachgedrückt, die dann die Scheibe der Bahnebene auszufüllen haben.

Dulden wir jedoch die Form, so wird aus der trennenden Fläche, aus dem Quadrat der Entfernung, der trennende Raum. Und dieser Raum ist das Volumen des Äthers, der zur Deckung des Mangels bereit steht. Aber Vorsicht, wieder nur als Maß, dieser Raum ist geometrisch.

In der Natur geschieht das Umgekehrte: erfrierende Etwas decken ihren Mangel durch die Aufnahme von Äther. Dabei bringen sie ihre Annäherung aus sich hervor, ihre attrahierende Bewegung. Diese Bewegung kann mit den Maßen von Raum und Zeit erfasst werden, und genau das tut die Physik mit dem Gravitationsgesetz.

Die Gravitation ist keine Anziehungskraft, keine Ursache, und auch keine Erklärung der Annäherung, sondern nur deren Maß. Zur Ehre Newtons ist hier anzumerken, dass er dies wusste und verlangte, den Grund der Annäherung zu erforschen.

Bezeichnenderweise begnügt sich die Physik jedoch seit Newtons Fund mit dem halben Maß der Bewegung, mit dem Maß der Annäherung. Warum das trotzdem funktioniert, werden wir bei der Rotation sehen.

Vorerst ahnen wir, dass die Masse nicht nur relativen Mangel messen kann, sondern auch relativen Überschuss, dass der Äther nicht nur zu kalt oder zu dünn sein kann, sondern auch zu heiß oder zu dicht.

3.2.1 Die Emission

Betrachten wir den der Absorption entgegengesetzten Vorgang. Wenn die Etwas das Erübrigte aus sich freisetzen, müssen sie wieder ihre Form öffnen und schließen. Nur strömt diesmal kein Äther in sie ein, sondern er kommt aus ihnen hervor. Wieder liegt ein Formwechsel infolge eines Inhaltswechsels vor. Wieder werden Zeit und Raum geschaffen. Auch das emittierende Etwas bringt Zeit und Raum aus sich hervor. Die emittierenden Etwas bringen die zweite Bewegungsart aus sich hervor.

3.3 Die Repulsion

Wir haben zwei Quellen der Bewegung ausgemacht: die Absorption oder Aufnahme von Äther in den Inhalt des Etwas, und die Emission oder Freisetzung von Äther aus dem Inhalt des Etwas. Dem müssen zwei Bewegungsarten entsprechen.

Die erste Bewegungsart, die wir oben gefunden haben, war die Annäherung. Sie beruht auf der Absorption von Äther, um den inneren Mangel der Etwas zu decken, ihre Erkaltung abzuwenden oder auszugleichen.

Was passiert nun, wenn die Erkaltung nicht abgewendet wird, wenn die Etwas zusammenstoßen?

Das ist zum Beispiel am Ende des Fallens gegeben. Aufmerksame Beobachter werden bemerken, dass ein gefallener Stein erwärmt ist, oder dass ein gefallenes Metallstück nach dem Aufschlag sogar glühen kann. Beide können noch eine Weile herumhüpfen, bis sie wieder ausreichend abgekühlt zur Ruhe kommen. Ich möchte ergänzen, sie springen und fallen, bis sie wieder allseitig ausgeglichen Äther austauschen. Die Physik spricht beim Aufschlag von Reibungshitze oder vom elastischen Stoß. Wie aber kommt die Hitze aus der Kälte?

Die zweite Bewegungsart, die wir hier aufstöbern, ist die Absonderung oder Repulsion. Sie beruht auf der Freisetzung von Überschuss aus dem Inhalt, und das ist die Hitze, die aus der Kälte kommt. Die Hitze ist das Emittat. Die Form des Etwas öffnet sich, um den Überschuss auszustoßen.

Die Repulsion beruht auf der Freisetzung von Äther.

Oder: mit der Hervorbringung des Äthers bringen die Etwas auch ihre gegenseitige Entfernung hervor.

3.4 Die Rotation

Der Wechsel von Wärme und Kälte

So wie die Freisetzung und die Einverleibung des Äthers ständig einander abwechseln, so wechseln die Etwas auch ständig ihre Bewegungsart.

Während der Emission entfernen sich die Etwas voneinander, wobei sie ihren Verband verkleinern. Weil emittierende Etwas ihren inneren Austausch um das Emittat verkleinern, kühlen sie ab. Sie bringen die Hitze aus sich hervor, um innerhalb des Verbandes abzukühlen. Während der Absorption nähern sich die Etwas einander an, wobei sie ihren Verband auffüllen und sich erwärmen. Sie nehmen Emittat oder Wärme in sich auf, um ihren inneren Mangel, ihre Kälte auszugleichen.

Der Wechsel von Wärme und Kälte ergibt den Wechsel von Entfernung und Annäherung. Das ergibt ein Oszillieren, ein Hin- und Herschwingen. Sind mehrere Etwas oder gar viele im Spiel, wird die Physik vom Brown'schen Zittern oder von der Wärme sprechen. Die Kälte geht stillschweigend verloren, weil das halbe Maß genügt. Zudem mutet die Physik ein solche Selbsterhaltung erst Molekülen zu, nicht auch kleineren Verbänden.

Wir fragen, was aus dem Oszillieren wird. Was wird aus den Etwas, die sich hin- und herbewegen, als wollten sie Wärme und Kälte stets ausgleichen? Wohin wird sie die Bewegung führen, die sie so wechselhaft aus sich hervorbringen?

Der Ursprung der Rotation

Zunächst bleibt das Zittern kein Zittern. Da und dort ein kleiner Fehler im Absorbieren oder Emittieren, und schon wird aus den geraden ersten beiden Bewegungsarten eine dritte: nämlich das Kreisen oder Rotieren.

Ein Fehler eines Etwas in der Verarbeitung des Äthers genügt, um der Annäherung oder Absonderung eine kleine seitliche Bewegung hinzuzufügen, die diesen Fehler ausgleicht, genauer, die diesem Verarbeitungsfehler genau entspricht. Jetzt werden auch nach der Seite hin Zeit und Raum geschaffen, und in einer Kettenreaktion folgen alle Etwas dieser Zusatzbewegung.

Nach und nach verstärken sich die seitlichen Abweichungen, schließlich beginnen alle Etwas umeinander zu rotieren. So können sie nicht nur in gleichem Abstand zueinander bleiben, sondern auch alle Fehler in der Verarbeitung ihres gemeinsamen Äthers ausgleichen. Jeder Emission entspricht nun eine Absorption, die zwar den Inhalt erfrischt, aber keine Entfernung oder Annäherung verlangt.

Jetzt kann jedes beteiligte Etwas sowohl seine Bewegung fortsetzen, als auch seinen Inhalt erneuern. Aber es muss nicht mehr anreisen, um Äther aufzunehmen, oder abreisen, um Äther abzugeben. So gesehen ist die Rotation die Bewegungsart, die einem ruhigen Austausch der Etwas entspringt und umgekehrt auch genau entspricht.

Weil die Rotation einen ausgeglichenen Äther gewährleistet, vereint sie die ersten beiden Bewegungsarten zu sich, nämlich die Attraktion und die Repulsion. Die Rotation ist die Einheit von Attraktion und Repulsion.

Das halbe Maß der Rotation

Inzwischen erkennen wir, warum das halbe Maß der Bewegung zumeist genügt, Bewegungen zu erfassen. In der Rotation entsprechen einander Attraktion und Repulsion, sie sind dort genau gleich groß. Wo sich nun mehrere Körper bewegen, dort setzen sie auch ihre Bewegung aus Annäherung und Entfernung zusammen. Das heißt, sie rotieren umeinander. Deshalb sind die meisten Bewegungen der großen Himmelskörper rotationsförmig.

So kann die Gravitation die gegenseitige Attraktion der Himmelskörper messen, aber ihre Repulsion vernachlässigen, und kommt trotzdem zu brauchbaren Ergebnissen. Allerdings dürfen wir nicht vergessen, dass die Gravitation nur den halben Austausch von Äther misst, nämlich den absorbierenden, während sie die Emission von Äther negiert. Das wird später noch von Bedeutung sein.

4. Der Körper

Die Rotation vereinigt nicht nur die beiden ersten Bewegungsarten, nämlich Attraktion und Repulsion, sondern auch die Etwas selbst. In der Rotation bringen alle beteiligten Etwas wechselseitig einen ausgeglichenen Äther aus sich hervor. Sie absorbieren und emittieren ausgeglichen. So finden alle beteiligten Etwas auch einen Äther vor, der ihrer Erhaltung und Bewegung genügt. In der Folge bilden so rotierende Etwas einen Verband. Einen solchen Verband nenne ich den Körper.

Die Teile eines solchen Verbandes oder Körpers nenne ich seine Subkörper. Der kleinste Subkörper ist das Licht selbst.

Wird der Äther durch Rotation körperlich, so bildet er in sich Photonen. Lichtkörper sind rotierender, damit vereinter oder kondensierter Äther. Bevor ich aber auf das Photon eingehe, möchte ich vertrautere Körper etwas näher erfassen.

4.1 Die Daseinsweise des Körpers

Wenn ich in das Innere eines Körpers blicke, so blicke ich in einen Verband von rotierenden Etwas, die alle ihre Eigenart bewahren. Das gelingt ihnen, weil ihre Emission und ihre Absorption gleich groß sind. Der Austausch von Äther genügt allen Teilnehmern des Verbandes, sowohl zur Erhaltung des Inhalts, als auch zum Wechsel des Inhalts, das ist auch, zur Bewegung.

Ein solcher Verband ist ein relatives Ganzes. Er kann seine Teile versorgen und eben dadurch zu sich vereinen. Die Teile bewegen sich zusammen, weil sie auf diese Weise stabil bleiben können, das ist, ausgeglichen Äther austauschen können. Sind alle Teile stabil, so ist es auch der Verband.

Das ergibt: die Rotation genügt allen Teilen des Körpers zum Dasein, so ist sie auch die Daseinsweise des Körpers als Ganzes.

Wir haben in der Rotation den Ursprung des Körpers gefunden. Der Körper kommt aus der Bewegung, und die Bewegung kommt aus dem Wechsel von Inhalt und Form.

Wir erhalten folgendes Szenario:

1. Der Äther im Verband der Etwas bleibt brauchbar für die Erhaltung aller Etwas.

2. Der innere Äther genügt allen Etwas zur Absorption und Emission.

3. In der Folge genügt der Äther des Verbandes auch zur Attraktion und Repulsion aller Etwas.

4. Weiters genügt der innere Äther der Vereinigung von Attraktion und Repulsion zur Rotation.

5. Auf diese Weise genügt der innere Äther der inneren Ruhe des Körpers.

6. So wird der Körper zu einer Einheit verschiedener Etwas, er wird zu einem Ganzen.

7. So wird schließlich der Körper auch zur Einheit von Inhalt und Form.

Kritik der Masse

So wie sich die Rotationsformen vervielfältigen, so vervielfältigen sich auch die körperlichen Verbände. Es entstehen immer höher entwickelte Verbände, die immer mehr Subkörper zu sich vereinen. Es entstehen Atomteile, Atome, Moleküle, molekulare Körper, Himmelskörper bis hin zu Galaxienhaufen.

Umgekehrt können sich auch alle Verbände wieder vollständig auflösen, das heißt, wieder in Äther verwandeln. Dazu gleich. Vorerst betrachten wir das Anwachsen der Verbände, die Entwicklung der Körperlichkeit.

Nimmt die Rotation an Gehalt und Umfang zu, so entwickeln sich höhere Körper. Dabei muss der innere Austausch im Verband jeweils allen Teilnehmern genügen. Bei Atomen muss der Austausch zwischen Kern und Schale ausgeglichen sein.

Das taucht in der Physik als die Entsprechung von Kernzahl und Elektronenzahl auf. Die Zahl der Protonen entspricht der Zahl der Elektronen. Oder etwas genauer: die Zahl der positiven Ladungen im Kern entspricht der Zahl der negativen Ladungen in den Schalen. Anderes misst die Physik ja nicht.

Aber hier schließt die Physik selbst auf das Gemessene, wofür ihr jede Anerkennung gebührt. Ich möchte nur vorsorglich deponieren, dass hier noch viel zu messen und noch viel mehr zu schließen sein wird, wenn erst der Äther in der Physik wieder Anerkennung gefunden haben wird.

Sind Kernzahl und Elektronenzahl verschieden, dann ist das Atom instabil. Es heißt dann Isotop. Entweder fehlen Elektronen, oder es sind zu viele da. Sind zu viele Elektronen da, so können wir auch sagen, es fehlen Protonen. Das kommt auf dasselbe hinaus: der atomare Verband ist unvollständig, seine Rotation ist nicht vollendet.

Beide Male ist der Ätheraustausch zwischen Kern und Schalen nicht ausgeglichen. Das macht das Isotop empfänglich für die Aufnahme äußeren Äthers. Überwiegt die Absorption des Kerns, so wird   das Isotop ein fremdes Elektron einfangen. Überwiegt die Absorption der äußeren Schale aus fremder Quelle, so wird das Isotop dieses äußere Elektron verlieren.

Das Atom bedarf einer bestimmten Menge an ausgeglichenem Äther, um stabil zu werden und bleiben zu können. Was der Kern nimmt, muss die Schale geben, und umgekehrt. Der Austausch muss ausgeglichen sein.

Ist der Austausch aber ausgeglichen, so hat das Atom einen ruhigen Innenraum, einen ruhigen inneren Äther. Die Rotation seiner Schalen ist dann ebenso gewährleistet wie die

Rotation seiner Kernteile, eben weil der innere Äther des Atoms allen Akten von Absorption und Emission genügt.

Fasse ich nun alle diese Akte der Absorption und Emission im Atom zusammen, so erhalte ich das alte, ruhige Licht des jeweiligen Ganzen. Dieser alte, stille Äther ist der Garant der Körperlichkeit, nicht nur des Atoms, sondern auch aller atomar zusammengesetzten Körper.

Diese jeweilige Ganzheit ist auch das, was die Physik als Masse misst. Die Masse ist ein Maß der Genügsamkeit im Austausch von Äther.

Fehlt im Atom stiller Äther, ist er zu dünn oder zu kalt, so muss der Körper Äther absorbieren und demgemäß fallen. Die Masse ist dann ein Maß des Fallens oder der Gravitation, eben weil sie den Mangel im Körper misst.

Ist im Atom zuviel stiller Äther vorhanden, ist er zu dicht oder zu heiß, so muss der Körper Äther abgeben und sich demgemäß entfernen. Die Masse ist dann ein Maß der Repulsion oder der Beschleunigung, weil sie jetzt den Überschuss im Körper misst.

In der Physik gilt die Masse als ein Maß der Trägheit, als ein Maß des Widerstandes gegen die Bewegung. In Wahrheit ist die Masse ein Maß des Ätheraustausches, des Wechsels von Inhalt und Form. Nur so ist sie auch ein Maß der Bewegung, und zwar unerkannt an deren eigentlichem Ursprung.

Kritik der Trägheit

Die Masse der Himmelskörper wird aus ihrer Bewegung errechnet. Nachdem die meisten Himmelskörper rotieren, genügt die Gravitation, das halbe Maß ihrer Bewegung. Das Maß

124

der Absorption reicht hin, um das Verhältnis der Körper zu bestimmen.

Die andere Hälfte ihrer Bewegung, die Repulsion, ist zwar für das Zustandekommen der Körper und ihrer Rotation genauso entscheidend. Diese zweite Hälfte des Austausches von Äther kann aber am Verhältnis der Körper nichts mehr ändern. So auch nicht mehr an ihrem Maß, an der Masse.

Das Maß des Mangels liegt versteckt in der Gravitation. Das Maß des Überschusses steckt verborgen in der Masse. Die Ursache der Rotation wird in der Folge dem Verhältnis zum Raum angedichtet, dem Verhältnis zur Geometrie.

Der Sachverhalt ist ein anderer: die Körper vereinigen ihre gegenseitige Absorption und Emission zur gemeinsamen Rotation. So entstehen ihre Verbände, also sie selbst. Und so entsteht auch ihre Bewegung, der fortgesetzte Wechsel von Inhalt und Form. Je ausgeglichener die Teile des Seins Äther austauschen, desto umfassender rotieren sie auch, desto größere Verbände und Körper bilden sie.

Als Trägheit gilt in der Physik das Beharren der Körper in ihrer Bewegung. Wir erkennen jetzt unschwer den Ursprung der Trägheit: es ist die Fortsetzung von Absorption und Emission. Indem auch rotierende Verbände das fortsetzen, was sie ausmacht, nämlich ihren Austausch von Äther, setzen sie nicht nur sich selbst fort, sondern auch ihre Bewegung.

Kritik der Schwere

Die Masse irdischer Körper wird gewogen. Das heißt, das Fallen dieser Körper wird durch ein Instrument unterbunden, nämlich die Waage. Die Umformung der Waage gibt dann das Maß der Masse.

Das Fallen irdischer Moleküle beruht auf der Absorption des ruhigen, irdischen Äthers. Dieser stille Äther der Erde muss bei diesem Verfahren von der Waage bereitgestellt werden. Solange die Waage auf ihrer Unterlage ruht, kann sie das auch. Seinerseits muss die Unterlage mit der Erde in Verbindung stehen, das heißt, sie muss am ruhigen Austausch des Äthers teilhaben, dessen alle irdischen Moleküle bedürfen.

Nur so bleibt die Erde das relative Ganze eines Planeten: alle ihre Moleküle müssen stabil bleiben, alle müssen sie ausgeglichen Äther austauschen und ausgeglichen rotieren. Werden einige Moleküle aus diesem Verband herausgehoben, so werden sie auch aus ihrer alten, ruhigen Daseinsweise herausgehoben. Sie rotieren dann nicht mehr allseitig ausgeglichen. Das macht sie schwer. Die Schwere ist ihr innerer Mangel an ruhigem, irdischem Äther. Die Schwere ist ihr Mangel am alten Licht der Erde.

Versuch und Irrtum

Das ist einen Versuch wert. Ich lasse einen Tropfen Wasser auf eine heiße Herdplatte fallen. Der Tropfen weiß nichts von seiner schweren Bestimmung und springt davon. Ich wähle einen größeren Tropfen. Dieser zerplatzt und seine Teile springen davon. Auch sie zeigen keinen Respekt vor der Schwerkraft und anderen Maßen der Schwere. Ich nehme einen Topf voller Wasser. Das Wasser verdampft zur Gänze. Alle seine Moleküle repulsieren gegen die Erde, weil diese zu heiß ist. Ihr Äther ist zu dicht und kann dem Wasser keine Ruhe gewähren.

Jetzt setze ich eine Eisenkugel auf die heiße Herdplatte. Sie ruht schwer entgegen aller Hitze. Was macht den Unterschied zum Wasser aus?

Es ist die Dichte des Eisens. Das Eisen besteht aus Atomen mit höherer Kernzahl. Sie weisen viele Elektronen-schalen auf. Die Hitze der Herdplatte wird von den Elektronen-wolken verarbeitet. Sie rotieren schneller und gewährleisten so den Bestand der Eisenatome. Dagegen bleiben die Atomkerne des Eisens schwer. Sie bedürfen weiter des alten irdischen Äthers, um stabil zu bleiben, um die Rotation ihrer Kernteile fortsetzen zu können. Die Kernteile absorbieren weiter das alte Licht des Planeten, während die Schalen meine Kochkünste verspotten.

Rufe ich die Physik zu Hilfe und kocht diese so richtig auf, so verdampft auch die Eisenkugel. Auch die Eisenatome re-pulsieren dann gegen die Erde. Sie heben ab, bis sie auskühlen. Schließlich fallen sie wieder, indem sie wieder irdischen Äther in sich aufnehmen.

Kritik der Falsifikation

Solche Versuche verlangen unüberhörbar nach der Kunst des Messens: wie viel Wärme verscheucht ein Proton aus der ir-dischen Ruhe?

Da dürfen sich die Freunde Poppers freuen. Sagt doch Popper, naturwissenschaftlich ist das, was empirisch widerlegt werden kann. Das Kriterium der Falsifizierbarkeit entscheidet, ob eine These der empirischen Wissenschaft vorliegt, oder eben nicht.

Behaupte ich, dass Protonen Hitze meiden, so ist dies endlich eine Behauptung, die vom Maß aller Dinge in die Flucht geschlagen werden kann. Ist es also empirisch wissenschaftlich, eine Vorstellung des Seins zu basteln? Erfüllt mein unbeschwerter Ausflug des Denkens die strengen Kriterien der physikalischen Widerlegbarkeit?

Das Messen überlasse ich der Kunst des Messens. Ich versuche mich darin, das Gemessene zu beschreiben und das Errechnete zu ergründen. Das mag Einfalt sein, oder Intuition, oder einfach die Einbildung, Ergebnisse zusammen zu fassen, zu einem Ganzen fertig zu denken. Das ist ja das Vermessene an der Einbildung, dass sie sich über jedes Maß hinwegsetzt.

Hat das Sein überhaupt Gründe? Ist es so logisch wie unser Denken? Oder soll unser Denken so logisch sein wie das Sein? Was ist, wenn nur die Mathematik logisch ist, und sonst kein Stäubchen in der Welt, nicht einmal der schwache Funke unseres Denkens? Logik, Logik, verlass uns nicht, wir rufen zu dir.

Hat das Sein einen äußeren Grund, so ist es nicht das ganze Sein. Also ist der Grund des Seins ein innerer Grund. Der Grund des Seins muss dem Sein innewohnen. Wohnt aber der Grund des Seins dem Sein inne, dann muss er auch vom Sein hervorgebracht werden.

Was im Sein hervorgebracht wird, das wird von seinen Teilen hervorgebracht. Denn das Sein besteht nur so, wie es von seinen Teilen hervorgebracht wird. Die Teile bringen das Sein so hervor, wie sie sich selbst hervorbringen. Die Teile bringen sich selbst hervor, indem sie ihren Inhalt vereinen und ihre Form schließen. Dazu bedürfen sie der Rotation, der Vereinigung von Attraktion und Repulsion, das ist auch, der Vereinigung von Absorption und Emission.

So hat das Sein keinen anderen Grund als den Austausch von Äther, der von allen Teilen des Seins, von allen Körpern hervorgebracht wird. Damit habe ich alles ergründet, was errechnet werden kann, und auch alles beschrieben, was gemessen werden kann. Natürlich nur im jenem Umriss, der der Vermessenheit bedarf und entspricht.

Die Teile des Seins sind mitsamt dem ausgetauschten Äther jenes Ganze, das es nach den Kritikern eines holistischen Weltbildes gar nicht gibt. Aber ich finde das Sein logisch. Ich finde das Sein sogar überraschend einfach, wenn ich mich einmal damit abgefunden habe, wie es ist.

Nun zur Logik des Beweisens und Widerlegens. Was ist bewiesen, wenn ein vorhergesagtes Maß durch ein Experiment bewiesen oder widerlegt wird?

Dann ist bewiesen, dass ein Sachverhalt messbar ist. Und ein Sachverhalt ist messbar, wenn etwas gezählt werden kann. Wissenschaftlich ist also auch nach Popper nur das, was gezählt werden kann. Das aber ist die Quantität, nicht die Qualität. Es darf falsch gezählt werden, aber es muss gezählt werden können. Sonst liegt keine empirische Wissenschaft vor, sondern Metaphysik, Glaube, Spekulation, oder eine noch unbestimmtere Blüte des Denkens.

Da sind wir unverhofft wieder bei Descartes gelandet, der das Dafürhalten durch das Rechnen ersetzen will. Denn nur die Mathematik sei logisch und nur die Mathematik biete unbestrittene oder elementare Bausteine des Denkens. Wer also Halt in der Welt der Irrungen suche, der müsse messen und rechnen. Nichts sonst dürfe im Denken zählen, als das, was in der Natur zähle. Hier haben wir den ersten Kniefall des Denkens vor der

Zahl, der bis heute fleißig geübt wird.

Aber da waren wir schon: in der Natur zählt nichts ---
außer uns.

Wird ein Maß widerlegt, so gilt ein anderes Maß, ohne den Grund zu verraten. Maße sagen nichts über das Gemessene aus, als dass das Gemessene vergleichbar und eben dadurch zählbar ist. Das Gemessene wird verglichen, nicht ergründet. Das Kriterium der Messbarkeit ist kein Kriterium der Wahrheit, sondern der Zählbarkeit.

Aber Wahrheit gibt es in dieser Schule des Denkens ohnehin nicht, nur Beweisbarkeit. Wir beweisen durch unser Zählen, dass wir zählen können. Soviel ist immerhin logisch. Ob wir richtig oder falsch zählen, das ist nicht so wichtig wie der Umstand, dass wir überhaupt zählen können. Auch das ist ganz logisch, denn die Zahl überlebt in jedem Fall, und so auch unser Ruf nach der Zahl. Er erschallt weiterhin und er wird weiterhin erhört. Das ist der Lebenszyklus dieser Logik.

Leider halte ich von solchen Beschränkungen des Denkens nicht mehr als von den geometrischen Käfigen der Bewegung. Von dort kommen sie auch her. Die Geometrie ist der große Macher und deshalb auch der Regent. Es sind nur dieselben Einbildungen. Es ist nur der alte Irrglaube, der das Maß als bare Münze für das Gemessene nimmt. Aber allein beim Geld ist es so: da ist das Maß tatsächlich dasselbe wie das Gemessene. Denn das Geld ist eine Konvention.

Ich halte dagegen: die Natur ist keine Konvention. Die Messbarkeit ist ein Kriterium der Zählbarkeit, nicht der Wahrheit. Die Zählbarkeit befindet über die Quantität, während die Qualität ungeprüft vorausgesetzt wird. Ist die Messbarkeit kein

Kriterium der Wahrheit, so ist es auch nicht die Widerlegbarkeit des Maßes.

Wenn eine Theorie falsifiziert wird, als falsch erkannt wird, dann beruht dies auf Einsicht, nicht auf Zahlen. Unser Denken gipfelt in dem, was wir glauben, das ist, in dem, was wir denken wollen. Ob unser Glaube falsch oder richtig ist, darüber entscheidet unsere Lebensweise. Überleben wir unsere Dummheiten, dann war unser Glaube nicht ganz falsch. Grob, aber wahr. Und das Feine bei der Sache ist, dass wir unseren Glauben rechtzeitig korrigieren können, nämlich wenn wir ausreichend nachdenken.

Kritik der Gluonen

Die Kernphysik sagt, die Protonen bestehen aus Quarks, die durch den Austausch von Gluonen zusammengehalten werden. Dabei seien Gluonen nie alleine anzutreffen, sondern immer nur in Verbindung mit Quarks. Daher der Name Gluon, der an das englische Wort glue für Klebstoff erinnert.

Zunächst möchte ich das Zusammenhalten aufgreifen. Was einen Verband oder Körper zusammenhält, das ist die Rotation seiner Teile. Die Rotation der Teile entsteht, wenn sich Absorption und Emission vereinigen, die Aufnahme und die Freisetzung von Äther.

Demnach wären die Gluonen der Äther der Quarks, und die Rotation der Quarks ergibt zusammen mit den ausgetauschten Gluonen das Proton. Was aber kann es bedeuten, dass die Gluonen nicht von den Quarks losgelöst werden können?

Sofern die Quarks Gluonen austauschen, muss ein Gluon das emittierende Quark verlassen und vom absorbierenden

Quark aufgenommen werden. Ansonsten kommt ein Austausch nicht zustande, und die Gluonen blieben Subkörper in ihren jeweiligen Quarks. Bleiben aber die Gluonen Bestandteile der Quarks, dann müssen die Quarks anderen Äther austauschen, um einen rotierenden Verband bilden zu können.

Nun können wir mit der Physik vermuten, dass die Energie der Teilchenbeschleuniger nicht ausreicht, die Gluonen von den Quarks zu trennen. Der Aufeinanderprall der Protonen reiche nicht aus, die Verbindung von Quark und Gluon aufzubrechen. So seien die Trümmer nicht einzeln aufspürbar, sondern nur zusammen. Aber aus ihrer Verformung lasse sich das Gluon erschließen.

Nach meinem Verständnis ist das Aufeinanderprallen der Protonen ein Zusammenfallen, eine Vereinigung. Das bedarf einer kurzen Erklärung, bevor ich mit den Gluonen fortsetzen kann.

Kritik des Stoßes

Repulsierende Körper werden immer langsamer, je weiter sie sich voneinander entfernen. Nur attrahierende Körper werden immer schneller, je näher sie einander kommen.

Wir feuern ein Geschoß steil nach oben ab. Während des Aufstiegs ist das Geschoß ein repulsiver Körper. Seine Emission überwiegt seine Absorption. Emission und Repulsion werden allerdings immer schwächer. Am höchsten Punkt kommt mit der Emission auch die steigende Bewegung des Geschosses zum Erliegen. Für einen Moment ruht das Geschoß in der Luft. Seine Hitze ist verbraucht oder fertig freigesetzt. Sie schlägt in Kälte um.

Ab dem Zenit des Wurfes ist das Geschoß ein Mangel-körper. Das Geschoß bedarf des allseitigen, ruhigen irdischen Äthers, den es aber nur gerichtet, nur aus der Erdoberfläche aufnehmen kann. Damit ändert sich der Ätheraustausch des Geschosses. Die Aufnahme von Äther wird nun stärker als die Freisetzung. Das Geschoß absorbiert immer mehr irdischen Äther von unten, aus der Quelle. Eben dadurch fällt es immer schneller dieser Quelle zu.

Während das Geschoß repulsiert, repulsiert es gegen seinen Ursprung. Das ergibt eine nach rückwärts gerichtete Freisetzung von Äther. Unterdessen absorbiert das Geschoß aber weiter von vorne Äther. Das rührt daher, dass sich seine Atome stabilisieren. Sie vervollständigen ihre Rotation, sie setzen ihre Daseinsweise fort.

Nach vorne bringt das Geschoß einen attrahierenden Formwechsel hervor, nach hinten eine repulsierende Umformung. In Summe ergibt das die Bahnbewegung. Das Geschoß folgt keiner vorgegebenen Bahn, sondern umgekehrt wird die Bahn erst vom Geschoß selbst hervorgebracht.

Soviel sei hier angedeutet: bleibt die Absorption (der Erde) gegenüber der Emission (der dem Geschoß einverleibten Wurfhitze) dominant, so ergibt sich als Bahn eine Parabel. Sind Emission und Absorption ausgeglichen (etwa zwischen Erde und Sonne, oder zwischen Atomkern und Elektronenhülle), so entsteht eine Ellipse. Überwiegt die Emission die Absorption (zum Beispiel im elastischen Stoß), so kommt eine Hyperbel zustande.

Geometrisch entstehen die Schnittlinien des Kegels, denn Absorption und Repulsion von Äther erfolgen kegelförmig.

Oder besser: Absorption und Emission erzeugen im Äther kegelförmige Regionen von Überschuss und Mangel. Die geometrischen Brennpunkte erwachsen aus den Ruhepunkten im Äther. Dort gleichen sich Überschuss und Mangel aus. So sind dort auch die Zentren der Rotation.

Trifft ein repulsives Geschoß auf einen anderen, ebenfalls repulsiven Körper, so erfolgt trotzdem eine absorbierende Vereinigung. Beide Körper absorbieren nämlich von vorne, und damit aus ihrem Ziel oder sogenannten Stoßpartner.

Der Umstand, dass beide Körper im Stoß mehr emittieren als absorbieren, ändert an ihrer absorbierenden Vereinigung nur soviel, dass der neue Verband sofort stark überlastet ist und seinerseits heftig emittiert. Dieses Emittat erscheint schließlich als die Hitze des Aufpralls.

Noch die Explosion des Schießpulvers ist zuerst eine Absorption. Denn die Moleküle des Pulvers vereinigen sich mit den Sauerstoffmolekülen der Luft. Erst das nachher freigesetzte Emittat ergibt das, was auseinander fliegt, also allseitig repulsiert.

Kritik der Kernspaltung

In diesem Lichte kehre ich zu den Gluonen zurück. Warum kleben sie an den Quarks, wo sie doch ausgetauscht werden sollten?

Teilchenbeschleuniger verstehe ich als Fallmaschinen. Protonen lassen sich nicht stoßen. Sie sind noch weniger berührbar als Atome. Die Repulsion der Protonen erfolgt wie bei jedem Geschoß nach rückwärts, gegen den vermeintlichen Stoß. Nach vorne absorbieren die Protonen, auch in Beschleunigern.

134

Die Beschleunigung der Protonen erfolgt durch Entzug von allseitig absorbierbarem Äther. Der Entzug erfolgt durch die eingesetzten Magneten und Stromspulen. Dort rotieren Elektronen gleichartig, sodass sie auch gleichartig Licht absorbieren und emittieren. Nur mehr aus der Bewegungsrichtung können die Protonen absorbieren. Deshalb werden sie immer schneller. Sie fallen, weil sie erfrieren. Ihr Verband wird immer ärmer an allseitigem, ruhigem innerem Äther.

Treffen die fallenden Protonen dann auf den Protonenstrahl, der in entgegengesetzter Richtung auf sie zufällt, so vereinigen sich die Protonen neu. Das erfordert jedoch zuvor ihre fast vollständige Auflösung.

Die sogenannte Zertrümmerung der Protonen besteht aus folgenden Akten des Ätheraustausches:

1. die aufeinander zufallenden Protonen absorbieren einander

2. die Verbände der Protonen brechen überlastet auf. Ihre Rotation zerfällt in Absorption und Emission.

3. die Verbände der Protonen formieren sich neu. Absorption und Emission der Quarks vereinen sich wieder zur Rotation.

4. die neuen Verbände emittieren ihren Überschuss.

5. die bereitgestellten Instrumente absorbieren das Emittat der neuen Protonen.

Nun können wir das Emittat der neuen Protonen besser beurteilen. Es besteht aus überzähligen Quarks und Gluonen, die nicht Eingang in neue Verbände fanden, und die sich auch nicht ihrerseits zu neuen Protonen vereinigen konnten.

Allerdings erfolgte die Vereinigung von Quarks und Gluonen miteinander. Können sich Quarks und Gluonen vereinigen, so können sie rotieren. Können sie rotieren, so absorbieren und emittieren sie. Das besagt, dass Quarks und Gluonen ihrerseits Verbände sind, die gegenseitig Äther austauschen. Auch Quarks und Gluonen sind nicht elementar, sondern zusammengesetzt.

Wir dürfen schließen, dass alle Verbände auflösbar sind, bis sie nur mehr aus Äther bestehen; und dass sich umgekehrt alle Körper durch Rotation aus Äther vereinen. Die Körper beginnen mit dem Licht und hören auch mit ihm auf.

Kritik der Energie

Vorne haben wir gesehen: nimmt die Rotation zu, so bilden sich immer höhere Verbände oder Körper. Jetzt betrachten wir den umgekehrten Fall: nimmt die Rotation ab, so lösen sich höhere Körper in kleinere Verbände auf.

In physikalischen Maßen ausgedrückt, bedeutet das eine Zunahme der Energie. Die Auflösung höherer Verbände bringt eine große Freisetzung von Äther mit sich. Fällt Emittat in großer Menge oder Dichte an, so absorbieren und emittieren auch die umliegenden Körper heftig. Das führt zu einer raschen Umformung ihrer Verbände und Bewegungsformen. Änderungen der Bewegungsform bezeichnet und misst die Physik als Energie.

Der vermehrte Austausch von Äther dauert solange an, bis alle Verbände wieder zur Ruhe kommen. Sie haben einander unterdessen umgeformt und entfernt. Weil die Fortpflanzung des Ätheraustausches unvermeidbar ist, nicht unterbunden werden kann, gilt die Energie als unzerstörbar.

Löst sich ein höherer Verband ganz auf, so lösen sich auch seine Subkörper auf. Nicht nur die Rotation der Subkörper bricht dann auf, sondern auch die Rotation der Etwas in den Subkörpern. Zerfällt alle Rotation wieder in Attraktion und Repulsion, so bedeutet das das Ende der Körperlichkeit und den Anfang des Äthers. Die Physik misst dies seit Einstein als Verwandlung von Masse in Energie.

Soll sich umgekehrt wieder Energie in Masse verwandeln, so muss sich das Maß von Absorption und Emission wieder in das Maß von Körperlichkeit verwandeln. Dazu kommt es, wenn die Rotation im Äther wieder einsetzt. Dann entstehen wieder Verbände und Körper.

Kritik der Strahlung

Wenn sich die Subkörper eines Verbandes noch wenig vom Äther oder Licht unterscheiden, dann nenne ich sie die rotierenden oder die am Verband teilnehmenden Etwas. Die rotierenden Etwas sind ihrerseits kleine Verbände aus Äther. Sie vereinen sich in unterschiedlicher Zusammensetzung aus dem gemeinsamen Emittat aller Teile des Seins. Dieses gemeinsame Emittat muss jeweils dem Erhaltungs- und Bewegungszustand der Teile des Seins entsprechen, und so entsprechen auch die rotierenden Etwas jeweils dem Zustand des Ganzen.

Ich nenne die rotierenden Etwas auch Kondensate von Äther. Dazu rufe ich in Erinnerung, dass das Kondensieren, das Verdichten von Materie eben darin besteht, Verbände zu bilden, umeinander zu rotieren.

Weil diese ersten Verbände nicht selbständig als Körper bestehen, nenne ich sie Subkörper. Sind sie Teile des Atoms, so nenne ich sie auch subatomare Körper. Sind sie Teile des Atomkerns, so nenne ich sie auch subnukleare Körper.

Solche Subkörper sind nur anzutreffen, indem sie absorbiert werden. Sie können nur dann absorbiert werden, wenn sie zuvor emittiert wurden. Weil sie immer auf Reisen sind, wenn sie eingefangen werden, nennt die Physik solche Subkörper mitunter Strahlung. Wenn solche Subkörper von außerhalb der Erdatmosphäre eintreffen, werden sie auch kosmische Strahlung genannt.

Der Strahlung wird zuweilen die Körperlichkeit abgesprochen, nämlich dann, wenn sie nur als Energie gemessen oder aufgefasst wird. Diese Auffassung beruht auf dem Verfahren. Das Emittat wird bei der Absorption durch das Instrument wieder als Energie gemessen, weil das Instrument den Ätheraustausch seinerseits fortsetzen muss.

Solange aber die Rotation besteht, solange ist die Strahlung körperlich. Sie besteht aus subatomaren und subnuklearen Verbänden, die von Atomen ausgetauscht werden. Die Physik selbst nennt sie zuweilen Teilchenstrahlung, womit sie Atomteilen und Kernteilen die Körperlichkeit zuerkennt.

Wir können noch fragen, warum Absorber solche Teile aufnehmen, von denen sie überlastet werden. Die Antwort lautet, dass die Absorption unvermeidlich ist. Das Atom kann solchen Teilen und ihrer Aufnahme nicht ausweichen. Aber das Atom kann seinen Verband neu fügen, indem es seine Rotation neu formt. So kann das Atom zwischen zu absorbierenden und frei zu setzenden Teilen selektieren. Können die Subkörper des Atoms aber Äther selektiv aufnehmen und freigeben, so sind sie selbst Rotationsformen des Äthers oder Kondensate aus Licht.

Kritik des Elementarteilchens

Die Physik bezeichnet subatomare Verbände als Elementarteilchen. Dem möchte ich mich nicht anschließen, denn elementar heißt unteilbar und unveränderlich. Solche Verbände kann es nicht geben. Durch das Fehlen von Absorption und Emission kommen sie nicht zustande. Deshalb kann es auch nicht solche Körper geben.

Was der Physik elementar erscheint, ist lediglich das, was sie als elementar oder unveränderlich misst, und in der Folge auch immer wieder so auffasst und voraussetzt. Es ist das Maß der sogenannten Elementarteilchen. Das Maß muss freilich unveränderlich sein, sonst taugt es nicht zum Vergleich.

Hier kommt zur Geltung, dass in den Verfahren die Absorption von Elektronen maßgebend ist. Auch in Teilchenbeschleunigern und Nebelkammern werden elektrische und magnetische Felder eingesetzt. Auch dort ist das Absorptions- und Emissionsverhalten der Elektronen maßgebend. Das bedeutet jedoch, dass die Rotationsweise der Elektronen maßgebend ist, und damit ihre Ganzheit. So erhält die Physik immer ganze Maße von sich auflösenden und sich neu vereinigenden Verbänden, nämlich immer Elementarladungen. Selbst dann noch, wenn die Physik alle Verbände zerstört, die sie messen will.

Immerhin eine Methode der Naturforschung, die herumfliegenden Trümmer zu betrachten. Aber noch während sie fliegen, vereinigen sich die Trümmer wieder zu absorbierbaren und erst damit auch zu messbaren Teilchen, also zum scheinbar Elementaren.

Kritik des Unteilbaren

Wir können vermuten, dass bestimmte Verbände von Äther unter irdischen Bedingungen nicht auflösbar sind. Vielleicht führt uns die weitere Suche zu diesen Verbänden. Daraus können wir dann auf die Schranken der irdischen Bedingungen schließen. Auf mehr allerdings nicht.

Ob die Verbände in Teilchenbeschleunigern den Verbänden in Sternen entsprechen, mag aus dem dabei freigesetzten Licht rekonstruierbar sein. Aber erstens ist anzumerken, dass der irdische Äther terrestrische Versuche immer beeinflussen muss. Zweitens ist festzuhalten, dass das Verfahren einen speziellen Äther im gesamten Instrumentarium erzeugt, der auch künstliche Teilchen generiert oder entstehen lässt.

Drittens denke ich, dass es viele Teile des Seins geben muss, die sich von leuchtenden Sternen unterscheiden. Sterne sind ein viel zu spezieller Verband, als dass sie den Hauptanteil am Kosmos ausmachen könnten. Sie sind uns nur deshalb so dominant, weil sie weitgehend sichtbar sind.

Viertens sehen wir sehr altes, weit und lang angereistes Licht. Wir dürfen nicht ausschließen, dass sich das Sein regional umformt, während wir noch frühere, bereits überholte Resultate beobachten. In jeder Umformung des Seins muss aber neuer Äther freikommen. Es müssen jeweils neuartige Verbände von Äther entstehen, die dem regionalen Austausch genau entsprechen.

Wenn wir Teilchen erzeugen oder auffinden, die wir nicht weiter teilen können, so müssen sich diese Teilchen selbst weiter teilen und vereinen. Verzichten sie auf Absorption und Emission, so verzichten sie nicht nur auf ihre Rotation und damit auf ihren Bestand als Verband. Sondern sie verzichten auch auf jeden Austausch, und damit auf jede Verbindung mit dem übrigen Sein.

Jede Verbindung nach außen würde notwendig auch eine Veränderung im Inneren bedeuten. Nachdem jedoch das ganze Sein notwendig alle seine Teile lückenlos umfasst, das ist auch, durch deren Austausch miteinander verbindet, kann es keine elementaren Teile des Seins geben.

Nun können wir noch denken, unteilbare Teilchen können zwar selbst nicht absorbieren und emittieren, aber sie können emittiert und absorbiert werden. Das setzen wir ja bei der Zertrümmerung voraus.

Aber auch das geht fehl. Ein Emittat muss veränderlich sein, damit es absorbiert werden kann. Zur Aufnahme in den neuen Verband kommt es ja nur, wenn alle Subkörper weiter rotieren können, indem sie ausgeglichen Äther austauschen. Wollte sich ein Subkörper im Verband aufhalten, der nicht am Austausch von Äther teilnimmt, so ist eben genau dieser Subkörper überzählig. Er wird emittiert. Das unveränderliche Emittat fiele demnach aus allen Verbänden. Scheidet es aber überall aus, so kann es nicht Teil des Seins sein.

Weil sich unteilbare Teilchen auch uns nicht mitteilen könnten, sind sie eine absurde Voraussetzung. Sie können nie absorbiert, also auch von uns nie gefunden werden. Ich erlaube mir zu empfehlen, die Suche nach dem Unteilbaren einzustellen.

4.2 Unsere Auffassung des Körpers

Ich möchte hier (nicht immer ganz ernsthaft) einige Körper beschreiben, oder genauer, unsere Auffassung dieser Körper. Weil mich das Gemessene mehr interessiert als das Maß, verzichte ich auf physikalische Erklärungen. Vielleicht ergeben sich sogar denkwürdige oder wenigstens merkwürdige Unterschiede.

Das feste Ding

Das Ding ist ein eher handfestes Etwas, mit dem wir schon Umgang hatten und das uns deshalb als ziemlich vertraut gilt. Weil wir stark sind, das ist, muskulös, hat das Ding mechanische Eigenschaften. Es widersetzt sich unseren Kräften, genauer, der Tätigkeit unserer Muskeln. Aber dazu haben wir ja einen starken Willen entwickelt, dass nämlich die Dinge unseren Kräften oder Muskeln gehorchen.

So lässt sich das Ding heben, werfen, brechen und zerkleinern, manchmal auch wieder zusammenfügen. Wir können es formen, damit werken oder daraus Werkzeuge herstellen. Das Ding lässt sich unserem Willen gefügig machen. Das feste Ding ist gefügig.

Zwar lässt sich ein Molekül ebensowenig berühren wie ein Atom, denn seine Elektronen repulsieren. Aber wenn wir ein Ding mit Händen greifen, dann tauschen unsere Moleküle mit den Molekülen des Dings Äther aus. Das ist die sogenannte Reibung. So begreifen wir die Dinge, wenn wir genau genug denken. Aber wozu die Mühe? Packen wir es an!

Das feste Ding ist jener Teil des allgemeinen Seins, den

unser Denken so begreift, wie das unsere Hände tun. Sollte das für unseren Ordnungssinn oder für unsere Zwecke nicht hinreichen, so bemühen wir stärkere Muskeln oder Kräfte, bis hin zu allmächtigen.

Der Himmelskörper

Wenn die Dinge unseren Händen entgleiten und scheinbar frei oder isoliert herumschweben, erfinden wir zu unserer Beruhigung wenigstens zwei Umstände, die die Dinge dort festhalten, wo sie unserer Auffassung nach hingehören: erstens die Kräfte und zweitens den Raum, den geometrischen Käfig der Kräfte.

Wem das nicht genug ist, der versichert sich auch noch geistig eines allumfassenden Planes. In diesem Plan ist festgeschrieben, wann wo welche Kräfte am Werk sind, das ist, welche geistigen Muskeln wann wo schlichtend eingreifen. So machen wir die Geometrie zum großen Macher. Sie spielt dort unser Spiel, wo wir selbst nicht mehr mitspielen können.

In der Natur sind die Himmelskörper vereinzelte Teile des allgemeinen Seins, die eine nahezu geschlossene Form annehmen. Ihr Inhalt sondert sich deutlich vom Inhalt der Umgebung ab. So entsteht eine Kugelgestalt, die durch die Rotation leicht ausgebaucht wird und nur für kleinere Teile des Seins durchlässig oder offen bleibt.

Weil die Himmelskörper großen Inhalt vereinen und kleinen Inhalt austauschen, sind sie in relativer Ruhe. Ihre Bewegung genügt für lange Zeit und auf weite Strecken ihrem Dasein, ihrer gegenseitigen Erhaltung. So ist auch die Bewegung der Himmelskörper ruhig, das ist, fast geschlossen oder nahezu kreisförmig.

Sind solche Himmelskörper nicht von innerem Mangel geplagt, so verzichten sie auf Kernfusionen und leuchtende Erscheinungen. Mitunter werden sie dann von menschlichen Plagen heimgesucht. Vielleicht ist das jene ausgleichende Gerechtigkeit, die wir so gerne überall herbeirufen, wo wir nichts zu sagen haben.

Die Flüssigkeit

Die Flüssigkeit ist uns weniger vertraut als das feste Ding. Sie ist schwerer zu fassen. Wir müssen immer auch das Gefäß verstehen, wenn wir die Flüssigkeit erfassen wollen.

Flüssigkeiten vereinen sich immer zu einer einzigen Flüssigkeit. Das ist uns ein wenig unheimlich, weil wir das größere Gefäß oder das Ganze nicht ermessen können. Schon beim Meer ist das eine geistige Aufgabe. Die Flüssigkeit ist ein nicht fassbares Ganzes. Das ist das Faszinierende am Meer: seine unfassbare Ganzheit.

Die Flüssigkeit weist einen inneren Zusammenhalt auf, der zwar nicht zur Festigkeit des Dings gereicht, sich aber immer wieder einstellt, wenn er belastet oder unterbrochen wird. Dieser innere Zusammenhalt ist der Ausgleich von Absorption und Emission zwischen den Molekülen. Er ist ihre einsetzende Rotation. Indem die Moleküle zu rotieren beginnen, beginnt die Körperlichkeit der Flüssigkeit, ihr Zusammenhalt. Indem die Rotation der Moleküle bald wieder endet, indem die Wellen in der Flüssigkeit verebben, bilden die Moleküle ein formloses Ganzes. Sie ruhen in dem Äther, den sie austauschen.

Wir können jedoch den inneren Zusammenhalt der Moleküle nicht fassen, sondern nur als Widerstand gegen unsere Kräfte oder Muskeln wahrnehmen. So sind wir wieder geneigt, das Gleichgewicht der Kräfte zu bemühen. In der Flüssigkeit müssen ähnliche Kräfte am Werk sein, wie in uns. Druck und Sog stellen sich als vermeintliche Erklärung ein.

Druck ist das Maß zu dichten Äthers, und so auch das Maß der beiderseitigen oder allseitigen Repulsion. Druck ist verwandt mit der Hitze, dem einseitigen Maß des Emittats. Allerdings wird die Hitze beim Absorbieren gemessen, also bei ihrer eigentlichen Vernichtung als Hitze.

Sog ist das Maß zu dünnen Äthers. Sog misst die beiderseitige Absorption und Attraktion. Sog ist verwandt mit der Kälte, dem einseitigen Maß der Absorption oder des Mangels an Äther. Allerdings wird die Kälte durch den Verlust von Emittat gemessen. So gilt sie als Senke der Hitze.

Eine weitere Schwierigkeit hat das Denken zu umschiffen: nachdem die Flüssigkeit keine Muskeln aufweist, müssen auch in unseren Muskeln Kräfte am Werk sein. Nur so lässt sich erklären, was den Opfern der Bewegung widerfährt, den Körpern. Schließlich erfüllt sich das Sein mit Kräften, die alle unseren Muskeln entsprungen sind, genauer, unserer Auffassung vom Widerstand gegen unsere Bemühungen oder Zwecke.

Die Wolke

Die Wolke hat noch Konturen, verzichtet aber scheinbar auf inneren Zusammenhalt. Der Wind formt sie, oder der Sternenwind, jedenfalls äußere Umstände, wie wir denken. Also erklären wir die Wolke zu einer losen Ansammlung von Tröpfchen oder Sternenstaub, die ihrerseits so am Himmel festgemacht werden wie die Himmelskörper: durch ziehende oder drückende Kräfte.

Wenn es da oben schlimm hergeht, geht das Gezupfe und Geschiebe in rotierende Kräfte oder Turbulenzen über. Das universale Wegenetz der Kräfte muss sich nicht nur in allgegenwärtige Koordinatensysteme verwandeln. Nein, es muss sich überdies auch noch drehen. Nur so kann die Geometrie den Ursprung der Flieh- und Zentrifugalkräfte bereitstellen.

Wir geben zu, dass da am Himmel einige Arbeit ansteht, aber unsere Helferlein, die Geometrie und die Kräfte, sind so emsig und pünktlich zur Stelle, wie das unseren Zwecken entspricht. Wir haben schon gewonnen, denn wir haben wieder etwas zum Messen gefunden.

Das Gas

Das Gas verzichtet auch auf Konturen. Wenn es sich ganz unseren Sinnen entzieht, dann vertraut es nur mehr unseren allgegenwärtigen Kräften. Es gebietet seinen Teilen, unserer Statistik Folge zu leisten, die allein mit dem Chaos unserer Vorstellung zurechtkommt.

Oder: vom Gas haben wir keine Vorstellung mehr außer jener, dass seine Teilchen Kräften gehorchen, über die auch wir verfügen. Und das ist auch unser falsches, weil mechanisches Bild nicht nur vom Inneren des Atoms, sondern auch vom allgemeinen Sein.

Unsere Naturvorstellung hat eine Reihe von Abstraktionen durchlaufen, die in einer Sackgasse endeten, weil schon der Ausgangspunkt falsch war. In der Natur gibt es weder Kräfte noch Opfer der Kraft. Wenn die Bewegung im Sein gegeben ist, dann kann sie nur dort entspringen, wo sie erstmals auftritt. Die Quelle der Bewegung ist der Austausch der Inhalte, den alle Teile des Seins vornehmen. Die Bewegung entspringt dem Ausgleich von Überschuss und Mangel in den Verbänden der Körper.

Noch im Gas bilden die Moleküle einen Verband, allerdings einen losen und wechselhaften. Zunächst genügt der Austausch im Gas allen Molekülen zur Erhaltung und Bewegung. Sie sind relativ stabile Körper. Dann rotieren diese Moleküle umeinander, wie es ihrem Austausch entspricht.

Weil die Moleküle relativ stabil sind, genügt ihnen geringer Austausch und geringe Rotation. Kleine Änderungen im Austausch bringen wechselhafte Rotationsformen hervor, sodass das Gas nicht als Ganzes rotiert, sondern lediglich in Teilen.

Schwebt das Gas frei im Kosmos, so bildet es eine interstellare Wolke. Seine Absorption ist größer als seine Emission, daher der Zusammenhalt. Die Teile des Gases attrahieren. Reicht das nicht hin zu ihrer Erhaltung, so werden sich die Teile des Gases neu vereinigen. Das Gas wird kondensieren und neue Körper zeitigen, zum Beispiel neue Sterne.

Befindet sich das Gas in einem Gefäß, das wir ausweiten, so dehnt sich das Gas aus. Seine Atome repulsieren. Die Emission überwiegt also die Absorption. Dies besagt, dass unsere Erzeugung des Gases einen Überschuss in den Verbänden hinterlassen hat. Wir messen ihn als Druck.

Entfernen wir das Gefäß, so verflüchtigt sich das Gas in die Erdatmosphäre. Wieder überwiegt die Repulsion aus der Erzeugung des Gases. Hinzu kommt aber, dass der irdische Äther

den Atomen des Gases offenbar zur Erhaltung genügt. Sie nehmen ihn in sich auf, während sie sich voneinander entfernen.

Aber die Atmosphäre bleibt der Erde verhaftet. In ihr
überwiegt die Absorption des irdischen Äthers gegenüber der
Absorption und Emission des Sonnenlichtes. Das bedeutet, dass
alle Moleküle der Erde einen Verband bilden, dessen Äther von
außen nicht ersetzt werden kann. Der Äther der irdischen
Atome kann nicht ausgetauscht werden, sondern nur erneuert.
Er muss also von den irdischen Atomen reproduziert werden.
Oder: so wie sich die irdischen Atome reproduzieren, so stellen
sie auch ihren Äther wieder her.

Das Elektron

Das Elektron gilt in der Physik als die Elementarladung,
oder als das Elementarteilchen mit der Ladung (negativ oder
minus) Eins. Nähere Aussagen kann und will die Physik nicht
treffen, weil sie eben nichts anderes messen kann oder bestimmen will.

Ich möchte wieder zwischen dem Gemessenen und dem
Maß unterscheiden. Das Gemessene ist das Elektron. Das Maß
ist die Elementarladung.

Die Elementarladung wird immer als dieselbe gemessen.
Das liegt am Verfahren der Messung. Tauscht das Atom kein
Elektron aus, so schweigt das Messinstrument. Spricht das
Messinstrument zum aufmerksamen Physiker, so erhält dieser
immer dasselbe Maß, oder genauer, immer ein Vielfaches da-
von, nämlich von Eins.

Alles, was im Atom geschieht, bevor es ein Elektron freisetzt, bleibt dem Maß vom Elektron notwendig verborgen. Das

Maß begnügt sich mit dem Ergebnis des Vorgangs und schweigt über den Vorgang selbst.

Sollte das Elektron als Körper oder Etwas unveränderlich sein, so machte sein Austausch keinen Sinn. Kein Atom würde es aufnehmen oder freisetzen. Das Elektron wäre nicht von dieser Welt. Ist es aber Teil des Seins, so wird es auch ausgetauscht. Dann aber ist es veränderlich.

Die Physik mutet dem Elektron verschiedene Bahnen um den Atomkern zu, die es nur unter Aufnahme oder Abgabe eines bestimmten Photons oder Quants einnehmen darf (Heisenberg, Pauli, Quantenzustände). Hier duldet die Physik die Veränderlichkeit des Elektrons, denn wie könnte ein homogenes Ganzes ein Photon aufnehmen oder freisetzen?

Weil aber in der Physik das Maß die Natur beherrschen soll, herrscht dort die gemessene Bahn über die Bewegung des Elektrons und damit über das Elektron. In der Natur ist es freilich umgekehrt: das Elektron ändert sich und seine Bewegung mit den Photonen, die es zu sich vereint oder aus sich erübrigt. Weil dabei besondere Spektrallinien auftauchen, also ganz bestimmtes Licht aus dem Atom freikommt, kann die Physik deren Verschiebungen messen und als Anregungszustand des Atoms oder als Bahn des Elektrons klassifizieren.

Dabei bleibt das Problem, dass ein solch „klassisches" Elektron Energie auf seiner Umlaufbahn um den Atomkern verlieren müsste. Es müsste in den Kern stürzen, das ist, von ihm einverleibt werden. Um diesen Effekt des klassischen Messens und Rechnens zu vermeiden, bemüht die Physik ihre Prinzipienfestigkeit in Sachen „Quanten" und „Unbestimmtheit".

Das Elektron darf nur bestimmte Maßzustände, sprich

Bahnen, belegen oder bereisen, und auch das nur einzeln, denn es ist ja elementar (Pauli, Ausschließungsprinzip). Hier dominiert das Maß das Gemessene bereits als Gebot, Prinzip oder Verbot. Bleibt zu hoffen, dass die Elektronen dem Menschen und seinen Anliegen ausreichend Gehör schenken.

Ich verstehe das Elektron als Kondensat des Lichts, als atomar verdichteten oder vom Kern vereinten Äther. Es entsteht im Atom in verschiedenen Entfernungen oder Schichten vom Kern, weil sich dort Photonen zum Elektron vereinen und wieder auflösen. Die Bewegung, die das Elektron dabei aus sich hervorbringt, muss genau seinem Zustand entsprechen, das ist, seiner Zusammensetzung von Emission und Absorption, und damit der Rotation seiner Photonen, die es mit dem Kern und dem äußeren Äther austauscht.

Während das Elektron als zuckende oder vibrierende Photonenwolke die Atomschalen erfüllt, kann es immer nur als Resultat gemessen, nämlich angetroffen und vom Instrument absorbiert werden. So entsteht der Eindruck, es handle sich um einen Planeten des Atomkerns, der mechanischen Gesetzen genügen müsse. Aber so wenig es den klassischen Planeten gibt, der unseren Kräften Folge leistet, sowenig gibt es das klassische Elektron, das unseren Prinzipien des Messens Gehorsam schuldet.

Der Fehler liegt am Verfahren. Wieder gibt das Verfahren nur jenes Gemessene wieder, das es zuerst voraussetzt und dann als Resultat erhält. Was eigentlich vor sich geht, nämlich die Vereinigung der Photonen zum Elektron, das müssen wir denken oder geistig rekonstruieren. Es lässt sich nicht messen, weil es noch im Werden ist, im Nichts.

Die Verjüngung schneller Körper

Einstein sagt in seiner Relativitätstheorie, dass sich die Eigenzeit sehr schneller Körper verlangsame. Schnell bewegte Körper altern langsamer als ruhende oder langsam bewegte Körper. Das muss uns freilich interessieren. Hier sagt das Maß der Bewegung etwas über den Körper aus.

Zunächst möchte ich erinnern, dass die Zeit nicht vor oder neben den Körpern besteht, sondern von den Körpern erst hervorgebracht wird, nämlich als der Wechsel ihres Inhalts. Weiters sind die Körper nicht Opfer oder Widersacher der Bewegung, sondern deren Urheber.

So ausgerüstet können wir nachsehen, was eigentlich geschieht.

Ein Körper, der sich schnell bewegt, muss mehr Inhalt wechseln als ein langsamer Körper. Aber es gilt nicht, pro Sekunde oder ähnliches mehr Inhalt zu wechseln. Denn die Sekunde ist nicht gegeben. Sondern es gilt, pro Formwechsel mehr Inhalt zu wechseln. Der Körper muss ja die ganze Bewegung aus sich hervorbringen, also zugleich Zeit und Raum. Der schnelle Körper wechselt also mehr Inhalt pro Formwechsel, den er vollzieht.

Das bedeutet allerdings, dass der schnelle Körper sich schneller erneuert, als der langsame Körper. Denn der schnelle Körper tauscht in jedem Formwechsel, wir können auch sagen, in jedem Schritt oder Takt seiner Bewegung, mehr seines Inhaltes aus. Bei jedem Akt der Emission wird mehr alter Inhalt freigesetzt. Bei jedem Akt der Absorption wird mehr neuer Inhalt aufgenommen. So verjüngt sich der schnelle Körper vermehrt, während er auch altert. Oder: er altert langsamer.

151

Unser Dank geht an Einstein.

Wird der Körper so schnell wie das Licht, so bewegt er sich auf so extreme Weise wie das Photon. Er tauscht dann seinen gesamten Inhalt in jedem Akt des Stoffwechsels aus. Also wird er zu Äther oder Licht. Die Physik misst diese Auflösung der Körpers seit Einstein als Verwandlung von Masse in Energie. Ich verbeuge mich erneut vor Einstein.

Die Verkürzung schneller Körper

Diesmal betrachten wir die Bewegung des schnellen Körpers aus der Sicht des Formwechsels. Der schnelle Körper bringt mit jedem Wechsel des Inhalts auch einen größeren Formwechsel hervor. Denn wenn mehr Inhalt wechselt, dann bedeutet das auch eine umfangreichere Umformung der Rotation und des Verbandes. Wie sieht diese Umformung nun aus?

Wird mehr absorbiert, so öffnet sich die Form weitläufiger. Wird aus einer bestimmten Richtung mehr absorbiert, nämlich aus der neuen Quelle des Äthers, so verbreitert sich die Form quer zur Bewegungsrichtung. Die Absorptionsfläche vergrößert sich infolge der verstärkten Absorption. Aus Sicht der Quelle wird der attrahierende Körper breiter und größer.

Dann gilt es, die umfangreichere Absorption im Verband zu sondieren. Die alten Subkörper müssen weichen, den neuen Subkörpern Platz machen. Das ergibt eine seitliche Ausweitung der inhaltsreicheren Rotation. Daraus entsteht eine Aufweitung des Verbandes.

Schließlich muss der schnelle Körper mehr Emittat freisetzen. Wie geht das vor sich?

Zuerst muss sich ein rotierender Subkörper auf äußere

Umlaufbahnen begeben. Dies gelingt dem Subkörper durch zunehmende Emission gegen den Verband und abnehmende Absorption aus dem Verband. Das entspricht der seitlichen Ausweitung des Körpers.

Dann muss der Subkörper seine Kreisbewegung in eine lineare Bewegung umformen und den Verband radial oder tangential verlassen. Das tut der Subkörper, indem er seine Emission gegen den Verband fortsetzt, aber seine Absorption aus dem Verband beendet. Stattdessen nimmt er eine Absorption aus einer neuen Quelle in sich auf. So kommt er frei.

Der schnelle Körper muss mehr Subkörper freisetzen als der langsame. Umgekehrt müssen mehr Subkörper ihre Umlaufbahnen ausweiten und sich schließlich absetzen. Der schnelle Körper löst sich rückwärts schneller auf als der langsame.

In der Absorption wird der schnelle Körper vorne breiter, in der Rotation weitet er sich seitlich auf, und in der Emission löst er sich rückwärts schneller auf. In allen Phasen des Stoffwechsels verformt sich der schnelle Körper so, dass er sich seitlich zu seiner Bewegungsrichtung ausweitet, während er sich in seiner Bewegungsrichtung verkürzt.

Einstein hat also aus seinen Messverfahren ein richtiges Ergebnis berechnet. Nur weil er die Raumzeit anstelle von Raum und Zeit setzt, sieht er in der Raumzeit die Ursache für die Formänderung des schnellen Körpers. Aber das Maß kann das Gemessene nicht verursachen.

Der Vorgang ist umgekehrt so, dass sich der schnelle Körper anders verformt. In Bewegungsrichtung bringt er weniger Raum oder Formwechsel aus sich hervor, das aber schneller und öfter, weil er mehr Inhalt wechselt. Seitlich bringt der schnelle Körper mehr Raum aus sich hervor, einen umfassenderen Wechsel seiner Form.

4.3 Die Substanz

Den gesamten Inhalt eines Verbandes nenne ich die Substanz des Körpers. In der Substanz werden die rotierenden Teile oder Subkörper nicht unterschieden, sondern unterschiedslos zusammengefasst.

Der Körper ist die relative Ruhe inmitten der Bewegung. Er gewährt den Etwas jenes Milieu des ausgeglichenen Ätheraustausches, das sie selbst gegenseitig aus sich hervorbringen, das sie selbst schaffen, indem sie umeinander rotieren.

Der Körper ist die relative Ruhe inmitten des Wechsels von Inhalt und Form. Diese Ruhe ist relativ. Nach außen erscheint sie als Substanz, mitunter sogar als homogene oder feste Substanz. Als feste Substanz erscheint die innere Ruhe des Körpers dann, wenn sie sehr vollständig zusammengesetzt wird. Sie ist dann sehr selbstgenügsam. Sie bedarf dann wenig äußeren Austausches. Die Substanz ist die innere Ruhe des Körpers.

Trotzdem wird auch diese Festigkeit oder innere Ruhe des Körpers nur aus der Absorption und Emission aller seiner Teile zusammengesetzt. Die innere Ruhe des Körpers bedarf der Rotation seiner Teile. Die Substanz bedarf des ruhigen Äthers im Inneren des Körpers.

Die Substanz des Äthers

Wir können nun fragen, welche Substanz der Äther aufweist.

Der Äther ist das gemeinsame Emittat aller Körper, bevor er wieder absorbiert wird. Substanz kann der Äther nur aufweisen, wenn er in sich zu rotieren beginnt. Erst dann bildet er in sich Verbände, sowie deren Inhalte, Grenzen und Formen. Substanz bedarf solcher Inhalte, solcher Grenzen und Formen. Substanz bedarf der Körper.

Bildet der Äther Verbände, so bildet er Körper. Umgekehrt vereinen die Körper Äther zu sich, wenn ihre Teile zu rotieren beginnen, wenn sie sich bilden. Die Körper vermindern den Äther. Die Körper sind vereinter oder verdichteter, kondensierter Äther.

Anders ausgedrückt: was im Äther zu rotieren beginnt, scheidet aus dem Äther aus, wird zum Körper. Daraus folgt, dass der Äther selbst frei von Rotation und damit substanzlos ist. Daraus folgt auch wieder wie früher, das der Äther ruht.

Allerdings gilt dies nur für den stillen Äther eines ruhigen Verbandes. Es gilt nur für das alte Licht, das allen Verbandsmitgliedern genügt und bereits vollständig ausgetauscht ist.

Kommt es zu neuem Austausch, zu neuem Licht, so belebt es den ruhigen See des alten Lichtes. Diese Belebung geschieht so, dass ein Körper ein Emittat freisetzt, das sich dann im alten Licht fortpflanzt, bis ein anderer Körper es in sich aufnimmt.

Ich frage jetzt, wie sich das neue Licht im alten Licht fortpflanzt. Vorne sagte ich, dass die Störung der Ruhe sich allseitig ausbreitet, was physikalisch als Welle bezeichnet wird. Nun möchte ich ergänzen, was diese Störung ist. Sie ist der Körper des Photons.

Das Photon

Wenn ein Körper in den stillen Äther emittiert, dann setzt im stillen Äther eine Rotation ein, die sich allseitig ausbreitet. Es muss eine Rotation sein, denn nur eine Rotation kann sich allseitig ausbreiten.

Wir können auch so vorgehen: eine Emission breitet sich allseitig aus. Das bewirkt in der Folge überall eine Absorption, wohin das Emittat gelangt. Also wird sich auch die Absorption allseitig ausbreiten. Sie zeitigt wieder eine allseitige Emission, und so fort. Der Austausch von Äther breitet sich allseitig aus.

Wenn aber eine Absorption auf die Emission folgt, und umgekehrt eine Emission auf die Absorption, dann haben wir wieder den Wechsel von Absorption und Emission. Es entsteht jenes Oszillieren oder Schwingen, das infolge seitlicher Abweichungen zur Rotation heranwächst.

Also breitet sich eine Rotation allseitig aus. Oder einfach: die Rotation ist die Einheit von Absorption und Emission.

Breitet sich im stillen Äther eine Rotation aus, so entstehen im stillen Äther notwendig Körper. Es sind dann Lichtkörper oder Photonen, wenn die anfängliche Emission des ersten Körpers die kleinstmögliche Emission war, zu der er fähig war.

Diese Photonen, die kleinsten Subkörper aller Körper möchte ich nun untersuchen, und auch, wie sie sich im Äther fortpflanzen.

Der Lichtkörper bewegt sich schneller als alle anderen Körper. Er ist demnach der kleinste Verband von Äther. Denn größere Verbände weisen eine innere Rotation oder eine Erhaltungsarbeit auf, wodurch sie träge, massereich oder einfach langsamer werden. Dieses Werden gilt im eigentlichen Wortsinne. Größere Verbände dauern länger, weil sie sich langsamer verändern. Also entstehen und bewegen sie sich auch langsamer als kleinere.

Weiters ist die Bewegung des Photons extrem, das heißt, sie ist nicht steigerbar. Eine solche Bewegung beruht auf einem extremen Wechsel von Inhalt und Form. Der Wechsel des Inhalts ist dann nicht steigerbar oder vermehrbar, wenn er vollständig geschieht. Der Wechsel der Form ist dann vollständig, wenn sich die Form ganz auflöst, während sie sich öffnet, und ganz wieder schließt, während sich der Inhalt wieder vereint.

Als Bewegungsform der Photons erhalten wir eine extreme, nicht steigerbare Rotation. Wenn sich das Photon öffnet, so gibt es seinen gesamten Inhalt ab. Es geht unter in den stillen Äther. Das Photon belebt den See des alten Lichtes, indem es stirbt.

Wenn sich das Photon als Form wieder schließt, so vereint es wieder seinen ganzen Inhalt. Es geht neu aus dem belebten Äther hervor. Das Photon wird im belebten See des alten Lichtes wieder geboren.

Mit anderen Worten: das Photon pflanzt sich eines in das andere fort, wenn es sich bewegt. So ist seine Bewegung nicht steigerbar. So ist aber auch seine Fortpflanzung vollkommen. Sie ist lückenlos und fehlerfrei. Sie setzt das vollkommen fort, was das Photon ausmacht: nämlich seine Rotationsweise.

Wir dürfen nicht in den Irrtum verfallen, dass die sich fortpflanzenden Photonen eine Kette bilden würden, also vielleicht doch einen Strahl. Denn die Photonen pflanzen sich allseitig im See des alten Lichtes fort, den sie beleben. Es ist eine Rotation, die den gesamten stillen Äther in allen Richtungen durchströmt.

So erscheint uns der stille Äther des alten, unsichtbaren Lichtes als ständig neu belebte Quelle der Erfrischung aller Körper, die sich in ihm erhalten und bewegen. Der substanzlose stille Äther tritt als Meer neuer Photonen zutage.

Das Photonenmeer

Nehmen wir an, zwei Photonen wollen sich voneinander absondern, sich trennen und dabei einen Zwischenraum zwischen sich aufkommen lassen. Das gelingt jedoch nicht.

Damit sich zwei Photonen überhaupt bilden können, brauchen sie eine Zufuhr an neuem Licht. Das alte Licht der Sterne und Himmelskörper ist ein ruhendes Emittat, es gereicht keiner Absorption. Es bildet in sich keine Körper, keine absorbierbaren, konturhaften Etwas, keine abgesonderten Teile des Seins.

Ein körperloser Teil des Seins ist auch ein solcher Teil des Seins, in dem keine Rotation stattfindet. Im alten Licht vereinen sich keine Körper durch die Vereinigung von Attraktion und Repulsion. Es gibt dort weder Attraktion noch Repulsion, setzen beide doch Körper und Bewegung voraus, die im körperlosen Teil des Seins aber nicht gegeben sind.

Der stille Äther ruht ohne Körper und ohne Bewegung, ohne Etwas, das Zeit und Raum aus sich hervorbringen könnte. Der stille Äther ruht ohne den Wechsel von Inhalt und Form, der ihm nicht von den Körpern auferlegt wird. Der stille Äther ist passiv, er ist das gemeinsame Produkt aller Etwas. Aber so ist er auch das alte, schon fertige Produkt aller fertigen, ruhenden Etwas.

Das bedeutet, es gibt im Meer des alten Lichts keine Photonen. Es gibt nur den Rohstoff der Photonen, die aufgelöste Substanz des Lichts.

Die Auflösung von Etwas können wir uns nur so vorstellen, dass sich die Teilchen eines Stoffes immer weiter voneinander entfernen, bis sie wie im Gas scheinbar ihre Verbindung verlieren. Das ist jedoch ein falsches Bild.

Es gibt im stillen Äther keine Teilchen und keinen Zwischenraum der Teilchen. Das bedeutet, dass sich das alte Licht soweit auflöst, als es der Entfernung der Körper jeweils entspricht, als es dem Zwischenraum der Körper jeweils entspricht.

Umgekehrt wird das alte Licht auch genau in dieser Auflösung freigesetzt. Das alte Licht zwischen den Körpern ist genau jenes Licht, das sie für ihren Bestand und ihre Bewegung brauchen. Es ist ja ihr Produkt und zugleich ihr Nährboden.

Nun denken wir vielleicht, da bleibt aber viel leerer Raum. Nein. Der Raum ist der Wechsel der Form, wie er von den Körpern hervorgebracht wird. Das alte Licht ist konturlos. Es bringt selbst weder Form noch Formwechsel hervor, also auch keinen Raum des alten Lichtes. Es gibt keinen Raum des Lichtes, wir setzen ihn nur voraus.

Der Äther erfüllt nicht seinen Raum, sondern den Raum der Körper. Zwischen dem Raum der Körper und dem Raum des Äthers ist kein Unterschied. Der Raum der Körper ist der Raum des Äthers, sind doch beide Produkt der Körper.

Allerdings haben die Körper keine Mühe, ihren Raum mit ihrem Äther zu füllen. Die Körper emittieren einfach so, wie sie einander absondern. So bringen sie ihren Äther immer in der richtigen Zusammensetzung oder Konsistenz hervor, ihr altes Lichtmeer, aus dem sie alles Neue schöpfen, sobald dies möglich und notwendig wird.

Aber wir brauchen doch eine Vorstellung, ein Bild davon, wie der körperlose Äther beschaffen sein könnte oder müsste, wenn er den Zwischenraum der Körper lückenlos füllen soll oder muss (damit mit der Verbindung der Teile nicht auch das ganze Sein untergeht).

Zur Befriedigung unseres dürstenden Geistes schlage ich vor, einen neuen Aggregatzustand der Materie oder Substanz einzuführen: den Zustand der bedingten Auflösung und Vereinigung, der abhängigen Speisung und Schöpfung. Ich nenne diesen Zustand das Werden oder die Verwandlung der Körper. Dieser Zustand ist lückenlos in jeder Hinsicht.

Das Vakuum

Das verlangt nach einer Zerreißprobe. Wir nehmen den Äther in die Zange und ziehen so lange, bis sich eine Lücke auftut. Wäre doch gelacht, wenn wir das nicht schaffen sollten.

Wir rufen die Physik zu Hilfe und bauen mit ihr ein Vakuum, wie es die Welt noch nicht gesehen hat. Doch siehe da, je mehr Teilchen wir aus der Welt des Vakuums schaffen, umso voller an Strahlung wird es, dasselbe Vakuum. Der Äther ist zäher, als wir dachten. Was geht da vor sich?

Je mehr wir versuchen, die Teile des Seins zu trennen, desto stärker wird ihre Verbindung. Ihre Verbindung besteht aus ihrem gegenseitigen Emittat, das sie auch gegenseitig in sich aufnehmen. Je mehr wir versuchen, den Austausch zu unterbinden, umso feiner und dichter wird er.

Wie aber weiß der Äther, wann er zerrissen werden soll,

um den leeren Raum aufzutun?

Die Quelle des Äthers sind die Körper. Wenn ihre Trennung zunimmt, dann nimmt auch ihr Äther zu. Der Äther wird gerade so produziert, wird so von den Körpern hervorgebracht, als er der Trennung der Körper entspricht.

Weil sich die Körper verändern, die Quellen des Äthers, können wir den Äther nicht trennen. Je körperloser das Vakuum wird, desto stärker fließt der Äther aus seinen Quellen. Das ist hier, aus dem Gefäß des Vakuums, aus seinen Molekülen.

Die Kälte

Was aber passiert, wenn zu wenig Körper im Universum herumschwirren? Tut sich da nicht der leere Raum von selbst auf, die letzte Kälte des Kosmos?

Wenn sich die Körper stark vereinzeln, stark voneinander absondern, nimmt ihr trennender Äther umso mehr zu. Wollten sich die Körper aber zu stark trennen, sodass ihre Verbindung abreißen könnte, dann verändern sich wieder die Körper selbst. Sie erleiden so starken inneren Mangel, dass sie zu erfrieren beginnen. Also vermehren sie ihre Absorption, ihre Aufnahme von Äther.

Dann reißt also der Äther auf und bildet ein kosmisches Vakuum, weil er von den Körpern verschluckt wird?

Nein. Wenn die Körper ihre Aufnahme von Äther verstärken, dann nähern sie einander wieder an. Dann vereinigen sie sich. Sie fallen zusammen und bilden neue Körper.

5. Die Einheit von Körper und Bewegung

Die Ruhe des Körpers ist eine zusammengesetzte Bewegung, und zwar eine ausgeglichen zusammengesetzte Bewegung. Entfernung und Annäherung der Subkörper bleiben gleich groß, weil ihre Emission und Absorption gleich groß bleiben. Die Ruhe des Körpers ist dasselbe wie seine innere Rotation, das ist, wie die Rotation seiner Subkörper.

Der Körper ist die relative Ruhe inmitten der Bewegung. Und die relative Ruhe des Körpers ist eine solche Bewegung, die ausgeglichen zusammengesetzt wird.

Körper und Bewegung sind also dasselbe. Sie sind nur zwei Daseinsweisen des Äthers.

Solange der Äther relativ ruht, weil er in der Rotation vereint ist, solange ist der Äther die Einheit von Inhalt und Form, solange ist er der Körper. Umgekehrt heißt das wieder: die Körper sind vereinter, rotierender, kondensierter Äther.

Solange der Äther ausgetauscht wird, solange ist er der Wechsel von Inhalt und Form, solange ist er die Bewegung. Umgekehrt besagt das: die Bewegung ist der Austausch von Äther. Das bedeutet schließlich: der Äther ist die Einheit von Körper und Bewegung.

5.1 Die Einheit des Ganzen

Der Körper ist die relative Ruhe in der Bewegung. Das können wir auch so fassen: der Körper vereint sehr viele Bewegungen zu sich, nämlich die Attraktion und Repulsion seiner Teile. Der Körper fasst diese Bewegungen in sich zusammen, er vereint sie zu seiner Rotation.

Gäbe es den Körper nicht, gäbe es keine Rotation, keine zusammengesetzte Bewegung, so blieben alle Annäherungen und Entfernungen seiner Etwas frei. Indem der Körper aus der Mitte der Bewegungen aller Etwas schöpft, beruhigt er die Bewegungen im ganzen Sein. Weil der Körper die Bewegungen insgesamt beruhigt, an Zahl und Wirkung schwächt, ist der Körper die relative Ruhe der Bewegung.

Wir können auch sagen: der Körper ist die Senke der Bewegung. Und die Bewegung ist die Aufruhr des Körpers.

Betrachten wir den Körper von außen, so erscheint er als Widersacher oder Opfer der Bewegung. Die Bewegung muss den Körper ja erst aufrühren, erst seine ausgeglichene Rotationsweise beunruhigen. Der Körper beharrt zunächst auf seiner Ruhe, setzt zuerst seinen ausgeglichenen Austausch von Äther fort. So erscheint er träge, widerspenstig gegen eine Änderung seiner Rotationsweise, die auch seine Daseinsweise und Bewegungsweise ist. So konnte die Mechanik den Körper als Zielscheibe ihrer Kräfte auffassen oder missverstehen.

Nun blicken wir wieder in das Innere des Körpers.

Da erkennen wir den Körper wieder als Urheber der Bewegung. Denn seine Etwas bringen weiterhin Raum und Zeit aus sich hervor, wenn sie im Körper rotieren, indem sie weiter Äther aufnehmen und abgeben.

Zugleich bleibt der Körper weiterhin der Urheber von Raum und Zeit, weil er sich auch als Ganzes weiter bewegt, weil er auch als Verband weiter Äther aufnimmt und abgibt.

Mehr noch: weil die Rotation immer größere Körper erfasst, bilden sich im Sein immer größere Verbände aus immer mehr Teilen oder Subkörpern. Die Körper wohnen den Körpern inne. Das Atom wohnt dem Molekül inne, das Molekül dem Himmelskörper, die Sterne den Galaxien, die Galaxien den Haufen, die Haufen dem Kosmos, der Kosmos dem ganzen Sein.

Die Teile des Seins wohnen dem allgemeinen Sein inne als rotierende Körper. So wahrt das Sein seine Bestände und seinen Bestand, indem es alle Teile rotieren lässt, das ist auch, allen Körpern einen ruhigen Äther bereitstellt.

Wo es zum Aufbrechen der Rotation kommt, dort zerfällt die Rotation in ihre Bestandteile, das ist, in Attraktion und Repulsion. Dort fallen die Körper zusammen, um zu bersten. Dort kommt es auch zum Zusammenfall des Äthers, zu seiner Kondensation in neuen Körpern, zu seiner Vereinigung in neuen rotierenden Verbänden. Dort kommt es auch zu Eruptionen von Äther, wenn sich die neuen Körper voneinander entfernen und neuen Äther freisetzen. Dort formt das Sein seine Teile und zugleich sich um.

Damit haben wird das Ganze aus Körper und Bewegung, aus Raum und Zeit gefunden. Wir haben das ganze materielle Sein in seinen Grundzügen geistig erfasst.

Doch wieder ist Vorsicht angesagt. Wir haben noch eine Menge Fragen zu klären.

5.1.1 Die Vereinigung

Wie funktioniert eigentlich die Absorption? Wann ist sie wirklich abgeschlossen? Anders gefragt: wann ist ein Subkörper Teilnehmer des Verbandes geworden?

164

Die Galaxie

Betrachten wir eine Spiralgalaxie als anschauliches Beispiel. Sie hat viele Sterne als Subkörper. Sie bildet einen Verband aus Sternen, weil diese Sterne um ihre gemeinsame Mitte rotieren. Allein beim Anblick der Rotation leuchtet uns spontan ein: da ist etwas im Entstehen, im Werden. Doch gehen wir schrittweise vor.

Wenn die Sterne zuviel Licht geben, dann wird sich die Galaxie als zu heiß ausdehnen. Die zu heftig emittierenden Sterne werden repulsieren, sich voneinander entfernen.

Wenn sich die Sterne zu weit voneinander entfernen, dann wird sich die Galaxie als zu kalt zusammenziehen. Die Sterne werden dann mehr Licht auseinander aufnehmen, als sie abgeben. Sie werden sich also wieder einander annähern.

Mit der Summierung der seitlichen Abweichungen, die wir schon von früher kennen, entsteht die Rotation und damit der Körper der Galaxie.

Der Stern

Es mag uns verwundern, dass Sterne Licht absorbieren sollen. Aber so wie alle Atome und Atomteile Licht absorbieren, so müssen dies auch die Atomteile in den Sternen tun. Sterne gelten uns zwar als die eigentlichen Lichtquellen, aber zuerst sind sie Mangelkörper. Das erkennen wir aus zwei Umständen:

Erstens, Sterne brennen aus. In der Sternenmitte verschmelzen kleinere Atomkerne zu größeren Atomkernen. Diese Atomkerne sind erfrierende Mangelkörper, die ihren Äther teilen. Nur den Überschuss nach der Vereinigung geben die neuen Atomkerne als jenes Sternenlicht allseitig frei, das wir später aufnehmen und so auch wahrnehmen.

Trotzdem gelingt es dem Stern letztlich nicht, seine Verbände zu stabilisieren. Der Stern kann nicht soviel Licht in sich aufnehmen, als er zur Erhaltung seiner Atomteile benötigen würde. Anders gesagt: es gelingt ihm nicht, die Kernfusion in seinem Inneren zu stoppen. Nach Jahrmillionen und mehreren Etappen oder Arten der Kernfusion fällt die Mitte des Sterns in sich zusammen. Die Hülle wird sich als zu heiß aufblähen, aber das ändert nichts mehr am erfrierenden Kern der Sache.

Der zweite Hinweis auf den inneren Mangel der Sterne lautet: leuchtende Sterne vereinigen sich zu Galaxien. Sie absorbieren also mehr Licht auseinander, als sie aneinander abgeben. Sonst käme es zu keiner Annäherung dieser Sterne. Wir könnten die Gravitation zu Hilfe rufen, aber dann haben wir vergessen, dass sie nur das Maß der Annäherung, und damit nur das Maß des Mangels, oder nur das Maß der inneren Kälte ist.

Auch die Hitze der Sterne kommt wie alle Hitze aus der Kälte. Hitze ist die Emission von solchem Überschuss, den neu vereinigte Verbände abgeben. Aber ihre Vereinigung erfolgte aus Not an Äther, aus Mangel oder Kälte.

Der Verband der Sterne

Es muss auch repulsierende Himmelskörper geben. Sonst wäre der Kosmos nicht in rotierende Teile des Seins gegliedert. Solche repulsierenden Himmelskörper sind die Galaxien selbst. Sie entfernen sich voneinander, und zwar wieder mittels jener Emission, die wir als Sternenlicht empfangen. Es ist dieselbe

Hitze der Sterne, die aus ihren fusionierenden Atomkernen kommt. Während sich die Sterne aus Mangel vereinigen, entfernen die Galaxien einander durch die Freisetzung ihres Überschusses.

Die Sterne fallen einander zu, beginnen zu rotieren, und bilden so ihren Verband, die Galaxie. Der Verband, der neue Körper, dieselbe Galaxie, setzt ihren Überschuss frei und entfernt sich deshalb von ihren Nachbarn.

Repulsierende Körper emittieren mehr Licht, als sie absorbieren. Aber sie emittieren gegeneinander gerichtet, das ist auch, gebündelt. Nur wenn sich die Erde in einer gebündelten Emission aufhält, also selbst Repulsionspartner ist, nur dann können wir das Licht solcher Himmelskörper empfangen. Deshalb erscheinen uns Galaxien mit anderen Repulsionspartnern nicht, sie sind notwendig dunkel für uns.

Die für uns sichtbaren Sterne absorbieren zwar mehr Licht, als sie emittieren, aber sie emittieren nahezu allseitig, weil sie so viele Nachbarn in der Galaxie haben. So können wir ihr Licht zumeist empfangen.

Weil diese Sterne mehr auseinander absorbieren, als sie gegeneinander emittieren, rotieren sie immer enger umeinander. Als Folge sehen wir die Spiralarme der Galaxie im Zentrum enger werden. Die Sterne kommen einander dort immer näher. Sie bilden einen langsam schrumpfenden Verband, den immer kleiner werdenden Körper der Galaxie.

Zugleich emittiert die Galaxie mehr Licht, als sie nimmt. Sie befindet sich in repulsierender Erhaltung und Bewegung. Und dies ist der zweite Grund, warum sie kleiner wird.

Daraus können wir erkennen: Absorbierende Körper sind fallende Körper. Sie vereinigen sich aus Mangel. Aber ihr Verband weist Überschuss auf, den er freisetzt. Deshalb sind Verbände in ihrer Entstehungsphase repulsive Körper, sie sondern sich voneinander ab.

Die Aufnahme in den Verband

Die Aufnahme in den Verband ist ein gegenseitiger Akt der Absorption. Der Körper und der Subkörper müssen gegenseitig aus dem Emittat absorbieren, das sie gegenseitig freisetzen. Erst dann kommt es zur attrahierenden Bewegung und schließlich zur Vereinigung.

Absorbiert nur ein Austauschpartner in der Begegnung, während der andere weiter emittiert, so kommt es nicht zur Vereinigung, sondern lediglich zu einer Änderung oder Umlenkung der Bewegung beider Körper. Das wird dann der Fall sein, wenn der eine Körper jenen Äther nicht aufnehmen kann, den der andere freisetzt.

Die Vereinigung verlangt, dass gegenseitig aufgenommen wird, zumindest in Teilen, was gegenseitig freigesetzt wird. Mit anderen Worten: was dem einen Körper fehlt, stellt der andere Körper wenigstens teilweise zur Verfügung.

So kommt es zuerst zur Annäherung. Sie endet, wo sie in Rotation übergeht. Das ist zugleich der Zeitpunkt oder Akt der Vereinigung.

Die Aufnahme in den Verband erfolgt, sobald die Emission des neuen Subkörpers in den inneren Äther des Körpers aufgenommen wird, in die Rotation aller Subkörper eingegliedert wird. Das ist die Vereinigung. Der neue Subkörper rotiert ab diesem Zeitpunkt mit den anderen Subkörpern um das gemeinsame Zentrum. Der Äther des Verbandes genügt auch dem Neuankömmling zur Erhaltung und Bewegung, während die alten Verbandsmitglieder das Emittat des Neuen in sich aufnehmen.

Die Absorption ist abgeschlossen, wenn die Rotation aller Subkörper wieder vollständig ist. Der neue Subkörper ist erst dann im Verband aufgenommen, wenn er harmonisch mit den alten Subkörpern rotiert.

5.1.2 Die Freisetzung

Ein stabiler Verband wird nur dann Subkörper freisetzen, wenn er diese durch neue ersetzt, oder wenn alte Subkörper zerfallen. Nachdem die Körper ständig Äther austauschen, findet allerdings ständig ein Austausch alter Substanz gegen neue statt. Die alten Subkörper können sich gar nicht anders erhalten und sich auch gar nicht anders bewegen, als ständig Äther aufzunehmen, ihn umzuformen und dann wieder freizusetzen. Mit anderen Worten: die alten Subkörper erneuern sich ständig, und das ergibt die Erhaltung und Bewegung ihres Verbandes.

Einige Subkörper werden sich überlastet finden und emittieren. Andere werden Mangel erleiden und zusammenfallen. Der Verband hat unentwegt seine Rotation zu erneuern, das ist auch, seine Subkörper unentwegt zu sondieren, zu vereinen oder auszusondern.

Auch der Akt der Emission ist ein beiderseitiger Vorgang. Der überlastete Subkörper emittiert gegen den Verband, und der Verband, also alle anderen Subkörper emittieren gegen den überhitzten Subkörper. Das führt zur gegenseitigen Entfernung. Bleibt die Repulsion beiderseitig dominant, so entfernt sich der ausgesonderte Subkörper solange, bis seine Absorption aus dem alten Verband unwirksam wird. Er kann dann nicht mehr zurückkehren. Er ist dann freigesetzt.

Das bedeutet auch, dass ein freigesetzter Subkörper aus anderen, neuen Quellen absorbiert. Diesen fällt er ab dem Moment zu, als er mehr Äther aus ihnen aufnimmt als aus dem alten Verband.

Wenn wir nun berechtigt fragen, wo dieser Prozess aufhört, dass Körper Subkörper aussondern, so bietet sich der kleinste Verband als Antwort an, das Photon. Damit sind wir wieder beim Äther angelangt. Der stille Äther wird ständig von neuem Licht belebt oder durchströmt, das ist auch, von dem Licht, das alle Körper als überschüssig freisetzen, während sie aus dem Äther immer neues Licht schöpfen. So bleiben alle Körper in Verbindung, so bleibt der Äther der Garant des Ganzen.

Kritik der Kraft

Alle physikalischen Kräfte sind Maße von Bewegungen. Die Schwerkraft oder Gravitation ist das Maß des Fallens, also des Absorptionsbedarfes oder inneren Mangels des Körpers. Der Stoß oder die Beschleunigung sind Maße der Repulsion, also der Emission oder Überhitzung des Körpers.

Die elektromagnetischen Kräfte messen den Lichtaustausch der Elektronen. Dabei misst die negative Ladung die Emission, die positive Ladung die Absorption eines Elektrons. Der elektrische Strom misst den Austausch von Elektronen zwischen den Atomen. Der Magnetismus misst die Gleichartigkeit der Rotation von Elektronen, also wie viele Elektronen auf gleiche Weise emittieren und absorbieren. Der Elektromagnetismus schließlich misst den Wechsel von Strom und Magnetismus, oder den Wechsel der Erhaltungs- und Bewegungsformen des Elektrons.

Die Kernkräfte messen den Lichtaustausch der Atomkerne. Allerdings werden sie indirekt aus dem Verhalten der Elektronen rekonstruiert oder errechnet, weil für die Verfahren der Beschleunigung und Messung nur der Elektromagnetismus zur Verfügung steht.

Die schwachen Kernkräfte messen den Lichtaustausch zwischen instabilen Atomkernen, wobei es zum Austausch von Kern- und Schalenteilen kommt. Auch hier sind die Verfahren elektromagnetischer Natur und deshalb statistisch und rückschließend.

Die Physik sucht nach einer einheitlichen Kraft, oder nach der Formel, wie alle Kräfte ineinander umgerechnet werden können. Die Physik sucht also nach einem einheitlichen Maß für alle Arten der Bewegung.

Ich möchte der Physik vorschlagen, den Äther anzuerkennen und messen zu lernen, also die Aufnahme und Abgabe von Licht. Es wird verschiedene Arten von Photonen und Austauschvorgängen geben, aber wenn immer beide Vorgänge in Betracht bleiben, sowohl die Emission, als auch die Absorption, dann wird es auch gelingen, die Rotation abzubilden, und damit alle Körper und Bewegungsarten.

Kritik der Felder

Atome weichen Berührungen repulsiv aus, als wären diese zu dichter Äther. Deshalb haben es die Kräfte schwer, an den Atomen Anstoß zu nehmen, oder auch, an ihnen zu ziehen. Irgendwie fühlen sich die Kräfte da auf verlorenem Posten, wenn sie in der Natur herumschwirren, oder zumindest in deren erlesensten Köpfen.

Die Energie bietet da einen Ausweg. Sie erfüllt die Felder des Raumes, was viele Maße erst so richtig zum Blühen bringt. Aber womit die Energie den Raum füllt, das sind wieder die alten, ausgemergelten Gestalten der Mechanik, die es nicht fassen können, was immer es auch sei. Es sind die ausgedienten Kräfte, die da den frisch gedüngten Acker der alten Bewegung beleben sollen.

Das Ergebnis sind Kraftfelder, geometrische Käfige der Kraft, die noch das wildeste Atom bändigen. Aus der Gravitation ist ein Gravitationsfeld geworden, das von Gravitationsenergie erfüllt wird. Es trifft auf elektromagnetische Felder voller elektrischer und magnetischer Energie, die noch das kleinste Elektron zittern macht. Unterdessen domestizieren die starken und schwachen Kernenergien die Felder des Kerns, damit auch kein noch so verborgener Winkel des Seins verschont bleibt von der Weisheit des Zählens. Überall birst der Raum vom überschwänglichen Widerstreit der Energien. Welche Natur könnte dem widerstehen oder entrinnen?

Also herrscht das Maß, das jetzt zur Energie mutiert ist, ungefragt und unübertroffen. Das Reich der physikalischen Wissenschaft hat seinen Regenten gefunden, seinen allmächtigen Beweger der trägen Geschöpfe, die von Energie beseelte Geometrie.

Ansonsten gilt dasselbe wie oben für die Kraft. Auch die Energiearten sind Maße der Bewegungsarten. Sowenig wie die Kraft, kann die Energie eines Feldes die Bewegung eines Körpers erklären oder hervorrufen. Dazu bedarf es schon der Körper und ihrer Daseinsweise, nämlich ihres Lichtaustausches.

Kritik der Wechselwirkung

In der Quantenmechanik hat es die Physik vor Augen, was in der Natur vor sich geht: es ist der Austausch von Äther oder Licht, der alle Bewegung zeitigt, und umgekehrt alle Körper, wenn er ruht. Aber der Äther ist tabu. Er liegt im geometrischen Sarg der Raumzeit, während das Denken in der Zwangsjacke des Messens und Rechnens steckt.

Das Licht ist in der Physik ein Quant von Irgendwas. Es ist elementar, unveränderlich, masselos, körperlos. Es bewegt sich unübertrefflich schnell und rätselhaft. Es verhält sich seltsam, um nicht zu sagen, eigenwillig als Welle oder widerborstig als Teilchen, was dem Leiblosen beileibe nicht zusteht.

Das Quant ist der Gipfel der verkehrten Maßgläubigkeit. Das Quantum ist eine Menge, also eine gezählte Portion von Irgendwas. Das Quant ist das Maß des Irgendwas. Und dieses Maß soll nun alles erklären, was in der Natur vor sich geht. Denn in den Augen der Physik ist das der Austausch von Quanten, oder eben von Maßen.

Die Physik spürt ihr Unbehagen, wenn sie nach dem Was des Irgendwas gefragt wird. Deshalb verschanzt sie sich hinter ihren Maßen. Der Austausch von Wechselwirkungen sei nur ein

Austausch von Wirkungen, nicht mehr. Auf den Austausch von Teilchen oder Substanzen darf nicht rückgeschlossen werden, denn nur das Quant ist zugelassen, nur das Maß der gegenseitigen Wirkung.

Die Wechselwirkung ist genau definiert. Beiderseitig des Geschehens ist eine genau messbare Wirkung an Instrumenten auszumachen, wenn überhaupt etwas ausgemacht wird. Nur das ist streng wissenschaftlich. Der Rest ist verbotene Spekulation. Nur das gemessene Quant ist zulässig, nur das Maß des Irgendwas, nur das Maß des Vorausgesetzten, nur das Ausgemachte, nur die Konvention. Pointiert (mit Schumacher) ausgedrückt: nur mehr der Dreh eines Zeigers oder der Zahlenwert einer Skala ist in der Quantenphysik als Natur zugelassen.

Es ist ein logischer Zirkel. Am Anfang und am Ende des Verfahrens steht das Quant. Am Anfang des Versuches und am Ende des Beweises hat die Physik nicht mehr gewonnen, als was sie vorausgesetzt hat: nämlich das Quant, das genau definierte Maß der Wirkung an ihren Instrumenten.

Der verpönte, spekulative Rest des Geschehens ist allerdings das Gemessene. Das wissenschaftlich Verbotene ist das, was wirkt, was ursächlich ist. Wenn die Physik die Natur geistig wieder erfassen will, dann muss sie wieder über ihr Gehege des Maßes hinausschauen.

Schrödingers Katze

Die Physik kann eine Emission messen, aber nicht ihren Grund oder Zeitpunkt feststellen. Quanten verhalten sich prinzipiell unbestimmt oder undeterminiert, sagt die Physik.

Schrödinger untermauert diesen Grundsatz mit einem Gedankenexperiment. Er setzt eine Katze in einen Kasten, in den Giftgas einströmt, sobald ein instabiles Atom ein weiteres Teilchen emittiert. Nachdem das Atom mit halber Wahrscheinlichkeit zerfällt, und mit halber Wahrscheinlichkeit ganz bleibt, sei auch die Katze nach den Kriterien der Physik zugleich halb tot und halb lebendig. Die Physik habe keine wissenschaftlichen Mittel, diese Frage zu entscheiden.

Weil wir Gedankenexperimente mögen, setzen wir dieses makabre Beispiel ein wenig fort. Wir fragen die unbestimmte Katze mit Bestimmtheit, was sie von unseren physikalischen Grundsätzen hält. Unsere Katze gähnt. Was will sie uns damit sagen?

Die Katze holt offenbar ihren Sauerstoffmangel auf, kein Wunder, in solchen Kisten. Wenn aber die Katze atmet, dann wechselt sie Stoff. Wechseln ihre Zellen Stoff, dann sind sie halb tot und zugleich halb lebendig. Sie erneuern sich ja auf diese Weise. Sie setzen das Alte aus sich frei und nehmen das Neue in sich auf.

Alles was lebt, ist zugleich tot, und umgekehrt. Das Neue kommt aus dem Alten. Das Leben kommt aus dem Tod.

Der Tod ist nur das allgemeinere Sein. Er ist das Leben des Allgemeinen.

Der Tod des Etwas ist zugleich die Auferstehung des Nichts, die Wiedergeburt des Äthers. Wenn sich das Besondere bildet, wenn es sich aus dem Allgemeinen absondert, dann kommt das Besondere aus dem Allgemeinen hervor. Wenn sich das Etwas rotierend aus dem Äther zu sich vereint, dann kommt das Etwas aus dem Nichts. So kommt das Besondere aus dem

Allgemeinen. So kommt das Leben aus dem Tod. Das Leben hat keinen anderen Ursprung als den Tod.

Umgekehrt hat auch der Tod keinen anderen Ursprung als das Leben. Das Leben ist das besondere Sein inmitten des allgemeinen Seins. Das Leben währt nur inmitten des Todes. Es kehrt in ihn zurück, wenn das Besondere in das Allgemeine zurückkehrt.

So kommt der Tod aus dem Leben. Das Alte geht aus dem Neuen hervor, indem sich das Neue in das Alte verwandelt. Leben und Tod bestehen nur zusammen, denn sie sind die beiden Erscheinungsformen des Stoffwechsels.

Auch wir fühlen uns jetzt bestimmt schon halb tot und befragen noch rasch die Katze, was sie uns in so unbestimmter Lage rät. Die Katze verschluckt respektlos das instabile Atom, das wir so mühsam gefangen hielten. Hat unser Isotop etwa nach Beute geduftet?

Unsere kluge Katze belehrt uns damit, dass sich die Natur nicht vor instabilen Körpern fürchtet. Überhaupt, was ist schon stabil? Das bisschen Substanz, dass wir uns einbilden, ist auch nur ein bisschen Rotation.

Gut, gut, aber wie geht es jetzt weiter? Was tut die Katze jetzt? Setzt sie sich zum Sterben hin?

Nein, Verzeihung, unsere Katze hat soeben absorbiert und sie entschließt sich jetzt zur gegenteiligen Erhaltungsweise ihrer selbst. Sie ergießt ihr Emittat auf unser hinterlegtes Gift, was dieses aus dem Kasten spült und damit endlich aus der Wissenschaft des Messens beseitigt.

Dabei hat die Katze den Zeitpunkt genau errechnet, wann sie so zielgenau emittieren wird. Und sie kennt ihre Gründe mit der ganzen Gewissheit ihres frühen Bewusstseins. Deshalb gähnt sie jetzt wieder und springt dann nachsichtig aus dem Kasten. Unser Käfig des Messens ist ihr entschieden zu eng.

So verstehen wir endlich, was uns die Katze die ganze Zeit schon mitteilen wollte:

Keine Emission geschieht grundlos. Jede Emission folgt dem Grund der Überlastung.

Keine Emission geschieht zu einem menschlich bestimmten Zeitpunkt. Der emittierende Verband selbst bringt die Zeit aus sich hervor, nämlich den Wechsel seines Inhalts. Die Zeit ist nicht vorher da, bevor die Emission geschieht, sondern sie kommt erst mit der Emission in die Welt. Nur das Maß der Zeit ist vielleicht schon vorher da, allerdings beschränkt es sein voreiliges Dasein auf neugierige Köpfe.

Freilich kann die Physik die Emission erst feststellen, wenn sie das Emittat mit ihren Instrumenten absorbiert. Nur dann kann sie messen. Im Nachhinein. Und die Absorption hat einen ganz anderen Grund als die Emission des instabilen Atoms: nämlich den Mangel im absorbierenden Atom des Instruments. Also erscheint die Emission grundlos, obwohl sie genauso notwendig erfolgt wie die spätere Absorption. Um das einzusehen, muss die Physik allerdings mehr tun als messen, zum Beispiel ihre klugen Katzen befragen.

Das Schwarze Loch

Das Schwarze Loch ist ein Postulat der Physik, nach dem eifrig gesucht wird. Da wollen wir nicht abseits stehen, auch auf die Gefahr hin, dass wir auf ewig verschluckt werden. Das Schwarze Loch sei nämlich ein so großer und schwerer Stern, dass er sein eigenes Licht verschluckt, sagt die Physik.

Sie errechnet das aus einer anderen Singularität der Raumzeit, die wir so ähnlich schon vom Urknall her kennen. Die Koordinaten der Raumzeit verbiegen sich so stark, dass die Gravitation alles überbietet, was die Natur sonst noch bietet, an Maßen, versteht sich. Dass die Physik hier mitbiegt, versteht sich ebenso.

Wieder verschwindet mit dem Maß der Bewegung die Bewegung selbst, glaubt die Physik. Diesmal, weil der Stern zu viel Masse aufweise. Seine Gravitation, seine Anziehungskraft werde zu groß, um das sonst schwerelose Licht entkommen zu lassen. Jedenfalls errechnet sich die Lichtgeschwindigkeit zu Null. Das Licht kehrt um, sagt dieselbe Physik, die das Licht sonst immer unbeirrt in die Weiten des vorausgesetzten Nichts versendet.

Das muss uns interessieren. Ein Stern ist ein Stern, wenn er Atomkerne verschmilzt und deshalb Licht aussendet. Sein Emittat ist das, was er in seinem Inneren erübrigt.

Atomkerne vereinigen sich wie alle Körper nur dann, wenn sie ihren Mangel nicht anders decken können. Sie absorbieren ihren trennenden Äther, bis sie ihre Verbände auflösen. Dann nehmen sie ihre Teile gegenseitig als neue Subkörper in ihre neue, gemeinsame Rotationsweise auf. Soweit ihre Vereinigung oder Verschmelzung.

Ist ihre neue Rotation vollendet, so sind auch die neuen Verbände vollendet. Die neuen Atomkerne setzen aus ihrem Inneren frei, was nicht in die Vereinigung, nicht in die gemeinsame Rotation einging. Soweit ihre Emission, das Licht, das aus ihnen freikommt.

Mit dem Schwarzen Loch soll nun ein Stern vorliegen, der nur absorbiert und nicht emittiert.

Ein solcher Körper muss einen Verband aufweisen, der ständig wächst, der nichts in seinem Inneren erübrigt und deshalb nichts freisetzt. Alles Licht muss in der Rotation der Subkörper aufgehen. Jede Absorption muss dazu führen, dass die Subkörper umfassender rotieren.

Das allerdings führt dazu, dass die Emission der Subkörper auch innerhalb des Verbandes schließlich zu schwach wird, um sich mit der Absorption zur Rotation zu vereinen. Versagt die Emission, so bleibt die Absorption.

Überwiegt die Absorption innerhalb des Verbandes, so vereinigen sich die Subkörper des Verbandes. Der Verband fällt in sich zusammen.

Dasselbe muss sich mit den Teilen der Subkörper wiederholen, wenn die Absorption weiter dominant bleibt. Alle Substanz in einem solchen Verband fällt in sich zusammen, bis keine Substanz mehr bleibt, sondern nur mehr Äther, nur mehr Licht.

Demnach wäre das Schwarze Loch ein Stern, in dem alle Atomteile erfrieren, sich in solches Licht auflösen, das nicht freikommt. Ein solcher Körper wäre Licht ohne Bewegung, Licht in Ruhe, also dasselbe wie der stille Äther des Ganzen.

Allerdings bedarf der stille Äther der Ruhe des Ganzen, also der ausgeglichenen Absorption und Emission aller seiner Teile. Nehmen einzelne Teile nicht an diesem Austausch teil, dann gehören sie nicht dem Ganzen an, dann fallen sie aus dem Sein. Deshalb kann das Schwarze Loch nicht bestehen.

Der Irrtum der Physik liegt darin, dass sie sich mit dem

halben Maß des Stoffwechsels begnügt, mit der Gravitation, mit dem Maß der attrahierenden, absorbierenden Bewegung. Nicht allein die Gravitation oder Absorption wächst mit der Masse des Sterns, sondern auch seine Repulsion oder Emission. So darf er wieder ganz Körper sein und seine Runden im Kosmos drehen, im stillen Äther des Ganzen.

Nun überlegt es sich unser hungriger Stern noch einmal ganz anders. Er meint, er sei ein kalter Riese, er brauche sein Licht selber. Zwar koche der Kern noch ein schwaches Flackern, aber die Schalen sind so erfroren, dass sie alles schlucken, was ihnen in die Quere kommt. Mit so einem Geizkragen wie ihm sei eben kein Äther zu machen, nicht ein bisschen. Deshalb erlaube er sich, sein Licht zurückzurufen. Und das Licht erlaube sich, sein Flehen zu erhören.

Der Kosmos wirft ein fragendes Auge auf unseren geizigen Riesen. Was verbreitest du da für Unfug? Wenn du sonst nichts für den Äther übrig hast, als dein Selbstmitleid, dann bist du nicht Teil des Seins. Also was weilst du noch in der Mitte der Etwas? Bist du der Schlund des Nichts, um die Etwas zu verschlingen? Dann bist du nur eine Einbildung, nur das, was die Physik voraussetzt, um rechnen zu können.

Soviel Respektlosigkeit erzürnt unseren erfrierenden Riesen. Warte nur, Kosmos, ich schlucke alles, was mich wärmt. Auch du kommst noch an die Reihe. Was kann ich dafür, dass meine Gravitation zu groß ist für alle deine niedlichen Etwas?

Warum schluckst du nicht deine Schalen, kalter Riese? Haben die nichts für dich übrig?

Die halten sich von mir fern.

Wie machen deine Schalen das? Mit ihrem Emittat? Und das schluckst du nicht?

Du willst mir wohl einreden, Kosmos, ich sei ein Unding? Ganz recht, Riese. Und jetzt schlucke ich dich, mit allem, was du hergibst. Denn du hast vergessen, dass meine Anziehungskraft genau so groß ist wie deine: Aktion ist gleich Reaktion, oder?

„Mit halben Maßen ist nämlich kein Stern zu machen, nicht einer", meint der Kosmos noch mit einem Augenzwinkern. Dann begibt er sich wieder zur Ruhe, als sei nichts geschehen.

Die Entropie

Mit so einem Kosmos ist wahrlich nicht zu spaßen. Da spenden wir ihm alle Wärme aller Sterne zusammen, und was macht er, dieser seltsame Spaßverderber? Er lässt die Wärme sausen, in alle Richtungen, bis an die Pforten des Nichts, die er gar nicht hat, und darüber hinaus. Ist das nicht schlimm? Die Wärme verschwindet im selben Jenseits, das nur die Einbildung kennt! Was bitte rettet die Menschheit vor den angeblichen Pfeilen der Zeit?

In der Physik gilt als Wärmebewegung das angeblich chaotische Zittern der Moleküle, das mit der Temperatur, dem Maß der Wärme zunimmt. Berühren Körper einander, so gleicht sich ihr Zittern aus. Die Wärmebewegung verteilt sich auf beide Körper, bis alle Moleküle gleichartig angeregt oder ruhig sind. Weil sich dabei das angeblich chaotische Zittern der Moleküle ausbreitet, spricht die Physik von der Ausbreitung der Entropie. Weil die Ausbreitung des Chaos überdies nicht umkehrbar sei, sei die Zeit mit richtigen Spießen in nur einer Richtung ausgestattet. Aus der Unordnung sei nun mal keine Ordnung zu machen, weiß die Kunst des Messens und Zählens.

Als Wärmestrahlung gilt in der Physik die lichtschnelle Ausbreitung der Wärme über das Vakuum hinweg, oder über den Zwischenraum der Moleküle. Die Luftsprünge des Irgendwas dürfen uns dabei nicht beirren, denn es gibt ja auch keine Luft zum Springen. Strahlung fliegt nun mal ohne Flugzeug oder andere Krücken des ungeschulten Denkens.

Da müssen wir uns wohl selber helfen. Einerseits haben wir das molekulare Zittern, und andererseits dessen Ausbreitung. Wir erkennen darin unschwer den Stoffwechsel der Moleküle, ihre Absorption und Emission von Äther oder Licht.

Zuerst rotieren die Moleküle, was ihr Zittern ergibt. Das erfolgt jedoch genau nach Maßgabe der Aufnahme oder Abgabe von Licht, also höchst geordnet und nicht einen Moment chaotisch.

Dann können Körper einander nur anscheinend berühren, nicht jedoch Moleküle. Moleküle und Atome sind aufgrund ihrer Elektronenwolken unberührbar. Sie können nur ihren Äther teilen oder austauschen.

Schließlich kommt das Emittat frei und bewegt sich lichtschnell zu den nächsten Absorbern, die ihrerseits neu zu rotieren beginnen. Die Ausbreitung der Wärme vollzieht sich also gerichtet vom Emittenten zum Absorber, und wieder in der Ordnung von Freisetzung und Aufnahme. Auch hier ist kein bisschen Chaos anzutreffen oder unterzuschieben.

Nun komme ich zum Ziel der Wärme in den Weiten des Kosmos. Diese Weiten sind mit drei Grad über dem absoluten Nullpunkt eine eher kalte Gegend, habe ich mir sagen lassen. Das reicht höchstens noch für die Hintergrundstrahlung, die angeblich seit dem Urknall damit beschäftigt ist, zu entweichen.

Da stutze ich. Wird die Wärme nicht wie alles Licht ausgetauscht? Wird sie also nicht immer an denselben Äther abgegeben, aus dem sie auch geschöpft wird? Da sind einerseits überhitzte Emittenten, und andererseits unterkühlte Absorber. Zwischen ihnen ist nichts als Äther, nicht mehr und nicht weniger als das von ihnen ausgetauschte Licht. Wieso sollte die Wärme sich so ignorant verhalten, keinem Absorber, keiner kalten Senke mehr zur Verfügung zu stehen? Liegt das nicht wieder daran, dass sich die Physik mit dem halben Maß begnügt?

Sie versteht die Wärme immer nur als deren Emission, als deren Freisetzung. Dass die Wärme auch ein Gegenüber hat, die Kälte, ihre Absorption, das weiß die Physik zwar, vergisst es aber in ihrer Vorstellung von Wärme. Für das Messen genügt freilich die Hälfte des Lichtaustausches, weil die andere Hälfte genau gleich groß ist. Das hatten wir schon bei der Gravitation: die Emission ist so groß wie die Absorption.

Wärme und Kälte müssen einander genau entsprechen, solange die Körper stabil sind, solange die Rotation ihrer Verbände intakt ist. Genau solange rotiert auch die Wärme zwischen ihren Emittenten und Absorbern. Da ist keine Rede von den unergründlichen Weiten des falschen Denkens. Die Ausbreitung der Entropie findet ihr Ende in der Ordnung der Verbände, in den Körpern. Sie sind nicht nur die Quellen der Wärme, sondern auch deren Senken.

Die Körper sind weiters die Hervorbringer der Zeit, indem sie ihren Inhalt wechseln. So bewahren sie uns auch vor den vermeintlichen Spießen falsch verstandener Maße. Nicht die Zeit hat eine Richtung, sondern nur das Zeitmaß.

Die Zeit hat keine Richtung, denn der Inhalt wechselt in jeder Richtung. Das Alte kommt aus dem Neuen, aber das Alte kehrt auch im Neuen wieder. In der Rotation ist genau das der Fall, und darin besteht die Erhaltung der Körper. Sie dauern an, sie werden alt, indem sie sich ständig erneuern. Während sich der Inhalt der Körper ständig erneuert, kommen die alten Körper immer wieder neu hervor. Nur so bestehen sie.

Das Zeitmaß allerdings hat notwendig eine Richtung, weil jedes Zählen eine Richtung hat (eins, zwei, drei). Kehren wir die Richtung des Zählens um (drei, zwei, eins), so vertauschen wir nur Form und Inhalt. Wir setzen die Form des Zählens fort, während wir den Inhalt vertauschen. Die neue Zahl (zwei) folgt auch dann der alten Zahl (drei). Nur mit der Reihenfolge sind die Namen vertauscht. Die neue, nachfolgende Zahl (zwei) erscheint auf diese Weise als die alte, vorausgehende Zahl (zwei). Das sind also selbst gemachte Schwierigkeiten.

Nun stoße ich mich noch am absoluten Nullpunkt der Temperatur. Dort hört angeblich die Bewegung der Moleküle auf, also auch ihr Austausch von Licht. Was passiert aber mit Körpern, die sich nicht mehr bewegen, die nichts mehr austauschen? Sie hören auf, Teil des Seins zu sein. Kann ein menschliches Maß den Körpern ein so schlimmes Ende bescheren?

Schon eher wird wieder ein Maß versagen, nämlich das Maß der molekularen Bewegung. Was tun denn Moleküle, die kein Licht mehr emittieren? Sie absorbieren es. Sie werden Schwarze Löcher im Kleinen. Unsere kleinen Frostigen werden sich vereinigen. Zuschauen ist nicht angesagt, denn was sie nach ihrer Vereinigung erübrigen, das könnte ins Auge gehen.

184

Zuletzt wartet noch die Hintergrundstrahlung geduldig im Hintergrund. Was sie eigentlich ist, das ist ein Rauschen in den Aufnahmegeräten, in den Strahlungssonden oder Empfangsantennen der Physik. Nun gut, ich würde sagen, mehr gibt der stille Äther des Ganzen nicht an irdische Absorber frei. Er hat nicht mehr Emittat für den irdischen Wissensdurst übrig, weil er immerhin die ausgeglichene Rotation der Galaxien aufrecht erhält. Das ist sicherlich Beschäftigung genug. Aber ich möchte vielleicht noch hinzufügen, dass der irdische Wissensdurst genau dieselbe Menge an Emittat zurückgibt. Er will und kann ja die Ruhe des Ganzen nicht stören.

5.2 Die Rotation des Ganzen

Inhalt und Form bilden zusammen den Körper, einen rotierenden Teil des allgemeinen Seins in relativer Ruhe. Da drängt sich die Frage auf, ob nicht auch das ganze Sein rotiert. Oder: ist nicht auch das Ganze ein Körper?

Dazu begeben wir uns wieder an den Rand des Seins. Wir haben ihn schon früher nicht aufgefunden, weil wir das Sein nicht verlassen wollten oder konnten. Das war damals, als wir das Jenseits suchten. Wir fanden das Jenseits schließlich im Sein ruhend, und zwar als das Nichts der Etwas oder auch als den stillen Äther der Körper. So erinnern wir uns, das allgemeine Sein hat keinen Rand, sondern nur jene Grenzen, die seine Teile gegenseitig hervorbringen. Aber damit geben wir uns freilich nicht zufrieden.

Wenn das ganze Sein rotiert, dann muss es alle Körper zu sich vereinen. Das ganze Sein vereint alle Körper zu sich, sonst wäre es nicht das Ganze.

Wenn das ganze Sein alle Körper samt deren Äther zu sich vereint, dann vereint es seinen ganzen Inhalt. Vereint es seinen ganzen Inhalt, so begrenzt es seinen Inhalt. Das aber kann das ganze Sein nicht tun, ohne zugleich aufzuhören, ganz zu sein. Ein Sein mit begrenztem Inhalt ist nicht das ganze Sein, sondern nur ein Teil des Seins.

Das ganze Sein muss demnach alle seine Teile oder Körper so vereinen, dass es seinen Inhalt nicht begrenzt. Das ganze Sein muss offen bleiben für alles, was da kommt und geht. Keine leichte Aufgabe für das Sein. Wie kann es seine Türen offen halten, wenn es keine hat?

Das ganze Sein kann nur so alle seine Teile oder Körper vereinen oder umfassen, indem es für alle Rotationsformen offen bleibt, die in ihm entstehen oder werden. Nur so setzt das Sein seinem Inhalt keine Grenze, indem es alle Grenzen umfasst, auch alle möglichen Grenzen.

Mit anderen Worten: das allgemeine Sein ist so das ganze Sein, indem es das Kommen und Gehen aller Grenzen oder Rotationsformen umfasst. Das ganze Sein beinhaltet alle Rotationsformen, nicht nur die bestehenden, sondern auch alle möglichen.

Das bedeutet umgekehrt, dass alle Rotationsformen dem ganzen Sein innewohnen. Oder einfach: alle Teile des Seins rotieren, aber sie rotieren im Sein. Das Sein selbst rotiert nicht als Ganzes. Es rotiert nur in seinen Teilen. Die Rotationsweise des ganzen Seins unterscheidet sich nicht von der Rotationsweise seiner Teile. Erneut finden wir: das allgemeine Sein besteht nur so, wie es von allen seinen besonderen Teilen hervorgebracht wird.

Eine Gegenprobe: Wenn einige Teile des Seins zu rotieren beginnen, beginnen sie auch, andere Teile zu umfassen, zu sich zu vereinen. Nun beschließen sie, nicht damit aufzuhören, sondern das Sein zu vereinnahmen, zu erobern, oder sonstwie viel menschlicher zu machen.

Aber unser Gierschlund muss weiter rotieren. Versäumt er dies, so hört er auf, andere Teile des Seins zu vereinnahmen. Mehr noch: er würde sich als Verband auflösen. Allerdings kennt unser Vielfraß die Strafe für seine angepeilte Menschlichkeit. Also rotiert er weiter, um seinen Bestand zu sichern, sozusagen seine Habe, seine Anteile am Sein, die er schon sein eigen nennen wollte, wenn er dies könnte.

Rotiert aber der große Eroberer aller Anteile des Seins, so emittiert er auch. Denn eine Rotation ist nur möglich durch die Zusammensetzung von Absorption und Emission. Und damit macht der große Vereinnahmer seinem menschenfreundlichen Ansinnen ein Ende. Er gibt dem Sein das Seine zurück, vielleicht sogar, ohne es zu wollen oder auch nur zu merken. Ein wahrhaft menschliches Schicksal, das wir allen Egoisten gar nicht erst näher zu bringen brauchen, weil sie es selbst aus sich hervorbringen.

Damit besagt unsere Gegenprobe: die rotierenden Teile des Seins bringen nicht nur ihre Körper hervor, sondern auch ihren Äther. Er ist der stille Vermittler des Ganzen, weil er allen Teilen des Seins zur Erhaltung und Bewegung genügt.

5.3 Der Stoffwechsel

Alle Teile des Seins, alle Etwas tauschen ihre Inhalte aus und bringen dabei den Äther aus sich hervor. Weil die Teile des Seins dabei zu rotieren beginnen, bilden sie Verbände oder Körper. Auch die Körper tauschen ihre Inhalte aus und bilden dabei immer größere Verbände oder Körper.

Der Austausch des Äthers erzeugt das alte Photonenmeer, den stillen Äther des Ganzen.

Der inhaltliche Austausch der Körper erzeugt zum einen das neue Licht, das den stillen Äther belebt und erhellt, ihn und die Körper sichtbar macht.

Der inhaltliche Austausch der Körper erzeugt zum anderen das Kommen und Gehen der Körper, ihre gegenseitige Einverleibung in neue Verbände und ihre Freisetzung aus alten Verbänden.

Dieses Kommen und Gehen der Körper auseinander und ineinander möchte ich den Stoffwechsel nennen. Das ist eine Anleihe aus der Biologie, die mir passend erscheint.

Der Stoffwechsel erzeugt in seinem Diesseits den Körper selbst, und in seinem Jenseits den Stoff. Das kennen wir schon vom Etwas. Der Körper ist der vereinte Stoff. Und der Stoff ist der aufgelöste Körper, der zwischen allen Körpern ausgetauscht wird.

Vielleicht sollte ich ganz auf die Unterscheidung von Körper und Etwas verzichten?

Das möchte ich nicht, denn was die Etwas austauschen, das ist der Äther. Der Äther besteht aus Licht. Was hingegen die Körper an Inhalt oder Substanz austauschen, das sind selbst schon Körper. Der Stoff besteht aus kleineren Körpern, aus kleineren Verbänden, die ihrerseits Äther aufnehmen und abgeben.

Diese Unterscheidung scheint mir wichtig, weil der Stoffwechsel etwas hervorbringt, was die Etwas noch nicht hervorbringen können, nämlich das Leben.

Zusammenfassung der zweiten Etappe

Im zweiten Abschnitt habe ich die Fragen e*) bis h*) wie folgt behandelt:

e*) Welchen Ursprung hat die Bewegung?

Die Bewegung entspringt dem Körper, indem der Körper seinen Inhalt austauscht und dabei seine Form verändert. Jeder Akt der Absorption und Emission bringt einen Formwechsel und damit einen Takt oder Schritt der Bewegung des Körpers hervor. Der Absorption folgt die Annäherung oder Attraktion der Austauschpartner. Die Emission bewirkt eine Entfernung oder Repulsion der Körper.

f*) Wie entstehen Körper?

Die Vereinigung von Attraktion und Repulsion ergibt die Rotation. Die Rotation vereint die Austauschpartner in einem Verband. Dieser Verband der Austauschpartner ist der Körper.

g*) Was ist die Zeit?

Die Zeit ist der Wechsel des Inhalts. Sie wird von allen Körpern hervorgebracht, die ihren Inhalt austauschen. Die Erhaltung des Inhalts bringt die Dauer hervor. Die Erneuerung des Inhalts bringt die Veränderung hervor. Dauer und Veränderung sind die beiden Erscheinungsweisen der Zeit.

h*) Was ist der Raum?

Der Raum ist der Wechsel der Form. Die Form ist die Grenze des Inhalts. Deshalb wird der Raum von der Zeit hervorgebracht. Der Wechsel der Form folgt dem Wechsel des Inhalts.

6. Das Leben

Als lebendig gilt, was sich gerichtet bewegen kann, was stoffwechseln kann, was selektieren kann, was sich verändert, was sich entwickelt, was wächst und sich fortpflanzt.

Wir haben weiter vorne gesehen, dass die Bewegung auf der Absorption und der Emission beruht, die beide einen Wechsel des Inhaltes bedeuten und dabei einen Formwechsel hervorrufen. Die absorbierende Erhaltungsweise erzeugt eine Annäherung. Die emittierende Erhaltungsweise ruft eine Entfernung hervor. Weil jedes Etwas absorbiert und emittiert, bewegt sich jedes Etwas gerichtet. Dass aus vielen Schritten ein scheinbar chaotischer Reigen entstehen kann, ändert nichts an der Richtung der einzelnen Schritte.

Die Aufnahme und die Freigabe von Äther bedeuten, Inhalt zu wechseln. Weil dies alle Körper tun, wechseln alle Körper zuerst Äther, und in weiterer Folge auch Substanz oder Stoff. Dabei wird das Eigene durch Rotation im Verband vereint, während das Übrige ausgesondert und freigesetzt wird. Alle Körper selektieren also den Stoff, den sie wechseln.

Während die Körper ihren Inhalt und ihre Form wechseln, verändern sie sich. Sofern die Körper ihren Stoffwechsel ihrer Umgebung, das ist, dem jeweils dargebotenen Äther und Stoff anpassen, entwickeln sie sich.

Der dargebotene Äther und Stoff sind Gegenstand der Absorption und Emission, die beide selektiv erfolgen. Wäre die Selektion nicht anpassungsfähig, bliebe die Bewegung immer gleichförmig. Dies trifft nicht zu. Die Bewegungen der Körper sind nicht gleichförmig. Das bedeutet, dass die Körper ihre Selektion anpassen und sich deshalb auch entwickeln.

Schließlich gehen die Körper ineinander ein und auseinander hervor. Ich nenne das ihre Art und Weise, sich fortzupflanzen. Das ist noch etwas ungenau, aber vorläufig nicht leicht abzuweisen.

Ich fasse vorläufig zusammen: alle Körper bewegen sich gerichtet, wechseln Stoff, selektieren Stoff, verändern sich, entwickeln sich, wachsen und pflanzen sich fort. Alle Körper erfüllen die Kriterien des Lebens. Was wir Materie nennen, das ist lebendig.

Das Atom

Bleibt ein Atom nicht immer dasselbe Atom? Nein, sonst bliebe nicht nur sein Licht immer dasselbe, sondern die Atome würden auch aufhören, Licht auszutauschen. Allein die Verschiebung der Spektrallinien besagt, dass schon die Atome Licht selektiv aufnehmen und abgeben.

Aber ein Atom kann nicht wachsen, rufen wir dazwischen! Seltsam, meine ich, wenn ein Atom ein Elektron in sich aufnimmt, wächst es doch immerhin um ein Elektron.

Nun können wir aber doch sichergehen, dass sich ein Atom nicht fortpflanzt! Können wir das? Das können wir nur, wenn wir das Atom als elementar oder unveränderlich voraussetzen.

Wenn wir anerkennen, dass das Atom mit seinem Licht haushaltet, dann müssen wir auch anerkennen, dass kein Atom dasselbe bleibt, wenn es sich erhält, sondern dass es vielmehr seine Eigenart fortpflanzt. Wenn wir zuletzt dasselbe Atom zu beobachten glauben, ist es schon ein neues, anderes Atom. Allein aus dem Umstand, dass wir es betrachten oder untersuchen, wird es anderem Stoffwechsel unterworfen, anderem Äther ausgesetzt, und damit neu.

Weil das Atom seine Eigenart fortpflanzt, pflanzt es das fort, was es ausmacht, nämlich seine Art und Weise, Äther auszutauschen. Pflanzt das Atom aber das fort, was es ausmacht, so pflanzt es sich selbst fort.

Ich darf jetzt mit gutem Grund vormerken, dass schon das Atom unseren bisherigen Kriterien des Lebens entspricht. Das Atom ist lebendig.

Wenn wir hier allerdings instinktiv spüren, dass etwas nicht stimmen kann, so will ich dem beipflichten. Was nämlich nicht stimmt, das sind unsere überlieferten Kriterien der Unbelebtheit und Belebtheit. Wir unterscheiden falsch.

Ich möchte unterscheiden zwischen dem materiellen und dem organischen Leben. Das materielle Leben ist die Daseinsweise der Körper. Das organische Leben ist die Daseinsweise der Lebewesen. Sie sind auch Körper, aber sie haben eine Fähigkeit entwickelt, welche die Körper noch nicht aufweisen.

6.1 Der Ursprung des Lebens

Absorption und Emission von Substanz richten sich nach Mangel und Überschuss im Inhalt des Körpers, das ist auch: im rotierenden Verband der Etwas. Rotieren nicht mehr bloß Etwas, sondern bereits Körper, so liegt ein höherer Verband vor.

Höher ist dieser Verband insofern, als seine Teile, die rotierenden Subkörper, selbst rotierende Etwas in sich tragen, die ihrerseits Äther aufnehmen und abgeben können.

In einem solchen Verband, wo die lichtgebundene Rotation der stoffgebundenen Rotation innewohnt, kann der Teil dem Ganzen bedingt widersprechen oder zuwiderhandeln. Er kann nämlich eigenständig rotieren, das heißt, selbst absorbieren und emittieren.

Das erhöht zum einen die Chancen des höheren Verbandes, Fehler im Stoffwechsel oder in der Bewegung auszugleichen. Zum anderen kann der höhere Verband sich gerade dadurch entwickeln, dass seine Teile auf widrige Umstände reagieren und sich dabei verändern.

Allerdings erfordert diese doppelte oder in sich verschlungene Rotationsweise eine Kontrolle des Resultats, damit der Verband nicht aufbricht, sich der Körper nicht auflöst.

Ich frage nun, wie es der Körper zuwege bringen kann, seine Rotation zu kontrollieren.

Die Kontrolle des Stoffwechsels erfordert eine Verdoppelung des Stoffwechsels. Was in den Schalen geschieht, muss im Kern wiedergegeben werden. Das allerdings ist über den Äther möglich, der allen Teilen des Körpers innewohnt und sie alle verbindet.

Weiters ist der doppelte Stoffwechsel bereits gegeben, nämlich in der doppelten Rotationsweise. Die Rotationsweise der Schalen wird so im Kern abgebildet, dass den Austauschvorgängen in den Schalen auch Austauschvorgänge im Kern folgen. Der Kern baut in sich ein Abbild der Schalen. Er muss dazu nicht dieselben Teile wie die Schalen austauschen. Er kann das Abbild auch aus Äther oder Licht nachbauen.

Das muss er auch tun. Angenommen, das Atom verliert oder gewinnt ein Elektron. Dadurch verändert sich die Rotationsweise der Schalen, ihre Emission und Absorption wird anders zusammengesetzt. Verändert sich aber der Austausch der Schalen, so verändert sich auch der Austausch zwischen Kern und Schalen. Auch der Kern muss nun anders emittieren und absorbieren. Er ändert seinerseits seine Rotationsweise.

Wir können auch einfach sagen, indem sich der innere Äther des Atoms ändert, ändert sich die Daseinsweise des ganzen Atoms. Kern und Schale setzen sich beide neu zusammen, indem sie einander wieder ganz entsprechen. So verfügt der Kern über ein Abbild der Schalen, und die Schalen verfügen über ein Abbild des Kerns. Das ist kein bewusstes Abbild. Aber es ist eine wirksame Verbindung. Sie besteht im gemeinsam ausgetauschten Äther und ihre Wirkung kann nicht unterbunden werden.

Verfügt der Kern über ein Abbild des Stoffwechsels der Schalen, und setzt er darüber hinaus seinen eigenen Stoffwechsel fort, so beginnt er, den Stoffwechsel der Schalen zu beeinflussen, schließlich zu steuern oder vorwegzunehmen. Dazu ist nur erforderlich, dass der Stoffwechsel des Kerns dominant bleibt, übergeordnet. Über diese Dominanz verfügt der Kern bereits, denn sein Austausch mit den Schalen bindet und bildet die Schalen.

Allerdings kann der Kern seine Dominanz nicht lange aufrecht erhalten, wenn er dem Äther allein ausgesetzt ist. Dann sind die Schalen zu zahlreichen und zu umfangreichen Austauschvorgängen ausgesetzt, und unser erstes tapferes Lebewesen namens Atom erleidet zu großen Mangel oder Überschuss, als dass es sich ruhig erhalten könnte.

6.1.1 Die Doppelhelix

Erleidet das Atom so großen Mangel, dass es Schalenteile oder Elektronen mit anderen Atomen austauschen oder teilen muss, so bildet es molekulare Verbände, die seiner ruhigen Rotationsweise und damit Erhaltung besser genügen.

Diese Moleküle reagieren ihrerseits auf Schwankungen des Äthers mit immer größeren Verbänden. Sie verketten sich immer vielfältiger und bilden schließlich spiralförmige Verbände, in denen immer gleiche Reihen von Molekülen aufeinander folgen. Die seitlichen Drehungen der Molekülketten entsprechen den seitlichen Abweichungen im Stoffwechsel der Moleküle. Das erzeugt die Spiralform, Schraublinie oder Helix dieser Kettenmoleküle.

In diesen regelmäßigen Anordnungen findet regelmäßiger Stoffwechsel statt, solange er nicht von außen überlastet wird. Geschieht dies, so bricht der Verband auf. Seine Teile stehen der ersten Spirale gegenüber. Sie bestehen aber aus solchen Molekülen, die sich verketten können. Also beginnen sich die ausgebrochenen Stücke zu teilen und neu zu verketten.

Auch die erste gebrochene Spirale der Moleküle verkettet sich neu. Sie stößt ungeeignete Moleküle ab, bis solche Moleküle an den Enden freiliegen, die einander wieder attrahieren können. Die Restbestände werden vom Gegenüber aufgenommen. Es entsteht ein gegenseitiger Austausch von Molekül- und Atomteilen.

So bilden sich nach und nach zwei gegengleich gedrehte Spiralen, die sich äquidistant ineinander verwinden. Das aber ist ein entscheidender Schritt. Denn diese beiden Spiralen haben einen gemeinsamen Innenraum, und damit einen gemeinsamen Äther. Fortan bewahren die beiden Spiralen ihren Äther nicht nur innerhalb ihrer Moleküle, sondern auch zwischen sich. Erstmals entsteht ein ruhiger Äther zwischen vollständigen Molekülen, die in gleichbleibendem Abstand zueinander bleiben, weil sie gemeinsam stoffwechseln.

Ein solcher Körper kann kontrolliert stoffwechseln. Oder: hier beginnt die Kontrolle des Stoffwechsels. Sie besteht darin, dass Fehler im Austausch repariert werden können. Der Stoffwechsel beginnt sich zu reproduzieren, das heißt, sich gleichartig zu wiederholen.

Kommt es in einer Spirale zu Mangel, dann kann die Doppelhelix die andere Spirale als Quelle heranziehen, indem beide Spiralen verkürzt werden. Eine Seite attrahiert aus der anderen.

Kommt es zu Überschuss, so werden beide Spiralen verlängert. Was die eine Spirale erübrigt, nimmt die andere auf. Es kommt zu einer wechselseitigen Reparatur von Verletzungen. Immer besser funktioniert der Austausch, immer größere Teile werden neu gefügt, die Struktur wird immer vollständiger, die

Fehler im Austausch werden immer seltener.

Das ist auch: die Rotation wird immer länger, besser und vollständiger auf dieselbe Art und Weise zusammengesetzt. Damit wird auch der Körper, die Doppelhelix immer besser zusammengesetzt.

Schließlich kann die Doppelhelix jene Moleküle selbst bauen, die sie benötigt. Sie tut dies in ihrem Innenraum. Ihr Äther kann Atome aus der Umgebung attrahieren, zerlegen, selektieren, neu zusammenfügen und emittieren. Die Doppelhelix baut sich selbst, indem sie ihren inneren Äther kontrolliert.

Weiters kommt es dazu, dass die Doppelhelix den Stoffwechsel ihrer Umgebung dominiert und umformt. Die Doppelhelix kann dahingehend eingreifen, wie und was die Atome ihrer Umgebung absorbieren und emittieren. Die Doppelhelix verändert ihre Umgebung, ihren äußeren Äther, indem sie den Äther ihres Innenraumes und damit ihren eigenen Stoffwechsel anpasst.

Die Doppelhelix entnimmt ihrem Inneren Elektronen, um umgebende Atome instabil zu machen. Die Isotope, die sie auf diese Weise erzeugt, kann sie absorbieren. Sie überlastet den Stoffwechsel umgebender Atome, um deren Verbände aufzubrechen, um deren Rotation in Emission und Absorption zu verwandeln. Dann tritt die Doppelhelix ihrerseits als Stoffwechselpartner auf und absorbiert an Stelle der alten Atomkerne deren Schalen.

Die Doppelhelix substituiert den aufgelösten Verband durch ihren eigenen. Sie ersetzt den Äther des aufgelösten Verbandes durch ihren eigenen Äther. Hier beginnt die Dominanz des kontrollierten Stoffwechsels über den nicht kontrollierten

Stoffwechsel.

Das spätere, uns vertraute Fressen und Gefressenwerden ist nur die Fortsetzung dieser Dominanz. Es ist nicht grausam, sondern die innerste Eigenart des Lebens, die darin besteht, die Kontrolle des Stoffwechsels fortzusetzen und zu entwickeln. Grausam ist das Fressen nur dort, wo es unnötig geschieht. Wo das Fressen nicht der Fortsetzung des kontrollierten Stoffwechsels dient, sondern letzteren im Gegenteil unterbricht, dort ist es lebensfeindlich.

Was die Doppelhelix hier erstmals zuwege bringt, ist auch, den Stoffwechsel einem Ziel, einem Zweck zu unterwerfen. Ein kontrollierter Stoffwechsel ist ein zweckgerichteter Stoffwechsel.

Wir haben soeben den Zweck in unser Sein aufgenommen, besser, ihn dort aufgefunden. Wir können auch sagen, er, der Zweck, ist der Ursprung des Lebens. Oder: alle Lebewesen können kontrolliert und damit zweckgerichtet Stoff wechseln. Diese Fähigkeit unterscheidet die organischen Lebensformen von den materiellen.

6.1.2 Die Zelle

Die Doppelhelix absorbiert Moleküle und Atome, die sie als Nahrung verwendet. Die von ihr freigesetzten Moleküle und Atome dienen anderen Spiralen als Nahrung. Es kommt zu einem Verband aus mehreren Doppelspiralen. Dieser Verband umschließt seinen inneren Äther mit einer Schale aus Emittat, der Haut des Zellkerns.

Der Zellkern absorbiert nun in einer geschützten, von ihm kontrollierten Umgebung. Seine Haut ist durchlässig für das, was er braucht, und für das, was er ausscheidet. Die Selektion im Stoffwechsel hat sich zu einem Filter verdichtet, ist zu einem Organ herangewachsen.

Die Haut des Zellkerns selektiert ihren Stoffwechsel, so wie der Zellkern dies verlangt. Der Zellkern absorbiert weiter Moleküle und Atome, baut sie um, und setzt unbrauchbare Reste frei. Er umschließt seine nächste Umgebung wieder mit einer Haut aus Emittat, der Zellhaut.

Im Inneren der Zelle baut der Zellkern solche Organe, die sein Stoffwechsel und jener der ganzen Zelle benötigt. Dazu baut er sich selbst in jenen Teilen nach, die den gefragten Funktionen entsprechen. Die Kontrolle des Stoffwechsels wächst mit seinen Organen, und mit ihr die Zelle.

Ist die Zelle vollständig entwickelt, kann sie den Kern vollständig versorgen und entsorgen, so beginnen sich die Doppelspiralen insgesamt zu teilen und zu verdoppeln. Sie wiederholen ihre eigene Genese. Sie trennen Teile aus der Molekülkette, die sie gegenüber wieder verketten. Was sie an Substanz dazu benötigen, stellt die inzwischen funktionstüchtige Zelle bereit.

Hat sich der Kern verdoppelt, so teilt er sich. Er zieht seine Haut nach innen, füllt die Membran von beiden Seiten als neue Grenze auf, bis sich auch die Membran verdoppelt. Dann trennt der alte Kern seine Membran von der gegenüberliegenden Membran des neuen Kerns, indem beide Kerne repulsiv emittieren. Daraufhin liegen zwei fertige und getrennte Kerne vor. Der alte Kern hat einen neuen gezeitigt. Er hat sich selbst emittiert, eine Hälfte seiner selbst freigesetzt.

Beide Kerne teilen nun die alte Zelle, verdoppeln ihre Membran, ihre Organe, ihren Stoffwechsel, bis zwei getrennte Zellen vorliegen. Die Kontrolle des Stoffwechsels hat sich fortgepflanzt. Die Teilung des Alten ist zur Geburt des Neuen geworden.

6.2 Der Tod

6.2.1 Das Ende des materiellen Lebens

Wenn das materielle Leben aufhört, dann hören wohl die Merkmale des Lebens auf, also die gerichtete Bewegung, der Stoffwechsel, die Selektion, die Entwicklung und die Fortpflanzung. So wollen wir meinen. Aber sehen wir besser einmal nach.

Anfang und Ende der Bewegung

Die Bewegung folgt der Absorption als Attraktion, und der Emission als Repulsion, dann setzt sie sich aus beiden Formen zur Rotation zusammen. Wollte die Bewegung aufhören, so müssten ihre Urheber, nämlich Absorption und Emission aufhören.

Das tun die beiden auch, allerdings nur zeitweilig und gebietsweise. Wenn Absorption und Emission aufhören, dann liegt ein ruhiger Verband vor, ein stabiler Körper. Sein innerer Austausch von Äther genügt gerade seiner Erhaltung und Rotationsweise, also findet nach außen kein Austausch statt. Die innere Bewegung des Körpers genügt seiner äußeren Ruhe.

Eine so zusammengesetzte Ruhe ist zwischen dem Austausch der Photonen gegeben. In diesen Phasen ruht der Körper gegenüber seiner Umgebung. Er setzt dann seine alte Daseinsweise fort. Mit dem nächsten Akt des Ätheraustausches wird derselbe Körper seine alte Erhaltungsweise wieder aufnehmen, und somit seine alte Bewegung wieder neu aus sich hervorbringen.

Die Bewegung selbst hört dabei nie auf. Sie setzt sich nur zeitweilig zur Ruhe des Körpers zusammen, um vom Körper neu hervorgebracht zu werden. Wir können auch sagen, die Bewegung geht in sich, in eine Rotationsschleife, um dann neu aus sich hervorzukommen. Sie vertauscht Innen und Außen für eine Weile. Diese Weile ist die Dauer des Körpers, die Zeit seines ruhigen Bestandes ohne Austausch von Inhalt.

Während der Körper nach außen ruhig andauert, ist die Bewegung in ihn eingegangen. Von außen gesehen ist die Bewegung im Körper untergegangen, gestorben. Der Körper erscheint als Tod oder Widersacher der Bewegung.

Aber die Bewegung setzt sich einstweilen im Körper fort. Seine Teile setzen ihren ruhigen Austausch fort und so auch ihre Rotation. Die Bewegung geht in die Ruhe des Körpers ein, ruht im Körper verborgen, und sie erscheint wieder, wenn sie neu vom Körper hervorgebracht wird.

Der Körper ist die Quelle und die Senke der Bewegung, oder Geburt und Tod der Bewegung. Der Körper ist die Art und Weise, wie sich die Bewegung fortpflanzt. Der Körper ist die Fortpflanzungsweise der Bewegung.

Die Bewegung pflanzt sich von einem Körper zum anderen fort, weil sie von jedem Körper aufgenommen, umgeformt und neu hervorgebracht wird. Die Bewegung hört nie auf, sondern pflanzt sich immer fort. Alle ihre Verwandlungen sind nur

Formen ihrer Fortpflanzung. Denn alle ihre Verwandlungen sind auch Verwandlungen der Körper.

Die Richtung der Bewegung

Hört die Bewegung nie auf, soll aber das Leben aufhören können, so muss wenigstens die gerichtete Bewegung aufhören. Denn sie betrachten wir ja als ein Merkmal des Lebens. Wir haben die zwei folgenden Möglichkeiten zu untersuchen:

a) die Bewegung wechselt ihre Richtung,

b) die Bewegung setzt sich ohne Richtung fort.

Überwiegt die Absorption des Körpers seine Emission, so ergibt sich die Richtung seiner Bewegung aus der wichtigsten Quelle jenes Äthers, den er sich in sich aufnimmt. Aber auch die anderen Quellen seiner Absorption wirken mit. Es wird sich eine Richtung der Attraktion ergeben, die dem brauchbarsten Angebot des Äthers folgt. Geometrisch wird das eine Linie zum wichtigsten Absorptionspartner oder größten Attrahenten ergeben. Es ist dies die Fall-Linie.

Weiters wirken aber auch die Repulsionspartner noch nach, solange die Emission des Körpers anhält. Das ergibt eine seitliche Abweichung aus der Geraden der Attraktion, also eine Krümmung der Bahn oder den Beginn der Rotation.

Wechseln die Partner im Austausch von Äther, so wechselt das Angebot von Äther. Der Körper wird seine Akte des Austausches anpassen, sind sie doch die Akte seiner Selbsterhaltung. Damit aber wird der Körper jeweils neue Bewegungen aus sich hervorbringen. Er wird nicht nur verschieden schnell attrahieren und repulsieren, sondern auch jeweils neue Richtungen seiner Bewegung hervorbringen.

Der Wechsel in der Bewegungsrichtung kann nun niemals etwas anderes zeitigen als eine neue Richtung. Damit kann die Bewegung nicht nur nie untergehen, sondern sie kann auch nie aufhören, gerichtet zu sein. Wollte eine Bewegung auf ihre Richtung verzichten, so müsste sie selbst aufhören.

Umgekehrt erkennen wir: die Richtung der Bewegung ist nichts anderes als eine Erscheinungsweise ihrer Fortpflanzung. Die Richtung der Bewegung ist das, wo wir den Körper erwarten, indem wir die Bewegung des Körpers gedanklich fortsetzen. Die Bahn der Bewegung ist eine geometrische Abstraktion, ist unsere geistige Fortpflanzung der Bewegung, wie wir sie aus Erfahrung erwarten, wie wir sie voraussetzen.

Wie die Richtung der Bewegung in der Natur auftritt, darüber entscheiden Absorption und Emission des Körpers. Sie garantieren aber auch, dass eine Richtung immer auftritt. So oft die Richtung auch wechseln mag oder muss, sie ist notwendig mit jeder Bewegung gegeben.

Nachdem jede Bewegung gerichtet ist, und keine Bewegung aufhören kann, kann auch das materielle Leben nicht aufhören. Jedenfalls nicht aus diesem Grund.

Anfang und Ende des Stoffwechsels

Wollte die Bewegung aufhören, so müssten Absorption und Emission aufhören. Auch da wollen wir uns noch einmal vergewissern. Es ist ja schon eine Weile her, dass das Schwarze Loch vom Sein verschluckt wurde, noch dazu in eher literarischer Form.

Zur Zeit sind mit uns Menschen Absorption und Emission gegeben, sonst könnten wir nicht sehen, nicht hören, nicht denken, nicht fühlen, nicht leben.

Damit aller Austausch aufhören kann, muss ein Körper alles Emittat und alle Emittenten in sich aufnehmen. Ich setze einen solchen Körper versuchsweise ein. Ich nenne ihn den alleinigen Absorber. Er ist noch tüchtiger als das Schwärzeste Loch und macht wirklich Schluss mit allem, was ich bisher im Sein gefunden oder vorausgesetzt habe.

Der alleinige Absorber absorbiert zuerst alles Emittat, allen Äther. Alle anderen Körper erleiden in der Folge Mangel und zerfallen. Sie vereinen immer kleinere Teile ihrer selbst und verlieren den Rest. Alle größeren Verbände werden aufgelöst. Ihr Emittat geht wiederum in den alleinigen Absorber ein. Die kleineren Verbände erleiden dasselbe Schicksal. So werden schließlich alle Teile des Seins vom alleinigen Absorber in sich aufgenommen. Wie gesagt, er ist so tüchtig, wie ich ihm das zugemutet habe.

Nun haben wir zwei Umstände gegeben:

Erstens muss die Absorption andauern, bis aller Äther im alleinigen Absorber einverleibt ist. Erst zuletzt, mit der Aufnahme des letzten Emittats im alleinigen Absorber endet sein Austausch mit der Umgebung.

Zweitens muss im alleinigen Absorber die Vereinigung von Äther andauern. Ansonsten könnte der alleinige Absorber nichts zu sich vereinen, nichts in sich aufnehmen, nichts einverleiben. Würde der alleinige Absorber selbst emittieren, so käme der Austausch im übrigen Sein nicht zum Erliegen. Der alleinige Absorber muss alles absorbieren und darf nichts emittieren. Also muss er alles zu sich vereinen, was er in sich aufnimmt. Das sieht schon etwas verdächtig aus.

Die Vereinigung des alleinigen Absorbers ist nämlich wie jede Vereinigung nichts anderes als die Zusammensetzung von Absorption und Emission zur Rotation. Will der alleinige Absorber zustande kommen, so muss er in sich rotieren lassen, was er sich einverleibt hat. Er muss also dulden und gewährleisten, dass seine Teile untereinander Äther austauschen.

Mit anderen Worten: der alleinige Absorber ist dasselbe wie das ganze Sein.

Der Versuch sagt uns, dass der Austausch von Absorption und Emission nicht aufhören kann, solange das Sein besteht. Hört aber das Sein auf, so verwandelt es sich in das nachkommende Nichts. Das nachkommende Nichts verwandelt sich seinerseits in das vorausgehende Nichts, in die Möglichkeit des Anfangs. Wir sind also wieder dort, wo sich das Sein nur umfassend erneuert, wenn es aufhört.

Mein Ergebnis lautet: Absorption und Emission können nie aufhören, ohne nicht wieder anzufangen. Sie können sich nur verwandeln, so wie sich die Teile des Seins verwandeln, so wie sich das Sein als Ganzes verwandelt.

Anfang und Ende der Selektion

Bis jetzt ist es dem materiellen Leben nicht gelungen, aufzuhören. Es verweigert uns sein Sterben. Zuerst blieb alle Bewegung gerichtet, und nun hörte der Stoffwechsel nur auf, um neu wieder anzufangen. Wie also kommt der Tod in das Sein? Hört das materielle Leben vielleicht auf, wenn die Selektion aufhört?

Ich frage höflich bei einem Atom an, ob es vielleicht so gut sein möchte, mit seinem Licht nicht länger hauszuhalten.

Das Atom befindet sich in einer meiner Gehirnzellen und findet sich so alsbald bereit, bei meinem bescheidenen Versuch des Denkens mitzuwirken.

Bitte sehr, der Herr. Stets zu Diensten. Aber wie bitte soll ich es denn anstellen?

Bleib finster. Absorbiere nicht. Emittiere nicht. Halte still.

Wozu soll das gut sein?

Nur dann kann ich sichergehen, dass deine Selektion aufhört.

Du bist ein Einfaltspinsel. Wie soll ich ein Atom bleiben, wenn ich meine Siebensachen nicht zusammenhalte?

Kannst du nicht ein finsteres Atom sein?

Bei dir ist es wohl oben gerade etwas finster. Wenn ich still halte, dann hören meine Elektronen zu kreisen auf. Hören sie aber zu rotieren auf, dann fliegen sie fort zu anderen Atomen, oder sie fallen in meinen Kern. Wie aber soll ich ein Atom bleiben, wenn ich auf meine Elektronen verzichte?

Kannst du nicht wenigstens als finsteres Isotop versuchen, ein bisschen mitzuspielen?

Du hast vielleicht Ideen. Als Isotop brauche ich noch mehr Licht als zuvor, als ich noch ein stabiles Atom war. Und selbst wenn ich deinen seltsamen Gedanken folgen wollte, und darauf verzichte, ein Elektron zu fangen, so fangen die anderen Atome meine restlichen Elektronen. Nur weil du den Tod suchst, hören die Atome nicht auf, Atome zu sein. Sind sie aber Atome, so ist ihr Umgang mit dem Licht höchst selektiv, um nicht zu sagen, auserwählt.

Danke Atom, für deine Hilfsbereitschaft. Ich sehe ein, Atome halten nichts von meinen Vorstellungen, der Stoffwechsel könne weitergehen, aber die Selektion im Stoffwechsel könnte aufhören. Ich werde den Tod woanders suchen. Auch hier war er nicht zu finden.

Anfang und Ende der Entwicklung

Die Bewegung stirbt nicht, ihre Richtung lebt fort. Der Stoffwechsel stirbt nicht, seine Selektion lebt fort. Welches Merkmal des Lebens kann mir helfen, den Tod zu finden? Wie steht es mit der Entwicklung? Hört das materielle Leben vielleicht mit der Entwicklung auf?

Ich fürchte, das wird langweilig. Wenn gerichtete Bewegung, Stoffwechsel und Selektion nicht aufhören, wie sollte dann die Entwicklung aufhören können?

Ich probiere einen anderen Ansatz. Entwicklung bedarf der Veränderung. Also gebiete ich der Zeit, mit allen Veränderungen aufzuhören. Zeit, höre auf, etwas zu verändern! Sei halb, begnüge dich mit der Dauer. Hörst du? Hörst du mich?

Jetzt warte ich. Wird mir die Zeit mit der Zeit antworten?

Da bist du ja wieder in deiner ganzen Einfalt. Hast dich kein bisschen verändert. So was von starrköpfig! Nennst du mich noch die liebliche Mutter des Raumes und stößt du dich zugleich an meiner Sprödigkeit? Wäre ich nicht die stille Zeit, ich würde laut über dich lachen, glaube mir!

Verzeih, der Raum nannte sich dein Kind, weil der Wechsel der Formen doch dem Wechsel des Inhaltes folgt. Spröde fand nur ich dich, weil du nicht vor den Etwas anfangen wolltest.

Na schön. Eine kleine Unterhaltung kann nicht schaden. Was willst du denn jetzt mit mir anfangen?

Du sollst aufhören, etwas zu verändern, versuchsweise wenigstens.

Ich verändere nichts.

Ja, wunderbar. Das ist gut. Du bist überhaupt nicht spröde. Genau darum wollte ich dich bitten.

Und jetzt? Was gebietet dir jetzt die Einfalt deines Denkens?

Ich stecke. Ich weiß nicht recht weiter. Jetzt, wo sich nichts verändern kann, bleibt mein Denken stehen. Auch mein Denken kann sich nicht verändern, nicht entwickeln.

Daran hege ich nicht den leisesten Zweifel. Habe ich noch nie getan.

Ich will aber weiter denken.

Dann bist du es, der etwas verändert. Nicht ich verändere die Etwas. Sondern die Etwas verändern sich. Erst so bringen sie mich ja aus sich hervor. Du machst da keine Ausnahme. Hast du das vergessen?

Tatsächlich. Zeit, du bist die Perle in der Schale der Etwas. Jetzt kann ich wieder weiter denken.

Und was soll dabei herauskommen?

Dass der Tod auch nicht im Aufhören der Veränderung zu finden ist. Weil die Veränderung nicht aufhört, hört auch die Entwicklung nicht auf.

Aber sag mal, Zeit, wie pflanzt du dich eigentlich fort? Könntest du nicht allem Leben ein Ende bereiten, indem du allem Anfang und Ende ein Ende bereitest? Was passiert, wenn du aufhörst?

Anfang und Ende der Fortpflanzung

Du schnallst den Sattel verkehrt herum auf deinen lahmen Gaul der Kausalität. Wohin willst du reiten? In die Welt oder in die Voraussetzungen, in die Einbildungen? Nicht ich pflanze die Etwas fort. Die Etwas pflanzen sich fort, und damit auch mich.

Hilf mir auf die Sprünge. Wie war das doch gleich?

Die Etwas setzen ihren Austausch von Äther fort. So pflanzen sie das fort, was sie ausmacht, ihre Daseinsweise. Pflanzen die

Etwas aber ihre Daseinsweise fort, so auch sich selbst.

Und die Etwas können damit nicht aufhören?

Das hast du dir doch gerade vorhin ausgemalt. Ziemlich schwarz auf weiß, wie ich finde. Bewegung, Stoffwechsel, Selektion und Entwicklung hören nicht auf, sondern verwandeln sich nur. Also kann auch die Fortpflanzung nicht aufhören. Sie besteht in der Fortsetzung und Verwandlung von Körper und Bewegung.

Und auch du kannst all dem kein Ende setzen?

Ich bin die Einheit aus Dauer und Veränderung. Wollte ich ein Ende der Dauer setzen, so wäre das der Anfang einer Veränderung. Wollte ich ein Ende der Veränderung setzen, dann wäre das der Anfang einer Dauer. Aber sei getrost. Ich setze gar nichts. Nicht einmal auf dich. Ich werde in die Welt gesetzt. Von dir und von all den anderen Etwas, die dir und deiner Einfalt zu Hilfe kommen. Wenn du sie richtig behandelst, sind alle Etwas rechtzeitig zur Stelle.

Danke Zeit, du bist eine großartige Hilfe. Ich verstehe, dass auch die Fortsetzung kein Ende findet. Vermutlich nicht einmal die Fortsetzung dieser Geschichte. Also pflanzt sich immer fort, was sich fortpflanzt. Das materielle Leben nimmt kein Ende, ohne dass dies nicht zugleich eine Verwandlung, nicht auch ein Anfang wäre. Das materielle Leben kennt keinen Tod.

6.2.2 Das Ende des organischen Lebens

Weil sich Körper und Bewegung nur verwandeln, wenn sie untergehen, hört das materielle Leben nicht auf. Das Sein ist zeitlos. Andererseits erkennen wir Geburt und Sterben aller Lebewesen. Der Tod ist eine Gegebenheit wie das Leben. Was ist sein Ursprung, was ist sein Wesen?

Das organische Leben beginnt mit der Kontrolle im Stoffwechsel. Sein Wesen ist der zweckgerichtete Stoffwechsel. Das organische Leben unterscheidet sich nicht von ihm.

Der zweckmäßige Stoffwechsel versucht, die Kontrolle über den Stoffwechsel immer aufrecht zu erhalten, immer fortzusetzen. So versucht das organische Leben immer, sich fortzusetzen. Das organische Leben ist die Fortpflanzung der Kontrolle im Stoffwechsel, ist die Fortsetzung des Zwecks.

Bisher gelingt das dem organischen Leben auch. Es hat sich von der ersten Doppelhelix und von der ersten Zelle bis heute fortgesetzt.

Allerdings denken wir das organische Leben immer so, wie es in einzelnen Lebewesen auftritt. Wir denken das organische Leben nicht als Daseinsweise von Zellen oder molekularen Verbänden mit ruhigem Äther. Sondern wir denken das organische Leben als das Kommen und Gehen von individuellen Pflanzen, Tieren und Menschen. Wir sehen nicht das Innere des organischen Lebens, sondern das Äußere, die sich entwickelnde Gestalt, wenn wir das Leben denken.

Allein aus diesem Blickwinkel überrascht uns der Tod. Weil wir ihn von den individuellen Erscheinungsformen des Lebens absondern, ihn fern halten wollen, weil wir ihn dem Leben entgegen setzen, aus diesem Grund tritt uns der Tod ohne Vorankündigung gegenüber.

Das Leben kann sich nur so fortsetzen, indem es sich über die Schranken des Individuums hinweg fortpflanzt. Weil sich Körper und Bewegung stets verwandeln, altern alle Organe, Zellverbände, individuellen Träger oder Formen des Lebens. Nach einer Weile erfüllen sie die Zwecke des Lebens nicht mehr, weil ihr Stoffwechsel nicht mehr entspricht. Ihr Austausch erlahmt oder versagt.

Weil zu alte Organe dem Zweck des Lebens nicht entsprechen, muss sich das Leben neue Organe und Zellverbände aufbauen. Genau das tut das Leben mittels des Todes. Schon während des Lebens erneuern sich laufend alle Zellen und Zellverbände, während abgestorbene Teile ausgeschieden werden. Aber eines Tages gelingt dies nicht mehr ausreichend. Dann sterben nicht nur Zellen ab, sondern ganze Organe.

Der Tod ist der Übergang des Lebens von einer individuellen Form in die nächste. Der Tod ist die Brücke des Lebens zwischen den Individuen. Er ist der Garant des Lebens über das Altern hinweg. Der Tod ist die Fortsetzung des organischen Lebens über die Schranken des materiellen Lebens hinaus. Der Tod ist der Garant des Zwecks inmitten einer Natur, die das organische Leben zwar ermöglicht, aber nicht überall begünstigt.

Höhere Verbände zerfallen notwendig in kleinere Verbände, bevor daraus wieder höhere Arten entstehen. Pflanze, Tier und Mensch kehren mit ihrem Tod in das Leben der Einzeller zurück. Das entspricht genau den Zwecken des Lebens. Auf diese Weise kann es sich vollständig verwandeln und neu entwickeln.

Der Tod ist die vollständige Umformung des individuellen Lebens. So ist er der allgemeine Garant des Lebens unter allen Bedingungen, unter denen sich das Leben fortzusetzen trachtet. Wir können auch sagen, der Tod ist die unbedingte Fortsetzung des Lebens.

So wie das materielle Leben kennt auch das organische Leben kein Ende, dass nicht zugleich eine Verwandlung und so auch ein neuer Anfang wäre. Diese Verwandlung aber, sie ist der Tod. Er ist unverzichtbar als Ende des alten und Anfang des neuen Lebens. Der Tod ist der Wechsel des alten in das neue organische Leben.

Das organische Leben ist die Fortsetzung des Zwecks in individueller Ausformung. Das einzelne Leben ist die Besonderheit oder Teilung des Zwecks. Aus der Allgemeinheit gehen die Besonderheiten hervor, wenn sich die Allgemeinheit teilt.

Der Tod ist der Wechsel oder Austausch der individuellen Lebensformen. Der Tod ist die Allgemeinheit oder Vereinigung des Zwecks. In der Allgemeinheit gehen alle Besonderheiten unter, wenn sich die Besonderheiten vereinigen.

Alle Lebensformen zusammen ergeben den ganzen Zweck, das Leben aller Individuen. Der ganze Zweck des Lebens schließt aber den Tod der Individuen in sich ein. Nur so kann sich der ganze Zweck des Lebens erfüllen, nämlich seine Fortsetzung unter allen Bedingungen.

Der Zweck ist erst ganz, wenn er Leben und Tod zu sich vereint. Die Einheit von Leben und Tod, das ist der ganze Zweck, in seiner gesamten Entwicklung, in seinem Werden, in seinem Sein, in seinem Vergehen, das wieder sein Werden ist, nämlich die Umformung des Zwecks. Oder kurz: die Einheit von Leben und Tod, das ist die Verwandlung des Zwecks.

Das Ganze des Zwecks ist auch das Ganze des Lebens. Beide sind wie das ganze Sein nicht verschieden vom Werden ihrer Teile. Das Werden des Seins, das Nichts, ist das Ganze aus Anfang und Ende aller Etwas.

Das Werden des Zwecks ist seine Umformung, also der Tod. Das Werden des Zwecks, der Tod, ist das Ganze aus Anfang und Ende aller Lebewesen. Aus dem Werden des Zwecks, aus dem Tod, kommt das Leben, kommt der Anfang eines jeden Lebewesens. Der Tod ist nicht nur das Ende des Lebens, sondern auch dessen Anfang. Das Leben kommt aus dem Tod.

Schon die erste Doppelhelix kam aus dem materiellen Leben, das wir tot nennen. Auch das erste Leben kam aus dem Tod. Jedes weitere organische Leben aber kommt aus dem Tod eines vorangegangenen Lebens. Auf diese Weise entfaltet sich der Zweck zu immer höheren Daseinsformen oder Lebensformen.

In das Werden des Zwecks, in den Tod, kehrt jedes Lebewesen an seinem Ende zurück, wenn sein Zweck erfüllt ist. Wir können auch sagen, im Tod, in seiner Umformung beginnt der Zweck seine Entfaltung von Neuem. Deshalb ist der Tod der Garant des Lebens.

Was das Leben unsterblich macht, das ist seine Verwandlung, das ist der Tod.

6.3 Die Fortpflanzung

Der Keim des Lebens besteht aus vollständigen Zellen. Sie verfügen über alle erforderlichen Organe und können sich teilen, sobald das Angebot an Nahrung ausreicht. Die Kontrolle des zelleigenen Stoffwechsels ist vollständig ausgebildet, aber diese Kontrolle muss sich nicht sofort zu teilen und auszudehnen beginnen. Sie kann im Inneren des Keimes warten. Sie kann auch feststellen, ob die Bedingungen für die Teilung gegeben sind.

Die vollständig entwickelten Zellen können probeweise absorbieren und emittieren. Finden sie nicht, was sie brauchen, so greifen sie auf die Nahrungsspeicher innerhalb der Zellen zurück. Genügt das Angebot der Umgebung, so absorbieren sie weiter und beginnen sich zu teilen.

Werden die Phasen des Mangels länger, so legen die Zellen größere Speicher an. Zunächst sammeln sie Nahrung im Inneren ihrer Zellmembranen. Reicht das nicht hin, so verdoppeln sie sich nicht vollständig, sondern zweckmäßig. Die Zellen bauen neue Zellen als Nahrungsspeicher. Sie umgeben sich mit Reserven für Mangelphasen. Die Kontrolle des Stoffwechsels dehnt sich auf neue, andere Zellen aus. Der so genannte Bauplan des Lebens hat begonnen. Er ist nichts anderes als die Entfaltung des kontrollierten Stoffwechsels.

Der Keim liegt nun geschützt in seinem Vorrat an Nahrung. Der Winter kann kommen, die Dürre, die Flut. Sobald der Keim seinen Frühling absorbiert, setzt die Zellteilung ein. Das neue Leben beginnt, die Fortsetzung des Alten in neuer Form. Die Pflanze ist geboren.

6.3.1 Die Pflanze

Unser erster Keim möchte nun gern in den spannenden Geschichten vom genetischen Code nachlesen. Immerhin möchte er erfahren, was aus ihm werden soll. Wie soll er es anstellen, so formvollendet zu werden, wie das die binär codierten Vorstellungen des Informationszeitalters von ihm verlangen? Eins Null Null Eins Eins Eins Null Eins Null und wie weiter?

Unser Keim hat Pech. Er ist weit vor der Zeit der Menschen zu Boden gefallen. Dort ist weit und breit nichts weiter aufzulesen als einige mickrige Mikroben und ihre fraglichen Ausscheidungen, die ziemlich unansehnlich in schmutzigen

Wassertröpfchen herumschwimmen.

Doch ein Keim wie unserer lässt sich nicht beirren, nicht von uns. Er tut einfach, was er gelernt hat. Er wechselt Stoff. Er absorbiert Moleküle, zerlegt sie, baut sie um, und siehe da, er wächst. Nun will er aber so schön werden wie seine Mutter oder wie sein Vater, auch wenn er von beiden, überhaupt von irgendwelchen Gewächsen weder gehört noch sonstwie erfahren hat.

„Wie bitte, wie?" möchte er hinausrufen, damit ihm ein Konstruktionsplan oder eine noch höhere Weisheit zufalle. Allerdings, es fehlt ihm nicht nur an Stimme, sondern überhaupt an Gedanken und anderen Fragwürdigkeiten des Daseins. Schlicht, er ignoriert alle menschlichen Voraussetzungen seines Tuns und tut einfach, was er kann.

Ja, aber was und wie? Wir insistieren! Keim, gestehe, wie du klüger bist als wir! Wo ist dein Code? Was ist dein Code? Sei versichert, wir holen noch die letzte Null oder Eins aus dir heraus!

Der Keim hört nicht unser bedrohliches Flehen und tut wie vorher. Seine Zellen absorbieren Wasser, Mikroben, Ausscheidungen, also Moleküle, die sie brauchen können. In den Doppelspiralen der Zellkerne werden die Moleküle umgebaut, zu Eigenem gemacht. Der Rest wird ausgesondert.

Das hatten wir doch schon. Aber wir haben einen Aspekt ignoriert, der jetzt zum Tragen kommt. Wenn die Doppelspiralen ihren gemeinsamen Äther herstellen, dann gehen sie arbeitsteilig vor. Kontrollierter Stoffwechsel ist zweckgerichteter Stoffwechsel. Teilen zwei Spiralen ihren Zweck, so teilen sie auch ihre Arbeit. Geteilter Stoffwechsel zum selben Zweck ist auch arbeitsteiliger Stoffwechsel.

Damit haben wir den genetischen Code und andere Zauberformeln ins Reich der Phantasien verwiesen. Die Zellen arbeiten im Innersten und von Anfang an arbeitsteilig. So bilden sie nicht nur ihre Zellorgane, sondern auch ihre Verbände immer dem jeweiligen Zweck entsprechend.

Wird mehr Wasser mit gelösten Molekülen benötigt, so teilen sich mehr Zellen, die solches Wasser absorbieren können. Es wachsen mehr und längere Wurzeln. Wird mehr neues Licht benötigt, mehr frischer Äther des Zentralgestirns, so teilen sich jene Zellen, die der Sonne zugewandt sind. Es wachsen mehr Blätter. Wird mehr Austausch in der Pflanze benötigt, so wachsen mehr Gefäße, mehr Stängel und Äste. Die Pflanze teilt ihre Zellen dort, wo das notwendig ist. Und die Pflanze teilt ihre Zellen so, wie das notwendig ist. Was die Pflanze formt, ihre Gestalt ausmacht und hervorbringt, das sind ihre Zwecke, das ist allein die Arbeitsteilung ihrer Zellen. Mehr ist nicht notwendig. Und mehr ist der Pflanze auch noch nicht möglich.

Auch der Keim tut von Anfang an und in seinem Innersten nur dasselbe. Er bildet genau jene Zellorgane und Zellen, die er benötigt, um sich, seine Sache, nämlich seinen Stoffwechsel fortzusetzen. Sein Stoffwechsel ist seine Art und Weise, da zu sein. Das ist alles, was der Keim braucht, um zu gedeihen, um zu werden wie seine Ursprungspflanze.

Dass dabei vielfältige, funktionelle und ästhetische Formen entstehen, verwundert uns nur deshalb, weil wir zwar ihren Zweck erkennen, nicht jedoch ihre Genese. Diese aber liegt im zweckgerichteten Stoffwechsel der Doppelspiralen. Die meisterhafte Werkstatt, das ist der stabile Äther im Inneren der Doppelhelix. Und die flinken Hände des Meisters, das sind die

Moleküle der Spiralen selbst. Sie fügen so fein, nämlich Atom für Atom, dass wir nur das Resultat sehen können, nicht jedoch die Tätigkeit.

Ich halte fest: Die Pflanze ist der wachsende Körper, der wachsende Verband. Die Pflanze kontrolliert ihren Stoffwechsel, indem sie ihre Zellteilung steuert. Ihre Zellteilung und damit ihr Wachstum folgen beide der Arbeitsteilung ihrer Zellen.

Wir haben hier das organische Leben auf seiner ersten Entwicklungsstufe. Der erste Zweck des organischen Lebens ist die Vermehrung und Fortpflanzung des eigenen Stoffwechsels. Die Erfüllung dieses Zwecks, der Vollzug dieser ersten Daseinsweise des organischen Stoffwechsels, das ist die Pflanze.

Wo die Pflanze keine Nahrung, kein Wasser, keine Mikroben, kein Licht vorfindet, dort scheitert ihre Zellteilung. Dort hört die Pflanze auf, dort findet ihr Stoffwechsel nicht länger statt, dort fängt er auch nicht an. Könnte die Pflanze fortlaufen, so würde sie es tun. Aber ihr gesamter Aufbau richtet sich nach dem Zweck der Vermehrung ihrer Zellen aus dem vorgefundenen Angebot. Das macht die Pflanze bodenständig. Sie ist verwandelter Boden, ein Verband aus Mikroben und Wasser.

Das erste organische Leben erhebt sich aus seinem Ursprung, bleibt ihm aber treu. Es bleibt zu hoffen, dass nicht spätere Ignoranten Boden, Wasser und Luft vergiften. Die Pflanzen würden solche Ausgaben des Lebens bestimmt verjagen. Sollte das irgendwie misslingen, weil es nicht ihrer Art entspricht, so bleibt die Möglichkeit, den Ignoranten den Sauerstoff zu verwehren. Immerhin eine Perspektive, für die Pflanzen.

6.3.2 Das Tier

Vor lauter Sorge um den Sauerstoff haben wir unterwegs einige Zellen verloren, die sich unterdes selbständig gemacht haben. Sie haben ihre Härchen oder Geißeln zum Schwimmen eingesetzt und so ihre und unsere Sache fortgesetzt. Jetzt verhelfen sie uns mit ihren zarten Beinchen auf die Sprünge, indem sie uns und anderen Widrigkeiten des Seins davonlaufen.

Die Tiere erstrecken die Kontrolle des Stoffwechsels auf das Angebot. Sie können ihren Lebensraum aufsuchen, selektieren. Sie verlassen schlechte Standorte und suchen geeignete Böden und Nahrungsquellen auf. Sie können in der Folge auch fliehen oder jagen.

Das ergibt eine Fülle von neuen Zwecken, denen das Tier gerecht werden muss. Erstens entsteht die Aufgabe, die eigene Fortbewegung zu steuern. Zweitens gilt es fortan, den eigenen Stoffwechsel dem jeweils neuen Angebot so anzupassen, dass er fortgesetzt werden kann.

Das erfordert eine Reihe neuer Organe. Dazu bemühen wir die Evolution, oder auch die Geschichte von Zufall und Notwendigkeit, oder jene Fabel von chaotischen Mutationen und der fabelhaften Tüchtigkeit in der Fortpflanzung. Das ergibt freilich eine Menge Arbeit.

6.4 Die Evolution

Keine Sorge, die Arbeitsteilung hat schon Eingang in unser Sein gefunden. Auf sie wollen wir vertrauen, das ist, auf sie die meiste Arbeit abwälzen.

Das ist freilich eine böse Unterstellung, dass für Zufall und Chaos kein Platz in der Zelle sei. Aber wenn ich zwinkernd in die Doppelhelix blicke, deutet sie mir alarmiert, ich möge bitte keine Unruhe stiften. Immerhin sei sie sehr beschäftigt, in der Stille ihres Äthers neue Moleküle für neue Zellen zu bauen. Sie könne also schlecht irgendwelche Störungen durch allzu neugierige Beobachter gebrauchen.

Komme es aber dennoch zu Störungen, und in der Folge zu unvermeidlichen Fehlern im Stoffwechsel, so wissen wir doch schon aus früheren Erzählungen Bescheid. Dann gilt es eben, die Rotation der Verbände neu anzupassen, die Ketten neu zu brechen und neu aufzufädeln. Also bitte draußen warten, bis neue Resultate zu vermelden sind. Sogar ich könne dann allmählich mitbekommen, was vor sich ginge.

6.4.1 Der Zufall

So belehrt ziehe ich mich vertrauensvoll zurück. Der Zufall ist da, er ist nicht zufällig oder absichtlich verloren gegangen. Aus Sicht der Doppelhelix bin ich der Störenfried oder Zufall. Wenn ich elegant von mir absehe, dann ist der Zufall eine Störung ihrer Arbeit. So gesehen ist er auch ein neuer Auftrag an die Doppelhelix, eine neue Aufgabe, ein neuer Zweck des organischen Lebens. Jede Menge Arbeit schon in so jungen Stunden oder Tagen. Nun gut, die Sache ist gut aufgehoben in den rotierenden Fängen der Doppelspirale. Dort wird sie nämlich fortgesetzt.

Wir blicken einstweilen aus turmhoher, weil menschlicher Warte auf den schnöden Zufall. Wimmelt es nicht im Sein von solchen Dingen oder Undingen? Und was bitte wäre das Leben ohne jegliche Überraschung?

Ja, genau. Wie wir wissen, besteht der Zufall aus dem Zusammentreffen zweier Ereignisse. Sehr, sehr gut. Schon sind wir wieder beruhigt. Und was bitte sind Ereignisse?

Ich mache es kurz: der Zufall ist die Vereinigung zweier Körper. Er ist die Absorption. Nicht mehr und nicht weniger. Er geschieht mit Notwendigkeit bei Strafe des Untergangs.

Wir bezeichnen als Zufall eine Notwendigkeit, deren Grund wir nicht einsehen. In der Natur geschieht keine Absorption grundlos. Also gibt es keinen Zufall, so wie wir ihn meinen. Es gibt ihn nicht in unserem Sinne. In der Natur gibt es nur den Zusammenfall, die Vereinigung.

Selbst wenn wir sagen „da ist ein Stern explodiert, zufällig zum selben Zeitpunkt, als der Vogel vorbeiflog, sodass ich hinschaute", ist da nirgendwo ein Zufall.

Erstens ist der Stern nicht grundlos explodiert.

Zweitens folgte der Vogel seinen Zwecken.

Drittens absorbierten wir das Licht der Nova.

Viertens absorbierten wir das Licht des Vogels.

Das dritte und vierte Ereignis sind Vereinigungen. Ihr Zusammenhang besteht nur in unserer Aufmerksamkeit. Wenn wir nun einen Zusammenhang festmachen wollen, so erscheint er notwendig grundlos, also zufällig im menschlichen Sinne.

Aber wir selbst fügen diesen Zufall hinzu. Er ist ein Attribut unseres Bewusstseins, nämlich das Attribut der zwecklosen Aufmerksamkeit.

6.4.2 Die Notwendigkeit

Verzichtet ein Körper auf die Absorption, obwohl er Mangel leidet, so fällt er in sich zusammen, so vereinigen sich seine Subkörper in kleineren Verbänden. Umgekehrt kann ein Mangelkörper nicht auf die Absorption verzichten. Sobald geeigneter Äther bereit steht, erfolgt seine Aufnahme im Verband. Es besteht kein Hindernis für die Aufnahme, jedoch ein Grund, nämlich der Mangel im Körper.

Seinerseits kann der Äther seine Absorption nicht verwehren, da er auch Teil des Körpers ist, ihm innewohnt. Bringt ein Photon eine Belebung des alten Äthers, und ist dieses Photon brauchbar, so wird es aufgenommen.

Weiters folgt jeder Absorption notwendig alsbald eine Emission, will der Körper nicht seinen Verband überlasten. Verzichtet der Körper auf die Emission von Überschuss, so zerbricht seine Rotation in ihre Bestandteile, in Absorption und Emission. Das bedeutet das Ende des Körpers. Er löst sich auf. Seine Teile machen sich selbständig.

Wir können nicht umhin. Der Austausch von Äther vollzieht sich zwischen allen Etwas mit Notwendigkeit. So auch der Stoffwechsel zwischen allen Körpern.

Soviel Determinismus, ja Totalitarismus in der Natur? Kein bisschen Freiheit? Wie können wir das aushalten? Alles geschieht mit Notwendigkeit?

Bleibt da nicht unser menschlicher Drang nach

Herrschaft und Willkür schon auf der Strecke, bevor er überhaupt aufkommt?

6.4.3 Der Ursprung der Freiheit

Schon jedes Etwas kann zwischen Absorption und Emission unterscheiden. Schon jedes Etwas selektiert, was es zu sich vereint, und was es freisetzt. Zwar geschieht der Akt des Austausches von Äther mit Notwendigkeit, er geschieht unvermeidbar, aber zugleich selektiv. Das bedeutet, dass schon jedes Etwas die Fähigkeit aufweist, zwischen verschiedenen Angeboten an Äther zu unterscheiden.

Das erstaunt uns zwar, muss aber in der Natur gegeben sein. Sonst kann die Eigenart der Etwas weder aufkommen noch sich erhalten. Ohne Teile besteht aber das Sein nicht. Ist es gegeben, so folgt daraus, dass die Etwas ihre Eigenart erhalten, also selektiv Äther austauschen.

Wie machen die Etwas das? Studieren sie vorsorglich Wahlplakate und machen sie dann sorgenvolle Kreuzchen?

Wie wir uns vielleicht erinnern, selektiert jedes Atom seine Elektronen, und jedes Elektron seine Photonen. Die Elektronen müssen im Atom so entstehen, wie es dem Zustand des Atoms und seiner Bewegung entspricht, somit auch seinem inneren und äußeren Äther.

Wenn die Elektronen kondensiertes Licht sind, wie ich behaupte, dann muss die Zusammensetzung des Äthers genau der Zusammensetzung der Elektronen entsprechen. Sie muss nicht gleich sein, aber jeder Absorption muss eine Emission folgen und umgekehrt. Die Zusammensetzung erfolgt gegengleich, aber Photon für Photon, mit der Genauigkeit des Lichtes.

Jetzt fragen wir nochmals nach, wie die Etwas ihre Wahl treffen, wie sie unterscheiden und entscheiden, wie sie also selektieren.

Die Anpassung der Rotation

Was den Etwas als Mittel der Selektion zur Verfügung steht, das ist lediglich ihre Rotation. Allerdings genügt sie dem auch. Sie vereint Absorption und Emission, und damit den Verband oder Körper.

Das bedeutet, dass sich der Verband jedes Mal anders und neu zusammensetzt, wenn er neuen Äther aufnimmt. Insofern geschieht der Stoffwechsel notwendig. Die Absorption ist unvermeidbar.

Dann aber formt sich der Verband neu. Seine Rotation wird neu zusammengesetzt. Ungeeignete Substanzen oder Subkörper erweisen sich als unhaltbar, als nicht integrierbar. Sie emittieren gegen den Verband und können nicht weiter zerlegt werden. So bleiben sie unbrauchbar und werden überschüssig.

Die Selektion ist demnach eine Umformung des einverleibten Äthers nach seiner Absorption. Sie, die Selektion, geschieht ebenfalls notwendig. Aber jetzt kommt auch der erste Hauch von Freiheit ins Spiel.

Erweist sich nämlich die Umformung der Rotation als brauchbar, als stabil, so genügt sie dem neuen, vergrößerten Verband. Seinerseits wird der Verband halten, aufrecht bleiben, indem er umfassender rotiert.

Der Hauch von Freiheit liegt nun darin, wie der Verband seine Rotation umformt. Hat er mehrere gleichartige Subkörper zur Verfügung, um seine Rotation zu vervollständigen, so wird er jene Subkörper auswählen, deren Aufnahme am besten funktioniert.

Der erste Grad der Freiheit

Die höheren Körper verfügen über eine höhere Form der Rotation. Ihre Rotationsweise ist vielfältiger zusammengesetzt. Die höheren Körper können deshalb ihre Rotation auch vielfältiger verändern oder umformen. Damit steigt ihr Freiheitsgrad in der Selektion.

Schließlich erlangen die Doppelspiralen die Fähigkeit, kontrolliert und damit zweckgerichtet Stoff zu wechseln. Damit beginnt das Reich der Freiheit inmitten der Notwendigkeit des Stoffwechsels. Während der Austausch notwendig fortschreitet, erlaubt die Selektion, dem Zweck der Zelle zu entsprechen.

Deshalb ist die Freiheit eine notwendige Eigenschaft des organischen Lebens. Ohne Freiheit gibt es kein organisches Leben.

Auf der ersten Stufe des organischen Lebens, im pflanzlichen Leben, beschränkt sich der Zweck des Stoffwechsels auf seine Vermehrung und Fortpflanzung. Deshalb beschränkt sich die Freiheit der Pflanze darauf, wo und wie sie ihre Zellen teilt, das ist, vermehrt und fortpflanzt.

6.5 Die Mutation

Die Körper passen ihre Rotationsweise und damit ihre Form umso mehr an, je höher sie entwickelt sind, je vielfältiger sich ihre Verbände zusammensetzen. Diese Entwicklung vollzieht sich ebenso notwendig, wie der Akt des Stoffwechsels selbst.

Allerdings haben die organischen Lebensformen die Fähigkeit der vollständigen Selektion entwickelt. Die Zelle wählt, was sie nimmt und gibt. Darin ist sie frei.

Nun überlasten wir die Zelle. Wir stellen ein ungeeignetes Angebot bereit, zu dichten, zu dünnen, oder zu fremden Stoff. Die Zelle wird zuerst ihre Fähigkeiten ausschöpfen, die Rotationsweisen ihrer Moleküle anzupassen. Das aber scheitert in der Überlastung. Also werden die Kettenmoleküle aufbrechen. Es kommt zur selben Situation, die auch zum Aufbau der Doppelhelix führte. In der Folge wird die Zelle neue Doppelspiralen bauen. Sie hat mutiert.

War dies nun ein Akt des Zufalls, der Freiheit, oder der Notwendigkeit?

Es war nichts davon. Es war ein Kunststück des Lebens, seine Zwecke fortzusetzen, auch unter Preisgabe der eigenen Verbände. Der organische Stoffwechsel kann seine Kontrolle kurzfristig auf bevorstehende Akte des Austausches erstrecken. Der organische Stoffwechsel kann Risiken überbrücken, indem er die Zukunft vorwegnimmt. Dies ist möglich, soweit der Innenraum der Doppelhelix ausreichend lange ruhig bleibt, um neue Moleküle zu bauen und in die zerbrochenen Ketten einzugliedern. Oder: solange der innere Äther ausgeglichen bleibt, solange hat das Leben Bestand und Zukunft.

7. Das Bewusstsein

Jetzt sind unsere tierischen Zellen soweit gerüstet, dass wir sie in die raue Wirklichkeit des Seins entlassen können. Sie begegnen den vielfältigen Anforderungen mit vielfältigen Akten der Selektion, oder bei Überlastung, mit Mutationen. Es kommt zur Bildung immer neuer Zellen, die immer besserer Arbeitsteilung entsprechen, das ist, immer besser den Zwecken des Tieres. Wir dürfen diese neuen Zellverbände höhere Organe nennen. Es sind nicht wie oben arbeitsteilige Organe innerhalb der Zelle, sondern bereits Organe aus arbeitsteiligen Zellverbänden. Augen entstehen, Ohren, Nase, Herz, Lunge, Blutgefäße, Knochen und Muskeln, was ein Tier eben so braucht, um sich fortzubewegen.

Allerdings ist die willkürliche Fortbewegung nicht der einzige Zweck des tierischen Lebens. Zum Wechsel der Lebensräume kommt die Anpassung an das immer neue Angebot im Stoffwechsel hinzu. Es entstehen Organe wie Zähne, Zunge, Magen, Darm.

Mit den Sinnesorganen und Verdauungsorganen ist es jedoch nicht getan. Was das Tier überdies braucht, ist ein Gedächtnis. Das Tier muss sich erinnern können, was wo wie funktioniert hat und wieder so funktionieren sollte oder könnte. Das Tier beginnt mittels Versuch und Irrtum zu lernen.

Es bilden sich Zellen, die den Spannungszustand der Muskeln kontrollieren. Weitere Zellen, die die Eindrücke der Sinnesorgane weiterleiten, verarbeiten und in ihrer molekularen Struktur speichern. Nervenzellen wachsen, verknoten sich, ein

Gehirn entsteht, ein Bewusstsein.

Zwar selektiert auch die Pflanze ihre Nahrung, nämlich die Moleküle die sie aufnimmt, aber das Tier selektiert nicht nur Moleküle, sondern bereits organisches Leben. Zu diesem Zweck hat es alle seine höheren Organe ausgebildet.

Das Tier muss sich orientieren können, sich koordiniert bewegen, sich von seinen Sinneseindrücken und Erinnerungen lenken lassen, und es muss seinen Zwecken bewusst folgen können. Aus dem Zweck wird die Absicht, der Wille hält Einzug in das Sein.

So finden wir die zweite Stufe des organischen Lebens, die bewusste. Die Freiheit des Tieres erstreckt sich neben der Vermehrung und Fortpflanzung der Zellen auf die Selektion des Lebensraumes und des körperlichen Nahrungsangebotes. Das Tier bewegt sich willentlich, weil es bewusst stoffwechselt. Sein Bewusstsein eröffnet ihm die Freiheit der Absicht und des Willens inmitten der Notwendigkeit des Stoffwechsels.

7.1 Der Ursprung des Willens

Das Bewusstsein bedarf des Gehirnes und aller anderen Nervenzellen als materieller Basis, als Träger der Stoffwechsels. Aber das Bewusstsein kann sich gegenüber seiner materiellen Basis insofern verselbständigen, als das Gehirn seinen Stoffwechsel steuern kann, und damit die Tätigkeit der Nervenzellen kontrollieren kann.

Dazu ist erforderlich, dass die Zellen des Gehirns den Stoffwechsel der anderen Nervenzellen abbilden, vorwegnehmen und schließlich mit ihrem eigenen Stoffwechsel eingreifen. Hier summieren sich die Dominanz des Kerns gegenüber den

Schalen, die Dominanz des Zellkerns gegenüber der Zelle, und die Dominanz der Doppelhelix gegenüber anderen Molekülen.

Immer aber ist es die vielfältigere Rotation reichhaltigerer Verbände gegenüber einfacheren Rotationsformen kleinerer Verbände. Es bedarf keiner anderen Zutat, um die Kontrolle des Stoffwechsels immer umfassender und wirksamer auszudehnen, bis hin zur Kontrolle des Denkens.

Damit das Gehirn seinen eigenen Stoffwechsel steuern kann, muss es in sich geteilt sein. Jede Funktion muss mindestens zweifach ausgeübt werden. Die einen Zellen müssen es den anderen gleichtun und Fehler oder Disproportionen ausgleichen. Es ist dieselbe Situation wie in der Doppelhelix.

Allerdings werden immer mehr Zellen zwischengeschaltet, in denen verschiedene mögliche Ergebnisse untersucht und abgespeichert werden können. Das Gehirn wächst nicht nur, sondern es kann immer mehr entscheiden, je mehr eigene Ergebnisse es beobachten, speichern und selektieren kann.

Zweifellos kann das Tier Entscheidungen treffen. Es kann auf verschiedene Möglichkeiten mit verschiedenen Verhaltensweisen reagieren. Es kann seine Absichten ändern. Es kann also seinen Willen steuern. Das Tier weiß, was es will, und es wird seinen Zwecken solange folgen, als ihm das möglich erscheint. Treten widrige Umstände oder begehrlichere Zwecke dazwischen, so ändert das Tier seinen Willen.

Das bedeutet, dass der Wille ein bewusster Zweck ist. Das Gehirn kann den Zweck im Gedächtnis behalten, zwischen verschiedenen Zwecken entscheiden, und dem Zweck genehme oder widrige Umstände erkennen. Umgekehrt ist das Gehirn das Organ zur Selektion der Zwecke.

Kritik der Anpassungstheorie

Darwin sagt, dass die Mutationen der Zellen zufällig eintreten. Dann zeigt sich in der Fortpflanzung, welche Mutationen dem Überlebenskampf besser entsprechen. Diese Merkmale werden vorrangig vererbt, die anderen sterben schließlich aus. Auf diese Weise setzen sich die tüchtigsten oder am besten angepassten Tiere durch, so sein Resümee.

In anderen Worten: in der Fortpflanzung setzen sich jene Mutationen durch, welche die Fortpflanzung begünstigen. Der Rest ist Darwins Zutat.

Nun frage ich, welche Mutationen die Fortpflanzung begünstigen.

Ich erinnere: zur Mutation kommt es, wenn die Doppelhelix aufgrund von Überlastung oder Mangel aufbricht, dann neue Moleküle bauen und sich schließlich neu verketten muss. Dass dies nicht zufällig geschieht, sondern erstens notwendig, und zweitens den Zwecken der Doppelhelix entsprechend, habe ich bereits dargestellt.

Jetzt behaupte ich, dass jede Mutation die Fortpflanzung begünstigt. Unterbleibt nämlich die notwendige Mutation, so stirbt die Zelle an ihrer gebrochenen Doppelhelix. Sie kann ihre Kontrolle des Stoffwechsels ohne Mutation nicht aufrecht erhalten. Mutiert sie dagegen, so wird sie eben dadurch ihre Kontrolle fortpflanzen, ihre Art und Weise des Stoffwechsels.

So gelange ich zu der Frage, welche Mutation sich vererben wird, und welche nicht. Das freilich bleibt den Fortpflanzungspartnern überlassen. Sie selektieren einander nach ihren Zwecken. Nicht wir sie nach unseren. Das ist eine wichtige Unterscheidung. Wir müssen von uns absehen, wenn wir das

Paarungsverhalten von Tieren verstehen wollen.

Die Pärchen paaren sich nach ihrem Bewusstsein. Sofern die Mutationen ihrer Zellen noch nicht im Gehirn abgebildet sind, oder sofern die Mutationen nicht im Gehirn selbst stattgefunden haben, sofern verändern die Mutationen das Bewusstsein nicht. Sind dagegen die Mutationen bereits sinnlich wahrnehmbar, werden sie das Bewusstsein der Pärchen verändern. Sie werden dann zum Gegenstand bewusster Selektion.

Das Bewusstsein ist allerdings das Mittel zur Selektion der Zwecke. Also werden die Pärchen darnach urteilen, ob die sinnlich wahrnehmbaren Mutationen ihren Zwecken entsprechen oder nicht. Wenn ja, werden sie vererbt, wenn nein, dann eben nicht.

Daraus folgt, dass jene Mutationen vererbt werden, die den Zwecken des Tieres bewusst entsprechen. Die Fortpflanzung dient demselben Zweck wie die Mutation, nämlich die eigene Kontrolle des Stoffwechsels fortzusetzen.

Kritik der Evolutionstheorie

Darwins Kerngedanke ist der, dass die Selektion in der Fortpflanzung darüber entscheidet, welche zufälligen Mutationen überleben, und welche aussterben. Daraus erkläre sich dann die Ausbildung neuer Merkmale, Organe und Arten.

Da darf ich zuerst vermuten, dass die Selektion nur dann erfolgt, wenn mehrere Partner zur Auswahl stehen. Trifft dies nicht zu, so bleibt zu erklären, wie sich dann neue Merkmale, Organe und Arten ausbilden. In diesem Fall muss ich folgern, dass die Mutationen selbst am Werk sind, ohne auf das Paarungsverhalten zu warten.

Dann nehmen wir den Fall, wo zwei Männchen beim selben Weibchen auftauchen. Sie werden kämpfen, weil das ihren Zwecken entspricht. Erst wenn ein Männchen aufgibt, seine Absichten ändert, kann das Paar sich paaren. Aber das Weibchen wählt nicht den Stärkeren. Es wartet seinerseits nur entsprechend seiner eigenen Absicht. Beide Partner folgen ihrer Absicht und damit ihrem Bewusstsein solange, bis auch die Umstände entsprechen.

Würde das Weibchen wählen, so würde es dem erwählten Partner Zeichen geben und sich entfernen. Der Partner würde folgen, es käme nicht zum Kampf. Das Weibchen wartet jedoch in dem Bewusstsein, dass beide Männchen sich vorerst nicht paaren wollen, sondern eben kämpfen. Dass das Weibchen den Stärkeren bevorzugt oder erst von ihm erregt wird, das erfinden wir aus eigenen Interessen oder Vorlieben, das unterstellen wir. Wenn wir ehrlich beobachten, sehen wir viele Paarungen in der Tierwelt, die ohne vorausgehende Kämpfe stattfinden, wo also die Pärchen ihrem Bewusstsein direkt folgen.

Ähnlich verläuft die Entwicklung des Bewusstseins und der Paarung auch dann, wenn zwei Weibchen beim selben Männchen auftauchen. Nur verzichten die Weibchen auf lange körperliche Kämpfe und setzen mehr auf ihre Zeichen oder Duftstoffe. Worauf sie allerdings nicht verzichten, ist eine eingehende Prüfung des Männchens, entspricht dies doch ihren Zwecken.

Anmerken möchte ich, dass der Kampf um die Fortpflanzung demselben Zweck dient wie schon die Mutationen. Nur weil die Tiere nicht reden können, müssen sie ihr Bewusstsein durch Kämpfe oder Versuche bilden und entscheiden lassen.

Das ist nur ihre Art und Weise, ihr Bewusstsein fortzusetzen, und damit wieder ihre Zwecke.

7.2 Der Mensch

Unsere beispiellosen Tiere sind inzwischen soweit gediehen, dass sie Sinnesorgane, Bewegungsorgane und Verdauungsorgane aufweisen. Jetzt befinden sie, sie wollen nicht alles gleich ins Maul nehmen, was von Interesse sein könnten. Also zwicken sie zwischen die Vorderpfoten ein, was sie beschnüffeln oder belecken wollen. Dabei sind jene Exemplare im Vorteil, die sich öfter aufrichten, weil sie klettern und gelbe, leicht gekrümmte Früchte pflücken. Ihre Gewohnheiten sind ein geduldiger Anreiz für die Zellen, ihrer chronischen Überlastung durch Teilung und Anpassung vorzubeugen.

Freilich würden unsere Vorläufer lieber auf den Zufall setzen, um die Evolution einzuläuten. Aber sie haben vom Zufall nur die Vorstellung, dass ihnen zufällt, was sie sich nehmen. Also greifen sie eifrig nach den Früchten ihrer Vorstellung, und so wächst ihre Hand wie von allein.

Natürlich wollen sie sich zwischendurch vermehren, bevor ihre Hand ganz fertig ist, so etwas kann ja Generationen dauern. Also halten sie Ratschluss ab, wer besser Früchte greifen kann, oder auch, wer die Kleinen zärtlicher anfasst. Derjenige darf dann öfter für Nachwuchs sorgen, als seine sorglosen Artgenossen. Denn die Weibchen studieren ihren Charles sorgfältig. So wissen sie immer rechtzeitig Bescheid, welchem Charlie sie gefallen wollen.

So oder so ähnlich, inmitten von soviel Selektion wächst die Hand zu einem neuen Organ der Selektion heran.

Aber sie ist oft zu schwach. Warum sollen die anderen nicht mithelfen? Also packt mal an! Aber wie sag ich es ihnen? Als gelernter Affe habe ich eine Stimme und eine Menge Laute. Also mache ich davon Gebrauch, bis ich verstanden werde.

Dann aber bin ich schon zu einem Menschen geworden.

Ich habe ganz zufällig auf die Sprache gesetzt und die Sprache ist ganz zufällig bei mir eingetroffen. Na, auch gut. Alle Kinder der Evolution sind ja angeblich Kinder des Zufalls. Hauptsache, ich kann meine Gedanken jetzt in Schubladen legen. Ich gebe den Dingen Namen und lege sie in meinem Gedächtnis ab. Das heillose Durcheinander, das dort herrscht, beherrscht meine Träume. Aber wenn ich aufwache, kann ich mit den Namen nicht nur meine Hände lenken, sondern auch andere Hände und Gedanken. Das ist doch praktisch, und eigentlich menschlich, wenn es beiderseits funktioniert.

Kann ich aber meine Hände lenken, so lenke ich ein Organ der Selektion, das der eigentlichen Nahrungsaufnahme vorausgeht. Ich kann also arbeiten.

Kann ich meine Gedanken lenken, so kann ich auch selektieren, welche Gedanken ich verfolgen soll, und welche nicht. Ich kann also mein Denken kontrollieren.

Nun sehe ich als kleines Kind meiner Hand zu, und sehe, dass sie meinen Gedanken gehorcht. Ich übe das samt entsprechenden Kommentaren, bis ich erkenne, dass meine Hand so zu mir gehört wie meine Stimme und meine Gedanken zu mir gehören.

Ab diesem Zeitpunkt bin ich mir meiner Gedanken bewusst, meiner Kontrolle über mein Tun, meiner Kontrolle über mein Lassen, meiner Kontrolle über meine Selektion, meiner

Kontrolle über meine Stimme und über mein Denken. Ich habe ein Selbstbewusstsein ausgebildet. Ich weis von mir, von meinem Vermögen, zu denken, und meine Gedanken lenken zu können.

Ab da will ich sprechen, ich will meine Gedanken mitteilen, meine Wünsche, meine Ängste, meine Ideen. Ab da will ich hören und sehen, wie die anderen denken und fühlen. Ich will verstehen, was die anderen tun, warum sie es tun, und wie sie es tun, warum sie es nicht anders versuchen.

Ich will also auch verstehen, wie die anderen entscheiden, wie sie ihre Gedanken lenken, wie sie sich ihres Bewusstseins bewusst sind.

Habe ich das erkannt, so bin ich erwachsen geworden. Ich kann meine Haltung von der Haltung der anderen unterscheiden, sie billigen oder ablehnen. Meine Meinungen sind zu jener Gesinnung geworden, die ich lebe. Meine Gesinnung ist meine Selektion, welches Leben ich zu leben versuche, welches Leben ich leben will.

8. Das Selbstbewusstsein

Die Pflanze steuert ihre Zellteilung ohne Bewusstsein. Das Tier steuert seine Zellteilung, indem es seine Bewegungen und seine Nahrungsaufnahme, sein Tun und Lassen, sein Verhalten bewusst entscheidet. Das Bewusstsein macht aus dem zweckgerichteten Stoffwechsel eine Absicht.

Wir Menschen nennen die Absichten des Tieres gerne Instinkte oder Triebe. Sie erscheinen uns unkontrolliert. Wir verfügen also auch über eine Kontrolle unserer Absichten,

Instinkte oder Triebe. So wollen wir hoffen.

Wenn wir verschiedene Absichten zusammenfassen, die denselben Zweck verfolgen, sprechen wir vom Willen. Wenn das Tier trinken will, geht es zum Wasser. Wenn das Tier die Absicht hat, zu trinken, taucht es die Zunge ein. Die Absicht ist also unmittelbarer. Der Wille nimmt Umwege und Vorbereitungen in Kauf, er ist eine vom Denken gesteuerte Absicht. Wir können auch sagen, der Wille ist der bewusste Stoffwechsel.

Das Tier kann zwar verschiedene Absichten abwägen, und dann die zweckmäßigste wählen, aber sein Bewusstsein folgt den Zwecken gleichermaßen wie den Umständen, Möglichkeiten oder Bedingungen. Ändern sich die Umstände, so ändern sich die Zwecke, bis wieder günstigere Umstände eintreten.

Das Tier weiß, was es will. Aber es weiß nicht, was sein Wille bedeutet. Das Tier kann nicht zwischen verschiedenen Willensinhalten wählen, weil es die Ergebnisse nicht vorwegnehmen kann.

Wenn wir eine Instanz suchen, die den Willen kontrolliert, dann suchen wir nach einer Möglichkeit, verschiedene Willensinhalte abzuwägen, ihre Ergebnisse zu selektieren. Wir suchen also nach einer Kontrolle des Bewusstseins, und diese Kontrolle ist das Selbstbewusstsein.

Das Selbstbewusstsein steuert das Denken. Es erlaubt dem Menschen, die Ergebnisse seines Denkens auszuwählen. Das Selbstbewusstsein ist die Selektion der Bewusstseinsinhalte, der Gedanken.

8.1 Die Vernunft

Wieder bedarf es zur Kontrolle des Denkens mindestens der Verdoppelung des Denkens. Dabei wird es Unterschiede geben zwischen Groß- und Kleinhirn, zwischen den beiden Gehirnhälften, zwischen verschiedenen Regionen des Gehirns und anderen Nervenzentren im Körper. Aber alle diese Zellen arbeiten darin zusammen, ihre Möglichkeiten und Ergebnisse auszutauschen, bis die Entscheidung fällt.

Das bewusste Fällen der Entscheidung ist die Vernunft. Das bedeutet noch nicht, dass die Entscheidung vernünftig sein muss, sie kann auch unvernünftig ausfallen. Aber die Tätigkeit der bewussten Abwägung und Selektion der denkbaren Zwecke, diese Tätigkeit ist die Vernunft. Sie ist die eine Fähigkeit des Selbstbewusstseins.

Die andere Fähigkeit des Selbstbewusstseins ist es, Gefühle bewusst machen zu können, sie ändern zu können, sie also kontrollieren zu können. Das gelingt uns meist viel weniger, als unser Denken zu steuern. Und solche Entscheidungen nennen wir dann oft unvernünftig.

In Wahrheit aber entscheidet sich unser Lebensweg meist gefühlsmäßig. Alle unsere wichtigen Entscheidungen werden bewusst oder unbewusst, aber hauptsächlich von Gefühlen getragen. Die Vernunft ist eine Untermauerung unserer Entscheidungen, eine vorausgehende Prüfung unserer Zwecke, soweit unser Denken eben reicht.

Weil aber unser Denken nicht sehr weit reicht, sicher nicht bis an das Ergebnis unserer Lebensetappen, entscheiden wir schließlich und letztlich gefühlsmäßig. Umgekehrt ergeben sich die Lebensetappen daraus, wo unsere Entscheidungen sich als nicht länger tragfähig erweisen. Dort erwirkt die Entwicklung unseres Bewusstseins, die wir die so genannten Umstände nennen, dort erwirken unsere neuen Gefühle neues Denken, neue Zwecke, neue Absichten, und in der Folge auch neue Lebensabschnitte. Bei Schicksalsschlägen geht dies nur so rasch, dass wir überrascht und überwältigt werden. Aber das Schicksal, das sind wir selbst, das ist unser Selbstbewusstsein.

Das Selbstbewusstsein ist die Kontrolle des Denkens und Fühlens, so auch der Wahrnehmung, der Absichten, des Willens. Das Selbstbewusstsein ist die Selektion unseres Menschseins, unserer Person.

8.2 Das höhere Bewusstsein

So ausgestattet haben wir eigentlich alle Möglichkeiten offen, die das Denken als zweckmäßig erkennt. Unsere Phantasie erlaubt es uns, so zu werden, wie wir wollen, solange wir unsere Ideen zwischen richtig und falsch unterscheiden können, und den richtigen Ideen zu folgen vermögen. Wir können unser Menschsein gestalten. Dazu bedürfen wir nur unserer Vernunft, unserer Gefühle, unseres Willens, unserer Arbeit. All das sind Selektionsformen des Stoffwechsels, von der Zelle aufwärts. Über alle diese Selektionsformen verfügen wir. Aber welche sind die richtigen Ideen? Oder, anders gefragt: welchen Zwecken soll sich der Mensch widmen?

Ist es der Zweck des menschlichen Lebens, die Zwecke des Menschen vernünftig zu machen?

Da möchte ich Zweifel anmelden. Es klingt zwar verlockend, nie wieder unvernünftig zu entscheiden, aber das ist eine Illusion. Unsere Vernunft reicht nicht bis ans Ende unserer

Tage, weder des Einzelnen, noch der Gemeinschaft. Eine solche Vernunft, die das glaubt, die sich das einbildet, erstarrt leicht zum Dogma. Sie verkehrt sich dann in ihr Gegenteil, in Unvernunft, in einen Irrglauben. Dogmen richten Schaden an, weil sie das Denken, die Genese der Vernunft unterbinden.

Als ein Beispiel möchte ich Gesellschaftsformen anführen, die sich solchen Zwecken widmen, die sie zu überblicken glauben und für gut befunden haben. Das Ergebnis sind im Denken Ideologien, und im Leben Gewalt. Der Zweck heiligt die Mittel, ist der Slogan solcher Gebilde. Das besagt soviel, das wir den Ansatz verwerfen müssen.

Ich probiere einen anderen Ansatz: der Zweck ist nicht überblickbar, er ist also notwendig unvernünftig. Trotzdem wollen wir auf unser Denken nicht verzichten, soll es uns doch vor Schaden möglichst bewahren, und mehr noch, möglichst viele Möglichkeiten der Lebensgestaltung wahrnehmen und auch selbst eröffnen.

Wir haben also einen im Ergebnis offenen Zweck und eine voraustastende Vernunft. Das ist unser Ausgangspunkt. Daraus ergibt sich ein Weg. Die Vernunft ist der Wegweiser. Die Gefühle sind der Schrittmacher. Und der Weg selbst, das ist das Leben.

Unser Leben ist unweigerlich eingebettet in die Natur und in die Gesellschaft, allerdings unzureichend. Daraus ergeben sich zwei absehbare Zwecke, im Ergebnis offen, aber erkennbar:

Erstens: unser Leben ist schlecht eingebettet in die Gesellschaft. Unsere Gesellschaft ist kein Nest für den Nachwuchs, sondern ein Kampfplatz für die Eltern. Anscheinend können wir es noch nicht besser. Womöglich ist uns das Geld wichtiger als die Person. Meines Erachtens ergibt das ein recht hilfloses Leben. Hier ersetzt, verdrängt das Mittel den Zweck. Nur soviel sei hier gesagt. Es ist ohnehin schon fast allen klar: da gibt es einiges zu tun.

Zweitens: unser Leben ist schlecht eingebettet in die Natur. So wie es aussieht, haben wir noch einige Chancen, den Planet nicht als Lebensraum zu zerstören. Aber wir dürfen nicht länger ignorant sein und nicht länger warten. Wir haben schon zu viele Arten verdrängt und kommen bald selbst an die Reihe. Wenn wir so weiter leben, werden wir den Mikroben und Insekten Platz machen. Die sind nämlich viel besser als wir, was die Einbettung in die Natur betrifft.

Ich möchte keine Erlösungstheorie aufstellen, aber eine Entscheidungshilfe formulieren:

Der höhere Zweck ist der umfassendere im Sinne aller Lebewesen. Er sichert das Leben längerfristiger, reichhaltiger und zahlreicher. Er zieht mehrere Ergebnisse in Erwägung als der niedere Zweck. Das bezieht sich auf alle Mitglieder der Gesellschaft, auf alle lebenden Arten, überhaupt auf die ganze Natur. Schließlich ist es die Natur, die beide, das Leben und die Gesellschaft umfasst, und die beide dadurch erst ermöglicht.

Die Verfolgung des höheren Zwecks, das ist die Verfolgung des ethischen Zwecks. Umgekehrt ist die Ethik die Kritik des Zwecks. Die Entwicklung der Ethik, des ethischen Zwecks, das ist das höchste Denken, das höchste Bewusstsein, das der Mensch erlangen kann. Es ist die höchste Form der Selektion im Stoffwechsel, welche die Natur hervorbringt.

Noch ein Aspekt ist hier wichtig: der Mensch löst Probleme des Lebens wie das Tier, aber darüber hinaus formuliert er auch Ziele. Der menschliche Zweck ist nicht nur notwendig, sondern auch freiwillig.

Wenn der Mensch ethische Ziele formuliert und lebt, dann führt er das Leben aus dem Reich der Notwendigkeit in die Gefilde der Freiheit. Ich möchte sagen, wenn es eine Bestimmung des Menschen gibt, dann ist es diese. Aber ich möchte auch dazusagen, dass spätere Generationen ganz neue, bisher undenkbare Ziele formulieren werden. Wir dürfen nur ihren Lebensweg nicht abschneiden, den Weg der Selektion in die Freiheit.

8.2.1 Kritik des höchsten Zieles

Auf meinem Weg habe ich den Beginn des organischen Lebens aufgefunden, als ich dem Zweck begegnet bin. Die Doppelhelix war der erste Verband, der kontrolliert und so auch zweckmäßig stoffwechseln konnte. Wenn ich mir nun vergegenwärtige, dass der Zweck dort erstmals auftauchte, und über alle Zellen und Lebensformen seither weiter entwickelt wird, so erhebt sich die Frage, wo der Zweck aufhört. Gibt es einen letzten oder höchsten Zweck? Hat aller Zweck des organischen Lebens ein Ziel? Hat die ganze Natur einen Zweck oder ein Ziel? Und wenn ja, was ist dann dieses Ziel?

Die Doppelhelix verfolgt den Zweck, ihren Bestand zu sichern. Weil dies unter verschiedensten Umständen und Anforderungen erfolgt, vervielfältigt die Doppelhelix ihre Zwecke, und damit sich. Alle Zellen und organischen Lebensformen verfolgen denselben Zweck. Sie sichern ihren Bestand, ihr Überleben, und zugleich macht das ihre Entwicklung aus, ihre Diversifikation. Das organische Leben beruht in allen seinen Formen auf dem Zweck, denn es ist selbst dieser Zweck, nämlich die Fortsetzung des kontrollierten Stoffwechsels.

Der Zweck des kontrollierten Stoffwechsels ist immer derselbe, nämlich die Fortsetzung der Kontrolle. Weil aber die Bedingungen wechseln, entwickelt sich die Kontrolle des Stoffwechsels zu immer höheren Formen. Diese Formen sind immer komplexere Rotationsweisen, vielfältigere Verbände, höhere Körper und so auch höher entwickelte Lebensformen.

Der Zweck entwickelt sich immer höher, obwohl er immer ein und derselbe Zweck bleibt, nämlich die Fortsetzung des organischen Lebens. Die Entfaltung der Lebensformen erwächst aus einer einzigen, gleichbleibenden Ursache, die sich aber selbst entfaltet, auffaltet, diversifiziert, immer vielgestaltiger und reichhaltiger entwickelt. Der Zweck der Lebenserhaltung generiert immer neue Zwecke, und damit zugleich immer neue Arten der Lebenserhaltung. Der Ursprung der Arten ist der eine und einzige Zweck, das organische Leben fortzusetzen.

Der Grund des Zwecks bleibt immer derselbe, nämlich die Lebenserhaltung, während sich die Arten oder Daseinsformen des Zwecks ständig weiter entwickeln und auffalten. Der Zweck bleibt im Grunde gleich, obwohl er in ständig neuer Ausprägung wiederkehrt.

So erhalte ich: es gibt keinen letzten Zweck, der nicht auch dem ersten Zweck entspräche, nämlich der Erhaltung des organischen Lebens. Weil der Zweck im Grunde immer gleich bleibt, sind der erste und der letzte Zweck derselbe Zweck.

Weil aber der Zweck nur derselbe bleibt, indem er seine Daseinsformen entfaltet, gibt es keine letzte Daseinsform oder Ausprägung des Zwecks. Es gibt keine letzte oder höchste Art oder Gattung des organischen Lebens. Auch der Mensch wird sich zu einer höheren Art fortentwickeln.

Wollte ein höchster Zweck auftauchen, würde er selbst dem organischen Leben ein Ende setzen. Denn diese letzte Lebensform könnte nicht mehr auf neue Bedingungen reagieren, sie könnte sich nicht fortsetzen. Der höchste Zweck würde sich selbst widersprechen.

Daraus ergibt sich, dass die Natur keinen letzten oder höchsten Zweck hat. Die Natur beinhaltet nur den einen immer gleichbleibenden Zweck, den sie selbst aus sich hervorbringt: nämlich die Erhaltung des organischen Lebens durch dessen Entfaltung.

Wenn wir uns das veranschaulichen wollen, müssen wir uns nur wieder an die Pflanzen erinnern. Sie entwickeln sich immer weiter, ohne jemals eine höchste Art oder letzte Pflanze hervorzubringen. Kommt es zu Katastrophen, fangen die Einzeller von vorne wieder an. Aber ein Ende oder letztes Ziel der Entwicklung ist nicht absehbar.

8.2.2 Kritik der Kausalität

Entwickeln sich Nervenzellen, die die Zwecke anderer Zellen kontrollieren, so kontrolliert das Bewusstsein den Zweck. Der Zweck der Lebenserhaltung tritt im Empfinden, Fühlen und Denken als eine erste Ursache auf, die ständig neue Zwecke hervorbringt, und damit neue Ursachen.

Das eigene Dasein im Bewusstsein

Wer dürstet, muss trinken. Der bewusste Zweck macht sich im Bewusstsein als Gebot selbständig, dem Folge zu leisten ist. Der bewusste Zweck wird zum Gebieter, das ist auch: zum Urheber der Ordnung. Der Durst ist die Ursache des Trinkens. Das Trinken ist eine Folge des Durstes und bewirkt seine Aufhebung. Die Wirkung des Trinkens ist die Löschung des Durstes. So sieht das Denken das Leben geordnet, weil als Folge von Ursache und Wirkung.

Der bewusste Zweck wird im Bewusstsein zur Ursache der Ordnung. Das eigene Dasein wird als geordnet, als kausal und zielgerichtet aufgefasst, denn es folgt immer den eigenen Zwecken. Das Dasein des organischen Lebens folgt immer einer bewussten Ursache, die eine weitere bewusste Ursache hervorbringt, sobald die Wirkung erzielt oder erreicht ist.

Die Wirkung ist die Fortsetzung des Lebens. Auch die Ursache ist die Fortsetzung des Lebens. Beide sind dasselbe. Ursache und Wirkung sind in der Natur derselbe Zweck des organischen Lebens, nämlich die Erhaltung der Kontrolle im Stoffwechsel. Wir können auch sagen: Ursache und Wirkung sind das Bewusstsein von der Fortsetzung des organischen Lebens.

Weil jeder Zweck einen Grund hat, erscheint die Folge der Zwecke von Grund auf als begründet, als logisch, als kausal. Und auch dem Ziel nach erscheint die Folge der Zwecke als logisch, begründet und kausal. Von Anfang bis Ende erscheint das Dasein zweckgerichtet, einem Ziel folgend, teleologisch.

Das organische Dasein ist jedoch nur der Vollzug dieses einen Zwecks, sich fortzusetzen. Das Leben unterscheidet sich nicht von dem Zweck, sich fortzusetzen.

Allerdings tritt das Bewusstsein in den Vordergrund. Es geht dem Dasein des organischen Lebens voraus. Es setzt sich primär. Es setzt sich selbst voraus. Zuerst kommt der bewusste Zweck, und dann verursacht er bestimmte Verhaltensweisen oder Akte des Stoffwechsels. Und das ist ja auch der Zweck des Bewusstseins. Es soll die Kontrolle übernehmen. Aber der Zweck des Bewusstseins ist derselbe Zweck wie der Zweck des organischen Lebens, nämlich sich fortzusetzen.

Oder einfach: die Fortsetzung des organischen Lebens teilt sich in das lenkende Bewusstsein und in das gelenkte, bewusste Leben. Mit dem Denken schafft sich der Zweck ein Mittel, seine Ergebnisse vorweg zu überschauen, und sich so besser fortzusetzen.

Was in der Doppelhelix beginnt, findet im Denken eine Vorwegnahme oder Planung seiner selbst. Der kontrollierte, zweckmäßige Stoffwechsel zeitigt mit den Nervenzellen Organe, die in ihrem Stoffwechsel das Leben als Folge von Ursache und Wirkung abbilden. Damit zeitigt der zweckmäßige Stoffwechsel Ursache und Wirkung als bewusste Vorwegnahme seiner Fortsetzung. Oder auch: das Leben zeitigt Ursache und Wirkung, um sich bewusst fortzusetzen.

Das andere Dasein im Bewusstsein

Die übrige Natur wird im Bewusstsein als Rahmen, Schranke oder Bühne des eigenen Daseins abgebildet. Sofern das Bewusstsein erfolgreich ist, seine Zwecke erreicht, wird auch die übrige Natur als zweckmäßig aufgefasst. Sie erfüllt ja die Zwecke des organischen Lebens, also auch die Zwecke des

Bewusstseins.

Da die Natur den eigenen Zwecken entspricht, wird auch sie als kausal und zielgerichtet wahrgenommen. Eigentlich ist die Natur nur insoweit zweckmäßig, als sich die Doppelhelix am Leben erhalten kann. Aber das genügt dem Bewusstsein als Beweis für die Zweckmäßigkeit der Natur. Denn der Zweck ist auf beiden Seiten wieder derselbe: in der Natur und im Bewusstsein ist es der eine und gleiche Zweck, das organische Leben fortzusetzen.

Das Bewusstsein kann keine anderen Zwecke ausmachen, weil es nur diesen einen Zweck gibt. Weil aber dieser eine Zweck dem Bewusstsein genügt, genügt ihm die ganze Natur als zweckmäßig. Was in der Natur sonst noch vorgeht, das ist für das Bewusstsein ohne Belang. Das ist außerhalb seiner Zwecke und seines eigenen Zwecks oder Daseinsgrundes, nämlich die Kontrolle im Stoffwechsel fortzusetzen.

Da erhebt sich freilich die Frage, ob Ursache und Wirkung auch außerhalb des organischen Lebens gegeben sind. Die Antwort lautet: ja, aber in viel geringer entwickelter Form:

Dem Mangel muss eine Absorption folgen, und damit eine Annäherung. Dem Überschuss muss eine Emission folgen, und damit eine Entfernung. Dem Wechsel von Absorption und Emission muss eine Vereinigung folgen, und damit sowohl die Rotation als auch der Körper.

Körper und Bewegung sind die beiden Vorformen oder Grundlagen von Ursache und Wirkung. Wie wir gesehen haben, genügt diese Grundlage für die Entstehung des Lebens und des Bewusstseins. Aber das Leben erhebt dann Ursache und Wirkung zu seiner bewussten Entwicklung. Indem sich der Zweck als Ursache und Wirkung bewusst macht, erstreckt er seine Kontrolle auf das materielle Leben auch im Denken.

8.2.3 Das Organ des Zwecks

Das Leben beginnt mit dem Zweck, mit dem kontrollierten Stoffwechsel. Sobald neben den Zellen auch Nervenzellen ausgebildet werden, tritt das Bewusstsein ins Leben. Aber das Bewusstsein nimmt den Zweck vorweg. Es ist ein Organ der Selektion und schiebt sich als solches in den Vordergrund.

Zuerst tritt der bewusste Zweck als Urheber der Ursache auf. Du musst trinken, sonst wirst du durstig. Das Bewusstsein wartet den Durst nicht ab, die Ursache des Trinkens. Das Bewusstsein schaut voraus und gibt eine Regel aus, eine Ordnung. Es macht sich zum Regler des Zwecks. Es erhebt sich zur Ordnung.

Aus der Vorwegnahme der Wirkung wird ein Ziel. Trinke, damit du nicht dürstest. Das Ziel setzt die Wirkung voraus und stellt die Ursache als bekannt hintan. Das Ziel kehrt Ursache und Wirkung bewusst um. Im Ziel nimmt das Bewusstsein den Zweck vorweg. Das Bewusstsein erscheint als Urheber des Zwecks, und damit als Urheber von Ursache und Wirkung.

Weil Ursache und Wirkung eine Folge bilden, tritt der bewusste Zweck nicht nur als der erste Grund des Daseins auf, sondern auch als der letzte Grund. Tritt der bewusste Zweck als letzter Grund des Daseins auf, so erscheint er auch als letzter Grund oder als das Ziel aller Daseinsweisen. Alle Formen des organischen Lebens scheinen diesem letzten Ziel zuzustreben.

Weil die übrige Natur diesem Streben des organischen Lebens genügt, sich fortzusetzen, wird auch der Zweck der Natur so aufgefasst, demselben letzten Ziel zuzustreben. Dieses letzte oder höchste Ziel ist jedoch nur dasselbe wie die erste Ursache, nämlich der bewusste Zweck.

Alle Daseinsformen streben so anscheinend nur wieder ihrem Ursprung zu, dem bewussten Zweck, dem Urheber der Ordnung. Das Bewusstsein wird diesem Zweck instinktiv als dem ersten und letzten Grund aller Ordnung folgen. Es ist aber wieder nur sein eigener Zweck, nämlich die Kontrolle im Stoffwechsel und damit das organische Leben fortzusetzen.

Wir können das auch so fassen: das Bewusstsein projiziert seinen Zweck in die Natur. Dort erscheint dieser Zweck als Ordnung der Natur, als der Grund von Ursache und Wirkung. Das Bewusstsein setzt sich und seinen Zweck der Natur voraus, obwohl es erst von der Natur hervorgebracht wird.

Diese gedankliche Umkehrung der Zwecke funktioniert trotzdem, weil nur derselbe Zweck umgekehrt wird. Die Natur bildet das Bewusstsein zu demselben Zweck aus, dem das Bewusstsein in der Folge dient, nämlich den organischen Stoffwechsel fortzusetzen.

Allerdings hat diese Umkehrung der Zwecke der Menschheit eine Fülle von Fragen aufgebürdet, die sie in 24 Jahrhunderten nicht beantworten konnte. Riesige Systeme von geistigen Ordnungen wurden aufgerichtet, die ihren Zweck nicht erfüllen konnten und wieder zerbröselten. Der Fehler war immer derselbe: das Bewusstsein wurde dem Sein vorangestellt. Das Bewusstsein sollte die Ordnung erklären, aus der es selbst entstanden war.

Die Natur bringt jedoch nur diese eine Ordnung aus sich hervor: es ist der kontrollierte, der zweckmäßige Stoffwechsel, der in der Doppelhelix beginnt. Das Bewusstsein ist nur das lebendige Organ dieses einen und immer desselben Zwecks. Das organische Leben ist das zweckmäßige Leben, und das Bewusstsein ist der Garant oder das Kontrollorgan des zweckmäßigen Lebens.

Das Bewusstsein wird vom Zweck ins Leben gerufen, damit sich der Zweck besser erfüllen kann. So können wir auch sagen: das Bewusstsein ist das Organ des Zwecks.

8.2.4 Kritik der Seele

Entwickelt sich ein Gehirn, das die Zwecke des Bewusstseins kontrolliert, so wird das Selbstbewusstsein erkennen, dass das Bewusstsein dem Zweck folgt. Der bewusste Zweck, der Urheber der Ursache, er wird als Gebieter über das Bewusstsein identifiziert, in der Folge auch als Urheber aller Ordnung, Kausalität oder Zweckmäßigkeit in der Natur.

Der erste Grund des Daseins wird als erstes Bewusstsein verstanden, also als erster Voraussetzer oder Schöpfer des Daseins. Der letzte Grund aller Daseinsweisen wird als das höchste Bewusstsein gedacht, also auch als das Ziel der Schöpfung.

Im Grunde bleibt der Zweck derselbe, nämlich die Fortsetzung des kontrollierten Stoffwechsels. Aber dieser Zweck tritt im Bewusstsein als Urheber der Ursache auf, und im Selbstbewusstsein als der Urheber der Natur und ihrer menschengerechten Ordnung. Anders tritt der Zweck nicht zutage. So erhält er einen Namen, der dem Leben der Natur gerecht werden soll: er ist ihre Seele.

Fortan wird die Natur nicht vom Zweck belebt, sondern umgekehrt wird die Natur beseelt, damit sie lebendig wird, damit sich die Körper bewegen können, damit die Materie Form und Gestalt annehmen kann, damit das Ganze einen Sinn hat, das ist, dem menschlichen Denken genügt.

Die Seele ist in der Natur gegeben. Sie ist der Zweck des kontrollierten Stoffwechsels im Abbild des Selbstbewusstseins. Oder einfach: die Seele ist das Selbstbewusstsein des Zwecks.

8.2.5 Das Wesen der Liebe

Ein beseelter Mensch ist ein liebender Mensch. Er ist sich seiner Liebe ebenso bewusst wie seiner Seele. Dabei können wir allerhand lieben: Menschen, Tiere, Pflanzen, die Natur, Gott, uns selbst, das Essen, das Trinken, das Fasten, die Arbeit, die Kunst, das Geld, die Macht, die Mathematik, die Wissenschaft, das Spiel, das Faulenzen, den Sport, den Kampf, den Frieden, den Tod, das Leben, und sonst noch alles, was uns im Leben so einfällt. Angesichts dieser Fülle frage ich, was ist das Gemeinsame der Liebe? Oder, was ist die Liebe überhaupt? Was ist sie eigentlich?

Wenn wir Teile der Natur lieben, so lieben wir unser Umfeld, genauer, die Bedingungen unseres Lebens. Diese Bedingungen sind auch Möglichkeiten des Lebens, mögliche Ziele oder Zwecke.

Wenn wir Teile der Gesellschaft lieben, so liegt der Fall ganz ähnlich. Hier sind die Bedingungen des Lebens allerdings schon durch Menschen umgeformt, gestaltet. Aber wieder sind es die möglichen Ziele oder Zwecke, für die wir uns erwärmen.

Wenn wir Teile des Geistes lieben, so entflammen wir für mögliche Ziele oder Zwecke des Denkens. Das sind letztlich wieder mögliche Ziele oder Zwecke des Lebens.

Oben habe ich die Seele als das Selbstbewusstsein des Zwecks bezeichnet. Jetzt finde ich, dass uns die Liebe immer dann bewusst wird, wenn wir neue Ziele oder Zwecke unseres Lebens auffinden. Demnach ist die Liebe das Bewusstwerden der Seele, ihre Belebung oder Erfrischung.

Der kontrollierte Stoffwechsel ist der zweckmäßige Stoffwechsel. Der Zweck ist der Urheber des Lebens. Das Ziel des Zwecks ist seine Fortsetzung und damit die Fortsetzung des Lebens. Die Seele, das Selbstbewusstsein des Zwecks, sie ist die Einsicht in das Leben. Die Liebe schließlich ist die Einsicht in die Seele.

Die Liebe erfrischt die Seele, weil sie hineinschaut in die Ziele und Zwecke des Lebens, in seine Fortsetzung und Gestaltung, in seine Möglichkeiten, in seine kommenden Tage.

Wir können auch sagen, die Liebe ist die Gewissheit des Lebens. Sie ist die Einsicht, wie sich die Zwecke des Lebens erfüllen werden.

Die Liebe beginnt als unbewusstes Gefühl, als Ahnung oder Hoffnung, bedrängt von Ängsten. Allmählich werden dann die Möglichkeiten bewusst. Die Bedingungen werden vorsichtig untersucht, die Einschränkungen und Hindernisse behutsam erforscht. Findet das Denken schließlich einen Weg zur Erfüllung der Sehnsucht, dann gibt das Denken sein Gefühl zu. Es gesteht sich seine Liebe ein. Das Denken erhebt damit die neuen Zwecke des Lebens zu bewussten Zielen.

Die Umsetzung der Ziele in die Wirklichkeit gestaltet in

der Folge das Leben. So ist die Liebe auch die Lebensführung oder Lebensgestaltung. Alles was wir tun, tun wir letztlich als Liebende. Wir nehmen viele Umwege in Kauf, die Unglücklichen bleiben auf diesen Umwegen liegen, aber unser Tun ist der Vollzug unserer Liebe. Unser Leben ist der Vollzug unserer Einsicht in unsere Seele.

Die Liebe ist so auch unsere Kontrolle unseres Glaubens. Wir glauben das, was wir glauben wollen. Unser Glaube beinhaltet nur jene Inhalte oder Lebensziele, die wir lieben. Was wir nicht lieben, das wollen wir auch nicht glauben, nicht wahrhaben. Die Liebe, die Einsicht in unsere Seele, selektiert unsere Glaubensinhalte. Auch die Liebe ist ein Organ der Selektion, so wie das Bewusstsein, so wie das Selbstbewusstsein, aber auch so wie unsere Hände und unsere Sinne. Auch die Liebe dient der Fortsetzung des Lebens.

Das Leben ist die Fortsetzung seiner selbst, nämlich jenes Zwecks, den die Natur in sich und aus sich hervorgebracht hat. Das beseelte Leben weiß um seinen Ursprung, um seine Zwecke. Das beseelte Leben weiß so auch um seine Ziele. Es glaubt an seine Zwecke und Ziele ebenso wie an sich selbst.

Das beseelte Leben ist das seiner Ziele gewisse Leben. Diese Gewissheit ist die Liebe in ihrer vollständigen Entfaltung.

Kritik des Selbstzwecks

Unsere Liebe bedarf der größten Sorgfalt, zu der wir fähig sind. Wenn wir unsere Gefühle enttäuscht finden, dann versuchen wir, unsere Einsicht zu verbessern, und unternehmen einen neuerlichen Versuch, unserem Gefühl zu folgen, unser Leben entsprechend zu gestalten. Das tun wir ein Leben lang.

Wir folgen unserem Glauben, unserem Gefühl, unserer Einsicht, unserer Liebe.

Die Formen der Liebe möchte ich nicht nach ihrem Gegenstand oder Objekt unterscheiden, sondern nach dem, was die Liebe einbezieht, welcher Einsicht sie folgt.

Da ist zunächst die Eigenliebe. Sie verfolgt die eigenen Zwecke und die eigenen Ziele. Das ist eine notwendige Einsicht in die eigene Person und so auch eine Basis der Lebensführung. Aber die Eigenliebe ist kurzsichtig und einseitig, wenn sie sich selbst überbewertet. Übersieht sie, wie die eigenen Zwecke in das soziale Gefüge und natürliche Umfeld eingebettet sein müssen, dann wird die eigene Lebensführung egoistisch. In der Folge wird sie dominant oder resignativ.

Aus der Korrektur dieser zumeist kindlichen Fehler erwächst die Einsicht in die Zwecke und Ziele der anderen. Es entsteht eine Sicht der sozialen und natürlichen Zusammenhänge, sowohl als Rücksicht, als auch als Vorsicht. Rücksichtsvolle Menschen gehen behutsam mit den Gefühlen anderer Menschen um, auch mit anderen Lebensformen. Sie haben Einblick nicht nur in ihre Seele, sondern auch in die Seelen der anderen Lebewesen.

Indem Menschen lieben, werden sie der Liebe der anderen Wesen gewahr. Sie werden versuchen, möglichst vielen Seelen gerecht zu werden, möglichst viele Gefühle, Zwecke und Ziele zu respektieren, das ist auch, möglichst viele Lebensformen, Glaubensinhalte oder Arten der Lebensführung schätzen und lieben zu lernen. Aus der Angst wird Neugierde und aus der Neugierde entsteht ein geistiger Austausch.

Der Austausch wird erfüllend, wenn er den beiderseitigen Glauben beseelt, mit Zuversicht erfüllt, mit Gewissheit. Dieser Austausch ist dann die eigentliche Liebe. Sie ist das Verhältnis der Liebenden zueinander und zu ihrem Leben.

Wie weit die Eigenliebe hinter die Liebe zu anderen Wesen zurücktreten soll, das möchte ich jeder Person überlassen. Solange keine Seite Schaden nimmt, findet das Leben seine volle Fortsetzung.

Was ich hier schon ansprechen möchte, ist die heute verbreitete Praxis, der Liebe fremde Zwecke unterzuschieben. Die Erotik wird zu wirtschaftlichen Zwecken ausgebeutet, was die Würde zumeist der Frau verletzt und beide Geschlechter ernsthaft betrügt und irreleitet. Die gesundheitlichen Schäden sind zahlreich und schwerwiegend. Wir leben inzwischen in der dritten Generation der irregeführten und deshalb ungestillten Sehnsucht nach Liebe. Unvermögen, Unglück und Leid nehmen ernsthafte Formen an. Eine so betrogene Liebe erscheint als Suchtkrankheit.

Allgemein findet eine Verwirrung der Ziele und Verführung der Zwecke statt, indem die Kreativität durch Konsum ersetzt wird. Für alle Formen des Glücks und der Erfüllung wird irgend eine Ware oder ein Dienst suggeriert, als erstrebenswert gesetzt. Werbung dieser Art ist schlicht lebensfeindlich. Sie nimmt der Liebe der Menschen die Orientierung. Sie macht ihre Seelen hilflos und verzweifelt. Solches Streben mündet notwendig in Frustration.

Abhilfe ist hier nur zu schaffen, indem sich die Menschen wieder auf das besinnen, was sie eigentlich wollen, was sie in ihrem Grunde lieben. Die Kultur kann hier helfen. Sie kann die

Besinnung auf lebenswerte Ziele und Zwecke fördern, und sich der Blendung durch Konsum entgegenstellen.

Die Liebe ist nicht käuflich, weil es das Leben nicht ist. Wer leben will, muss lieben. Und wer lieben will, muss in die Seelen schauen. Also muss in die Seelen schauen, wer leben will. Deshalb sagen wir, dass innerlich schon gestorben ist, wer nicht mehr von seiner Liebe beseelt ist. Wer nicht innerlich tot sein will, wer zu neuem Leben erwachen will, möge die Einsicht in seine Seele pflegen, das ist, seine Liebe.

8.2.6 Kritik des Geistes

Pflanzen sind zwar vom Zweck beseelt und damit lebendig, aber sie verfügen über keine Nervenzellen und damit über kein Bewusstsein. So können sie auch nicht denken und keinen Beitrag zum Geist der Natur liefern.

Tiere können denken. Aber wir haben kaum Zugang zu ihren Ergebnissen. Wir interpretieren und deuten mehr als wir forschen. Deshalb möchte ich darauf verzichten, Resultate des tierischen Denkens zu erörtern. Der Geist der Tiere ist zwar gegeben, uns aber bislang fremd geblieben.

Wir haben zwar noch keine Anzeichen gefunden, aber wir dürfen nicht ausschließen, dass auch andere Sterne geeignete Planeten mit intelligenten Lebensformen aufweisen. Es wäre sogar verwunderlich, wenn nur die Erde molekulare Verbände mit ruhigem Innenäther ausgebildet haben sollte. Auch anderswo wird es kontrollierten Stoffwechsel geben, der Zellen und Nervenzellen entstehen lässt.

Sollten außerirdische Lebensformen auf demselben Stoffwechsel beruhen wie wir, dann gibt es vielleicht Entspre-

chungen im Bewusstsein und dann ist vielleicht eines Tages
eine Verständigung möglich. Aber auf diese Möglichkeit können wir noch nicht eingehen. Es ist nur eine Möglichkeit, auf
die wir gefasst bleiben sollten.

So will ich mich hier auf den Menschen als Urheber des
Geistes in der Natur beschränken. Der menschliche Geist ist das
Produkt des menschlichen Denkens. Umgekehrt ist das Resultat
des Denkens der Geist, er umfasst alle Ergebnisse.

Einige dieser Ergebnisse werden gern als ewige Wahrheiten aufgefasst, oder als Geist, der als solcher in der Natur besteht, unabhängig vom denkenden Menschen. Dass Eins plus
Eins Zwei ergibt, wird mitunter als Beispiel genannt. Das Resultat muss doch immer Zwei bleiben, also eine geistige Wahrheit bilden, die dem Menschen vorgegeben ist, die er zwar ent-
decken, nicht jedoch ändern kann.

Ein Gas plus ein Gas ergibt ein Gas. Hoppla. Das Gezählte muss verschieden bleiben. Ein Gas plus ein Funke ergibt einen Knall. Hoppla. Das Gezählte muss erhalten bleiben. Ein
Knall plus ein Knall ergibt einen Knall. Hoppla, das Gezählte
darf nicht gleichzeitig sein. So viele Voraussetzungen für eine
so einfache ewige Wahrheit? Eine Wahrheit plus eine Wahrheit
ergibt zwei Wahrheiten? Hoffentlich sind die beiden Findlinge
nicht verschieden! Und so fort.

Eins plus Eins ist Zwei, das ist keine Wahrheit, sondern
eine Rechenregel, eine Zählvorschrift. Sie setzt viele andere
Vorschriften voraus, nämliche jene des Abstrahierens und Sum-
mierens. Was kann ich zählen, wie muss ich zählen, was zählt
nicht, was zählt wann, und so fort. Das sind alles Regeln, die
nur der Mensch befolgen kann. In der Natur ohne Mensch sind

sie nicht gegeben, denn in der Natur ohne den Menschen gibt es keine Vergleiche.

Das Zählen ergibt immer nur Zahlen, aber nie irgend eine Wahrheit, geschweige denn eine ewige. Zwar ist die Quantität in der Natur gegeben, aber niemals ohne Qualität. Um die Quantität herauszulösen, muss von der Qualität abgesehen werden. Dieser Akt der Abstraktion verlangt aber den Menschen. Also gibt es ohne den Menschen weder eine Wahrheitssuche noch eine Wahrheitsfindung, jedenfalls nicht aus der Mathematik, aus der Kunst des Zählens.

Die Mathematik liefert Regeln für das Zählen, aber keine Wahrheiten. Denn die Mathematik setzt die Abstraktion voraus, die immer falsch sein kann, und immer ein wenig unzutreffend sein muss.

In der Physik muss die Abstraktion von vielen Besonderheiten absehen, die das Wahrgenommene von jenem vorausgesetzten Begriff unterscheiden oder absondern, mit dem gerechnet wird.

In der Mathematik muss die Abstraktion von allen Besonderheiten, Wahrnehmungen oder Begriffen absehen. Sonst kann überhaupt nicht gerechnet werden. Denn das Rechnen ist das Zählen allein der Quantität.

Nun können wir noch meinen, die Abstraktion erfasse das Wesentliche und sei darum wahrer als die konkrete Auffassung eines konkreten Gegenstandes. Der wahre und eigentliche Geist des Menschen lebe in seinen Abstraktionen, die auch dem Wesen der Dinge entsprechen. Die höchsten Abstraktionen seien sogar das Allgemeinste und deshalb wahrer als alle besonderen Wahrnehmungen oder Erfahrungen.

Der wahre Geist müsse sich von allen sinnlichen Eindrücken frei machen und zum Wesen der Dinge vordringen.

Da landen wir freilich wieder beim Glauben. Schon jeder Begriff beinhaltet nur das, woran wir glauben, sei der Begriff nun konkret oder abstrakt. Mehr noch: schon jeder Begriff ist ein kreativer Akt des Denkens.

Das Denken muss zusammenfassen, was es erschaut oder begriffen hat. Diese Zusammenfassung ist dann der Begriff. Und das Zusammenfassen aller Begriffe und all ihrer Zusammenhänge, das ist der menschliche Geist in seinem Fortschreiten, in seinem Tun.

Der menschliche Geist ist das Erfassen aller Zusammenhänge. Das Zusammen-Fassen und Zusammen-Hängen ist aber ein kreativer Akt. Es bildet einerseits den Geist, den Schaffenden; und es bildet andererseits die Kreation, das Geschaffene. Und diese Kreation, das Produkt des Geistes, das ist der Glaube. Der Glaube ist der Inhalt des menschlichen Geistes, und der menschliche Geist ist die Hervorbringung oder Schaffung des Glaubens.

Ob unser Glaube richtig oder falsch ist, das kann uns der Glaube allein nicht sagen. Da müssen wir schon unser Leben bemühen, um unseren Glauben auf die Probe zu stellen. Und dort, im Leben, da treffen sich Glaube, Geist und Materie: nämlich im Zweck, der sich erfüllt oder scheitert.

Der menschliche Glaube, das Produkt des Geistes, ist auch der Inhalt des Geistes.

Das Denken kommt zustande, indem das Leben seinen Zwecken folgt. Weil alles Denken den Zwecken des Lebens folgt, entspricht auch das gesamte Resultat des Denkens den

Zwecken des Lebens. Der Inhalt des Geistes ist in der Natur gegeben als der Zweck des Denkens.

Weil das Denken der Fortsetzung des Lebens dient, der Fortsetzung der Kontrolle im menschlichen Stoffwechsel, ist der Glaube, der Inhalt des Geistes dasselbe wie der Zweck des Lebens.

Indem sich der Zweck des Lebens erfüllt, stimmen Glaube, Geist und Materie überein. Nur hier, allein im erfüllten Zweck des Lebens, sind sie ident.

Oder einfach: wir denken, um zu leben, und wir glauben, weil wir leben. Das ist die Einheit von Geist und Materie. Es ist zugleich unser Leben oder Sein.

8.2.7 Kritik der Materie

Der Zugang zur Materie

Die Materie ist zunächst der Gegenstand des Denkens, das vom Denken Vorausgesetzte. Nur so unterscheidet sich die Materie vom Denken, indem sich das Denken von der Materie, von seinem Gegenstand bewusst absondert.

Ich schaue in die Landschaft. Mein Sehen erfüllt mein Denken. Mein Denken ist verschieden vom Schauen und vom Geschauten. Das Erschaute ist der Gegenstand meines Denkens, also die Materie. Die erschaute Landschaft verstehe ich als die Materie. Dies gilt für jede Landschaft, die ich wahrnehme, sei sie der Kosmos, die Erde, das organische Leben, oder das Atom.

Während der Sinneswahrnehmung besteht noch kein Unterschied zwischen der wahrgenommenen Materie und der abbildenden Materie. Beides ist derselbe Äther, zuerst in seiner Emission, dann in seiner Absorption. Aber die Absorption erfolgt vom Sinnesorgan, das sich dadurch verändert.

Das Denken muss aus der Veränderung der Sinnesorgane ableiten, was geschehen ist. Das Denken rekonstruiert ein Gegenüber, eben die Materie, in der das Geschehene geschah, bevor sein Emittat die Sinnesorgane erreichte und veränderte. Der Äther ist den Sinnen unmittelbar gegeben, aber die Materie, ihre Beschaffenheit und ihre Veränderung, sie müssen vom Denken erschlossen werden.

Was wir als Materie verstehen und voraussetzen, das ist eine Rekonstruktion der Natur, die wir aus der Veränderung unserer Sinnesorgane ableiten. Wir wollen vielleicht die Materie unabhängig von unserem Denken begreifen, aber das ist nicht möglich. Ohne Denken gibt es kein Begreifen. Die begriffene Materie ist ein geistiges Konstrukt, ein beurteiltes Stück Natur.

Wir können die Materie nur unabhängig von unserem Denken voraussetzen. Das allerdings ist möglich und notwendig. Notwendig ist es, weil wir erkennen, dass unser Denken ein späteres Erzeugnis der Natur ist als etwa der Planet Erde. Die Erde war vor uns und so auch vor unserem Denken schon Teil der Natur.

Möglich ist unsere Vorraussetzung der Unabhängigkeit der Materie, weil wir aus unserem Leben rückschließen können. Wäre die Erde nicht schon vor uns gegeben gewesen, dann hätten wir nicht entstehen können, und so auch nicht unser Denken. Die vorausgesetzte Materie ist die erschlossene, noch nicht beurteilte Natur.

Können wir die begriffene und die vorausgesetzte Materie zusammenfügen?

Das Wesen der Materie

Das Denken schließt, diese oder jene Materie hat meine Sinne erreicht und so mein Denken bewirkt. Diese oder jene Materie ist meinem Denken vorausgesetzt und so auch Gegenstand meines Denkens. Das Denken teilt die Natur in die Materie und in das Denken. Diese Teilung ist eine Leistung des Denkens. Wo und wie wir teilen, darüber entscheidet unser Urteil.

Die Materie ist die vom Denken abgesonderte Natur, oder besser, jene Natur, aus der sich das Denken absondert, um die Natur zu beurteilen. Indem sich das Urteil des Denkens entwickelt, erfasst der Begriff Materie immer nur verschiedene Aspekte der Natur.

Am leichtesten einsichtig wird das aus dem Umstand, dass sich unser Urteil ändert. Unsere Vorstellung vom Kosmos, vom Atom, vom Leben, von der Natur, wird sich ein Leben lang verändern, und wird sich auch über die Generationen ständig weiter entwickeln. Was wir als Materie verstehen und bezeichnen, ändert sich mit unserem Urteil oder Denken.

Die beurteilte, begriffene Materie wächst, während sich die vorausgesetzte Materie unabhängig von unserem Einfluss oder Urteilsvermögen gestaltet oder weiter entwickelt.

Unser Denken greift Stück für Stück aus der Natur, um es als Materie zu begreifen. Unser Denken pflückt die Früchte der Natur und verdaut sie als Materie. Unser Denken ist eben nur die Art und Weise, wie die Natur das organische Leben bewusst in sich fortsetzt, oder wie sich umgekehrt das organische Leben bewusst in der Natur behauptet. Unser Denken ist eben genau das Verhältnis von materiellem und organischem Leben, so wie es von den Nervenzellen kontrolliert, das ist auch, bewusst gemacht wird.

In der Natur ist die Materie nicht vom Denken verschieden. In beiden Fällen wird Äther ausgetauscht. Für die Natur macht es keinen Unterschied, ob Atome in Zellen oder Nervenzellen Äther austauschen, oder anderswo, in anderen Molekülen. Es sind jeweils Atome, die ihre Erhaltung und Bewegung verändern, ihre Rotationsweise. Die Natur umfasst Materie und Denken ohne Unterschied, denn sie sind dasselbe, nämlich atomarer Ätheraustausch.

Was sich von der Materie unterscheidet, abhebt, das ist allein der Inhalt des Denkens, sein Resultat, also der Geist. Er allein sondert sich von der Materie ab, indem er die Materie als das Erkannte und Beurteilte von sich aussondert, von sich unterscheidet. Das muss der Geist auch tun, denn das ist sein Zweck: die Selektion im Stoffwechsel gedanklich vorweg zu nehmen, damit sie im Leben nicht scheitert.

So finden wir schließlich das Ganze aus beurteilter und vorausgesetzter Materie, und damit auch das Wesen der Materie:

Der Geist ist die Natur ohne die Materie, und die Materie ist die Natur ohne den Geist. Die Natur aber umfasst beide, Geist und Materie, sie ist deren Einheit.

Oben war die Einheit von Geist und Materie unser Leben, unser Sein. Jetzt ist die Natur die Einheit von Geist und Materie. Also sind die Natur und das Sein ident.

8.2.8 Kritik der Gesellschaft

Zweifellos bilden wir Menschen einen organischen Verband, nämlich den selbstbewussten Teil des Seins. Es gibt einen wechselseitigen Austausch von Äther, den ich Kultur nennen möchte. Es gibt einen gemeinsamen Stoffwechsel, nämlich die Arbeit. Es gibt auch ein kollektives Bewusstsein, das allerdings erst widerstreitende Teile der Gesellschaft erfasst. Es gibt noch keine globale Vernunft und noch keine globale Kontrolle des menschlichen Stoffwechsels. Trotzdem bilden wir in unserer Gesamtheit einen natürlichen Körper, dessen Selbstbewusstsein den menschlichen Geist ausmacht.

Wir nennen unseren organischen Verband Gesellschaft, behandeln ihn aber wie einen losen Haufen chaotischer, widerstrebender Teilchen. Das rührt auch von unserem falschen, weil mechanischen Naturverständnis her. Die Mechanik verbreitet die Aura der Machbarkeit und Beherrschbarkeit. Deshalb sind ihre Vorstellungen überall dort willkommen, wo Macht gesucht wird.

Allerdings verlangt ein Verband, dass er allen seinen Teilen zur Erhaltung, Bewegung und Entwicklung genügt. Ansonsten kann er nicht bestehen. Ansonsten kommt es zum Zerfall, zur Freisetzung von Teilen.

Ein Verband genügt erst dann allen seinen Mitgliedern, wenn im Inneren ein ruhiger Austausch gepflegt wird. Wenn Überschuss und Mangel ausgeglichen werden, entsteht im Inneren jener stille Äther, der allen Teilnehmern zur Erfrischung gereicht, und in dem alle Stoffwechselpartner das Neue aus sich hervorbringen. Dieses Neue wird dann gegenseitig ausgetauscht, um sich gemeinsam darin zu entwickeln.

Der stille Äther ist nicht nur der Raum der Freiheit, sondern auch der Garant des zukünftigen Lebens.

Wie steht es denn in unserer Gesellschaft mit der Harmonie der Sphären? Warum sind wir ohne Zuversicht in den Menschen, ohne Glaube an uns selbst? Was ist mit unserem Selbstbewusstsein schief gelaufen? Liegt es vielleicht daran, dass wir einander jagen wie Tiere und gegenseitig auslaugen wie verdurstende Pflanzen ihren sterbenden Wirt? Oder liegt es daran, dass wir an den Zufall und an das Recht des Stärkeren glauben, die uns beide von Verantwortung frei machen?

Hier ist nicht der Rahmen, soziale Fragen zu erörtern. Aber soviel spüren und wissen wir alle: unser höheres Bewusstsein ist überfällig. Überall finden wir Anzeichen der Auflösung unserer Gesellschaft. Wenn wir die Gesellschaft erhalten wollen, dann müssen wir aufhören, einander zu bekämpfen und auszunutzen. Wir müssen uns ethische Ziele setzen, die allen gerecht werden, und die dann umgekehrt auch von allen gelebt werden. Schließlich sind wir Menschen nichts anderes als diese ethische Lebensform des Seins, nämlich die selbstbewusste.

Zusammenfassung der dritten Etappe

Im dritten Abschnitt meiner Reise habe ich die Fragen i*) bis l*) wie folgt behandelt:

i*) Welchen Ursprung hat das Leben?

Das Leben beginnt mit der Dominanz des kontrollierten Stoffwechsels über den nicht kontrollierten Stoffwechsel. Der kontrollierte Stoffwechsel ist zweckgerichtet. Das Leben besteht im zweckgerichteten Stoffwechsel. Der erste Körper, der seinen Stoffwechsel kontrollieren kann, ist die Doppelhelix der Gene. Deshalb setzt das Leben mit der Bildung von Doppelspiralen ein.

j*) Welchen Ursprung hat das Bewusstsein?

Das Bewusstsein ist die Fortsetzung der Kontrolle des Stoffwechsels auch dann, wenn sich die Art und Weise des Stoffwechsels ändert, zum Beispiel das Nahrungsangebot durch Wechsel des Lebensraumes. Zur Kontrolle des Stoffwechsels bedient sich das Bewusstsein eigener Zellen, der Nervenzellen. Gehirn, Sinnesorgane und Nervenzellen entwickeln sich aus Mutationen, die den Zwecken der Fortbewegung, der Verdauung und der Fortpflanzung entsprechen.

k*) Wie kommt es zum Selbstbewusstsein?

Das Selbstbewusstsein ist die Kontrolle des Bewusstseins. Es bestimmt, wie gedacht werden soll.

Die Selektion beginnt mit dem kontrollierten Stoffwechsel der Pflanze, dessen Zweck die Zellteilung ist.

Die Selektion des Tieres erstreckt sich auf Nahrungsquellen, Lebensräume und Paarungspartner, indem sich das Tier seine Zwecke bewusst macht. Der Zweck des tierischen Stoffwechsels ist neben der Zellteilung die Ausbildung von höheren Organen der Selektion. Das tierische Bewusstsein ermöglicht die Entscheidung zwischen verschiedenen Zwecken und eröffnet mit der Absicht eine erste Freiheit im Stoffwechsel.

Die Selektion des Menschen erstreckt sich auf die Inhalte des Bewusstseins. Der Zweck des menschlichen Stoffwechsels ist neben der Zellteilung und der Organbildung die Selektion des Zwecks. Das menschliche Bewusstsein ermöglicht die Findung von Zwecken, Absichten und Zielen. Somit ermöglicht das menschliche Bewusstsein die Selektion oder Kontrolle des bewussten Stoffwechsels und damit den freiwilligen Stoffwechsel.

1*) Welchen Sinn hat das menschliche Leben?

Die Kritik des Zwecks ist die Ethik. Die Entwicklung des freiwilligen Stoffwechsels bedarf der Zielsetzung. Entspricht die Zielsetzung der Kritik des Zwecks, so ist sie ethisch. Deshalb ist das ethische Bewusstsein das höchste Bewusstsein, das der Mensch entwickeln kann. Entspricht seine Lebensführung seinen ethischen Zielen, so verkörpert der Mensch die größtmögliche Freiheit im Stoffwechsel. Der Mensch lebt dann so bewusst oder freiwillig, wie ihm das die Natur des Seins überhaupt ermöglicht.

Gelingt dem Menschen die Bildung einer ethischen Gesellschaft, so bettet er sein Selbstbewusstsein in das gemeinsame Denken ein, in den menschlichen Geist. Dann stehen der Gesellschaft alle Möglichkeiten offen, die Kultur und Arbeit in ihrer gesamten Entwicklung bieten.

Diese Entwicklung entspricht dann den Gegebenheiten des Seins, einschließlich der Natur des Menschen. Das Ziel dieser Entwicklung kann dann immer neu formuliert und verfolgt werden. Der Sinn des menschlichen Lebens ist die Formulierung und Verfolgung eben dieser Ziele. Die Ziele des menschlichen Geistes sind auch die Ziele des menschlichen Lebens.

8.2.9 Schluss

Ich schließe die Geschichte des Nichts, oder auch das Buch vom Werden. Die geistige Vorstellung vom Sein ist aus der bloßen Voraussetzung erwachsen, dass das Sein existiert. Das entstandene Bild vom Sein weist meines Erachtens brauchbare Ähnlichkeiten mit der Natur auf, mit unseren gemeinsamen Erfahrungen von und aus der Natur. Das hier vorgestellte Bild vom Sein beinhaltet keine unüberwindlichen Schwierigkeiten für das Denken, das ist, für unsere gemeinsame Vorstellung vom Sein. Demnach ist die Kluft zwischen Geist und Materie überbrückt. Geist und Materie bilden eine Einheit. Welche?

Wir Menschen sind diese Einheit, wir sind die Einheit von Geist und Materie. Wenn unser Denken das Sein abbildet, und wir demgemäß, das ist, vernünftig und einfühlsam leben, dann sind wir mit der ganzen Natur ausgesöhnt, was uns selbst einschließt.

Wir selbst haben die Kluft zwischen Geist und Materie aufgetan. Wir haben die Materie für tot erklärt, weil wir sie beherrschen wollten. Deshalb stehen wir heute am Rande der Kluft, das ist auch, am Rande des Abgrunds. Wenn wir uns der lebenden Natur nicht wieder behutsam einfügen, dann wird sie uns auflösen, dann wird sie auf ihren selbstbewussten Teil verzichten.

Diese erste Brücke über die Kluft ist nur eine rohe Skizze. Jetzt gilt es, nach und nach die Lücken zu füllen, viele Fehler zu verbessern, damit unser Verständnis der Natur immer vollständiger wird, die Kluft sich systematisch und auf Dauer schließt, die Wunde der Natur vollends ausheilt, die wir ihr schlagen.

8.2.10 Die Würde des Menschen

Je besser es uns gelingt, mit der belebten Natur wieder eins zu werden, umso rascher wird auch unsere Gesellschaft erwachsen werden, das ist, einen harmonischen Verband aller Teilnehmer bilden. Eine solche Gesellschaft ist nach meinem Verständnis unser nächstes und vordringlichstes Ziel. Denn erst in einer reifen Gesellschaft kann der menschliche Geist vollends erblühen und Früchte tragen. Ein sozialer Verband, der allen Menschen genügt, das ist der nächste Schritt unserer chronischen Menschwerdung, die immer höhere Ziele finden wird. Bilden wir den ethischen Teil des Seins, das ist der Inhalt und der Auftrag des menschlichen Geistes.

Der menschliche Geist ist selbst jenes übermenschliche Wesen, das sich immer neue und höhere Ziele steckt, und das wir herbeisehnen. Was wir in diesem Wesen suchen, das ist in uns selbst. Es ist das unserem Denken Gemeinsame. Weil es überliefert wird, ist es das Gemeinsame über Generationen hinweg. Aber wir können unserer innersten und tiefsten Sehnsucht nur so entsprechen, indem wir unsere Aufgabe wahrnehmen, ihr entsprechen.

Pflegen wir den menschlichen Geist als den Ursprung unserer Weisheit und als den Garant unserer Zukunft. Wo immer wir unsere Würde verletzt finden, was wir unmittelbar fühlen und sofort wahrnehmen, dort sind wir mit einer Handlung oder Verhaltensweise konfrontiert, die dem menschlichen Geist widerspricht, ihn und unsere Natur verletzt. Deshalb kann auch jeder Mensch an der Entwicklung des menschlichen Geistes beitragen, indem er auf seiner und seiner Nächsten Würde beharrt. Diese Würde des Menschen ist zugleich die Würde des Seins.

9. Ausblick

Wir haben den Grat hinter uns, der Himmel ist uns gnädig. Wir können verweilen und ein wenig in die Ferne schweifen. Da und dort zeigen sich mögliche Ziele für die Zukunft.

Die antike Philosophie hat die Frage aufgeworfen, wie die Ordnung in die Welt gekommen ist. Die christlichen Denker haben nach dem geistigen Urheber der Ordnung gesucht. Die moderne Philosophie hat die Ordnung auf das Denken verwiesen. Und die neuere Philosophie sucht die Urbausteine des geordneten Denkens. Aber geht es in der Kritik des Glaubens nur um die Ordnung? Was ist mit den Zielen?

Das Denken darf nicht aus der Logik auf das Sein schließen, sagt die Philosophie. Mit dieser Haltung kann ich kein Haus bauen, nicht auf dem Mond landen, ja nicht einmal einen Schritt setzen. Auch das Atmen sollte ich mir besser überlegen. Denn setze ich da nicht die Luft voraus? Schließe ich da nicht aus meiner Erfahrung auf das Sein?

Damit möchte ich mich nicht aufhalten. Ich schließe aus der Logik auf das Sein. Ich bin der Meinung, dass das Denken dazu da ist, dass es dazu entstanden ist. Die Ordnung ist in die Welt gekommen, indem das Leben seine Zwecke fortsetzt. Zu diesen Zwecken zähle ich das Denken. Sein Urteil nimmt das Leben vorweg und setzt Ziele, kommende und mögliche Zwecke. Das ist der Zweck des Denkens.

Also möchte ich einige Anmerkungen anfügen, warum ich optimistisch bin. Wer mehr darin sehen möchte, ist vielleicht zu optimistisch. Aber Träumen hilft gegen festgefahrene Vorstellungen.

9.1 Kritik des Fatalismus

Die Physik prophezeit der Erde kein gutes Schicksal. Die Sonne wird in einigen Jahrmillionen mit dem Heliumbrennen beginnen und sich dabei aufblähen. Die Erde wird zuerst verbrennen und dann von der Sonne verschluckt werden. So errechnet es die Physik aus ihren Maßen.

Ich bin optimistischer. Ich denke, das Sonnensystem ist ein Verband oder Körper. Wenn die Sonne mehr Hitze geben wird, dann wird sich dieser Körper ausdehnen, nämlich das Sonnensystem. Die Planeten werden sich weiter von der Sonne entfernen, wenn die Sonne heißer wird. Planeten und Sonne werden gegenseitig repulsieren, sich und ihren Verband stabil erhalten, also weitläufiger rotieren.

Die Physik steht im Banne der Gravitation. Die Planeten können das Gravitationsfeld der Sonne nicht verlassen, sagt sie. Aber die Gravitation ist nur das halbe Maß des Austausches zwischen Sonne und Planeten. Die Absorption der Sonne ist nicht größer als ihre Repulsion.

Es herrscht ein lichtfein zusammengesetztes Gleichgewicht. Die Planeten rotieren ja nur deshalb um die Sonne, weil ihr Austausch mit der Sonne konstant ist. Annäherung und Entfernung entsprechen einander vollständig. Und das bleibt solange so, als die Planeten bleiben, als sie ihren Bestand erhalten können. Die Planeten müssen nur ihre Bewegung anpassen, und genau das wird eintreten.

Kepler's Flächensatz besagt, dass die Radien der Planeten in gleichen Zeiten gleiche Flächen durchlaufen. Das verstehe ich so, dass der Ätheraustausch zwischen Stern und Planeten immer derselbe bleibt. Denn nichts anderes ist in diesen Flächen zu finden oder zu messen.

Also wird sich die Erde immer genau so weit von der Sonne entfernen, als dies ihrem Austausch mit der heißer werdenden Sonne entspricht. Die Erde wird ihre Umlaufbahn vergrößern und nicht nur nicht verbrennen, sondern dieselbe Erde bleiben. Mit ihr die anderen Planeten.

Ich nehme sogar an, dass Sterne Planeten austauschen. Planeten zu heißer Sterne werden sich zu weit entfernen und schließlich anderen Sternen zufallen. Planeten zu kalter Sterne müssen dagegen in ihre Sterne fallen, wenn sie nicht zuvor andere Ätherquellen auffinden. Allerdings wird dann die Materie der Planeten als Emittat der Supernovä ausgetauscht.

9.1.1 Der atomare Lichthaushalt

Ich denke, die Menschheit braucht nicht untätig das kosmische Schicksal der Erde abzuwarten. Die Rotation der Himmelskörper ist ein subtiles Gleichgewicht zwischen Absorption und Emission. Auch die Sterne sind das, als Körper. Ihre Einheit von Kern und Schale ist fragil und bis in die kleinsten Atomteile dynamisch. Zusammen ergibt das eine Harmonie des Kosmos, die vom kleinsten Austausch abhängt. Es ist dies der Austausch von Photonen, wie er überall gegeben ist.

Ist er überall gegeben, so ist dieser Austausch auch überall veränderlich. Diesen Umstand kann sich der Mensch zunutze machen. Dazu ist es meines Erachtens notwendig, das alte Licht wirklich verstehen zu lernen, den ruhenden Äther, den Garant der Verbände und ihrer Rotation.

Wenn der Mensch ein Verfahren entwickelt, den ruhenden Äther durch neues Licht zu beleben, dann kann der

Mensch die Zusammensetzung des Äthers beeinflussen. Und zwar nicht nur in seiner heutigen technischen Reichweite, sondern in der Reichweite jenes Lichtes, das der Mensch dann wird aussenden können.

Es wird dann möglich, den allseitigen Ätheraustausch auch ferner Atome zeitweilig in einen gerichteten Austausch von Äther umzuwandeln. Kann aber der Mensch in den Lichthaushalt des Atoms gezielt eingreifen, so kann der Mensch die Bewegung des Atoms steuern.

Das tun wir heute schon, mit mechanischen, chemischen oder elektromagnetischen Mitteln. Aber ich glaube, es sollte noch direktere Verfahren geben, die auch weiter reichen. Vielleicht werden das optische Verfahren sein, oder thermodynamische, oder auf Magnetresonanz aufbauende Verfahren. Womöglich werden auch ganz neue Verfahren entdeckt werden.

Die Wissenschaft ist jung. Sie beginnt gerade erst, ihre Fehler einzusehen. So kann und wird sie noch viel lernen. Jedenfalls sind die kosmischen Kräfte Gespenster, die wir selbst herbeiriefen. Unsere Angst ist selbst gemacht. Die Kräfte sind nur deshalb so groß, weil wir nur das halbe Maß nehmen. Die jeweils gegenteiligen Kräfte sind genauso groß, und wir brauchen nur einen kleinen Anstoß, nämlich eine kleine, aber gezielte Veränderung des Äthers. Kurz: wir sollten unser Licht zum Ferment unserer Zwecke machen.

Der Eingriff in den atomaren Lichthaushalt ergäbe zunächst eine neue Energieform, wie sie vielleicht schon irdisch genutzt werden kann. Energie ist ja die Umformung von Bewegung, genauer, deren Maß.

Formt der Mensch das Atom um, genauer, seinen

Lichthaushalt, so formt der Mensch die atomare Bewegung um. Er hat dann eine unerschöpfliche Energiequelle.

9.1.2 Im Himmel navigieren

Kann der Mensch die Bewegung ferner Atome steuern, indem er deren Lichthaushalt verändert, so kann der Mensch die Bewegung atomar zusammengesetzter Körper beeinflussen, auch die Bewegung von Himmelskörpern.

Das Navigieren durch gesteuerten Austausch von Licht könnte an Satelliten erlernt werden. Das mag Jahrtausende dauern. Es bleiben Jahrmillionen, bis der Sonne der Wasserstoff ausgeht. Dann ist die neue Technik an Asteroiden zu erproben. Sie kann mit Monden oder unbelebten Planeten geübt werden, um schließlich mit der Erde selbst auf Reisen zu gehen. Die Erde könnte als Ganzes zu einem Raumschiff gemacht werden. Heute ist das nur ein Wunschbild, aber ich halte diesen Ausweg aus dem Schicksal der Sonne für möglich.

Zwar würden Atmosphäre und Meer ohne Sonnenlicht zu einem Eispanzer erstarren. Aber dadurch blieben sie der Erde auch erhalten. Zudem erstarren Luft und Wasser auch beim Erlöschen der Sonne. Das Leben unter dem Eis ist jedoch möglich. Es muss sogar schon früher, während der periodischen Eiszeiten erlernt werden, jedes Mal, wenn sich die Erdachse neu ausrichtet.

Soviel ist zumindest angemessen zu sagen: bevor der Mensch untätig auf das Ende der Sonne und Erde wartet, sollte er das Schicksal seines Planeten in die Hand nehmen. Die Möglichkeit, die Erde als Himmelskörper selbständig zu machen, und auf Reisen zu schicken, von einer brauchbaren Sonne zur nächsten, diese Möglichkeit sollte geprüft werden. Dazu muss es der Mensch erlernen, den Austausch von Äther zu lenken. Diese Kenntnis zu erlangen, wird nicht von Schaden sein.

9.1.3 Sternphasen verändern

Gelingt es, in den atomaren Austausch von Äther zwischen den Himmelskörpern einzugreifen, dann gelingt es auch, mit den Himmelskörpern ein wenig zu navigieren, ihre Rotation ein wenig zu verändern, und damit ihre Bewegung, ihre Bahnen ein wenig umzuformen. Bei sich auflösenden Verbänden mag schon eine winzige Veränderung hinreichen, die Umformung benachbarter Verbände, oder sogar die Teilung und Entstehung neuer Verbände einzuleiten.

Der kosmische Austausch von Äther kann verändert werden, indem in die Sternphasen eingegriffen wird, in die Fusionsprozesse im Zentrum der Sterne. Sterne sind fragile Mangelkörper. Wird ihr Austausch von Äther verändert, verändert sich die Sternentwicklung.

Das ist riskant, aber denkbar. In Jahrmillionen wird es vielleicht möglich und steuerbar. Sollte es notwendig werden, dann sollte die Menschheit auch diese Möglichkeit prüfen. Natürlich muss sie zuvor sicherstellen, dass sie nicht fremdes Leben gefährdet. Die Sterne gehören nicht uns. Aber vielleicht können wir ihre Gnade ein bisschen auf uns lenken.

Ich will nicht vorschlagen, sich heute mit dieser Möglichkeit zu befassen. Es besteht kein Bedarf. Aber wenn sich in ferner Zukunft ein solcher Bedarf abzeichnet, dann sollten sich einige Menschen, oder auch unsere Nachfahren, an diese Möglichkeit erinnern. Dazu wird es genügen, wenn sich einige

Phantasten dieser Idee annehmen und das Ringen mit der Physik auf sich nehmen. Vielleicht kommt dann auch die Physik auf neue Ansätze und Ideen. In diesem Fall hätten sogar diese vermessenen Zeilen einen positiven Zweck gefunden.

9.1.4 Der Export von Leben

In der einschlägigen Literatur bedient sich der Mensch immer Raumschiffen, um fremde Lebensräume zu erschließen. Oder andere intelligente Lebensformen suchen uns mittels ihrer Raumfahrzeuge heim, freilich zuerst im Kino, wo unser Denken gerade schaumgebadet wird. Ihre Freundlichkeit wechselt dabei mit der Einstellung des freundlichen Literaten. Aber das Gemeinsame ist die Verwendung mechanischer Mittel, der Einsatz von Vehikeln, die es an Rasanz mit dem Licht aufnehmen wollen.

Freilich, ganz ohne Raumfahrzeuge wird es nicht gehen, aber ganz ohne Mensch. Der Mensch kann das Leben auf andere Planeten exportieren, ohne selbst die Erde verlassen zu müssen. Wie ich mir das vorstelle?

Der Mensch kann die Doppelhelix exportieren, Einzeller, Bakterien. Diese Bakterien bilden dann über Jahrmillionen eine Atmosphäre, Zellen, Organe, organische Lebensformen, Bewusstsein und Selbstbewusstsein. Das entspricht ihren Zwecken. Der Mensch muss nur geeignete Planeten finden und geeignete Bakterien auswählen.

Wir müssen sogar in Erwägung ziehen, ob nicht andere Lebewesen im Kosmos unsere Erde für solche Versuche auswählen wollen, oder vielleicht auch schon vor uns ausgewählt haben. Schon jeder Meteorit konnte die Botschaft überbracht haben, die wir vielleicht in Jahrtausenden entziffern werden.

Wir unsererseits sollten so vorsichtig sein, nur solche Monde oder Planeten auszuwählen, die wir sicher als unbelebt erkannt haben. Dabei dürfen wir nicht nur an Proteine denken, sondern müssen sicherstellen, dass überhaupt kein kontrollierter Stoffwechsel stattfindet, und ein solcher auch nicht entstehen kann. Sonst zerstören wir etwas, was wir nicht verstehen, und dessen Folgen wir nicht ermessen können.

Aber wenn wir lange genug suchen, lernen und üben, dann erhalten wir vielleicht eines Tages eine Nachricht aus dem All, die wir ersehnen, und vielleicht dann selbst initiiert haben: wir sind nicht allein.

Aber genug geträumt. Was ich eigentlich sagen will, ist das: das organische Leben setzt sich immer fort. Wo immer im Kosmos es einsetzt, dort wird es auch Wege finden, sich zu erhalten. Es wird sich niemals den Bedingungen beugen, ohne nicht alles versucht zu haben, die Bedingungen seines Daseins umzugestalten. Denn das ist das innerste Wesen des Lebens, seine Zwecke und damit zugleich sich selbst fortzusetzen.

9.2 Zwei vordringliche Ziele

Ich gebe zu, mein erster Ausblick war etwas weitschweifig. Ich hole meinen Blick aus den Sternen zurück auf die Erde, ins Tal der Menschen und ihrer tagtäglichen Mühsal. Wird da nicht überall versucht, die Bedingungen des Daseins umzugestalten? Was für ein Leben, immer sind Zwecke fortzusetzen!

9.2.1 Kritik der Wirtschaft

Der Zweck wird von der Doppelhelix mit ihrem kontrollierten Stoffwechsel ins Dasein oder Leben gerufen. Der Zweck teilt sich und pflanzt sich in immer neue Zwecke fort. Er bildet Zellkerne, Zellen, Organe, Arten, Bewusstsein und Selbstbewusstsein. Die Fortsetzung des Zwecks ist die Basis oder das Wesen des Lebens, die Lebensformen sind die Daseinsweisen des Zwecks. Der Zweck ist das Gemeinsame oder Allgemeine im Leben. Die Lebensformen sind die Besonderheiten, oder die einzelnen Individuationen des zweckmäßigen Stoffwechsels.

Der menschliche Stoffwechsel teilt sich einerseits in den Austausch von Stoffen zwischen dem Menschen und seiner Umgebung, und andererseits in den Austausch von Stoffen zwischen den Menschen.

Umgebung und Mensch sind zusammen die Natur. Im alltäglichen Sprachgebrauch wird die Umgebung des Menschen oft einfach als „die Natur" bezeichnet, und der Mensch wird ausdrücklich zur Natur hinzugenommen, wenn das wichtig ist. Im folgenden werde ich auch so verfahren, mit Natur also die Umgebung des Menschen bezeichnen.

Den Austausch zwischen Mensch und Natur habe ich oben als Arbeit bezeichnet. Das ist ungenau, weil es nur den bewussten Austausch umfasst. Daneben gibt es den unbewussten Austausch von Stoffen, wie das Atmen.

Dann gibt es noch viele Austauschformen, die in Gewohnheit übergehen und nur bei besonderen Anlässen reflektiert werden, wie etwa das Schauen, das Hören, das Riechen, Tasten und Gehen, die Nahrungsaufnahme, sowie die

Abgabe von Wärme, Feuchtigkeit und Reststoffen.

Der Austausch von Stoffen zwischen den Menschen ergibt sich daraus, dass der Austausch zwischen Mensch und Natur arbeitsteilig erfolgt. Hier setzt sich fort, was schon im Zellkern und in den Zellen begonnen hat. Jeder Zweck bildet seine Organe.

Da die Arbeitsteilung der Zellen unbewusst erfolgt, müssten wir eigentlich von Zweckteilung sprechen. Aber unter Vorwegnahme der Nervenzellen dürfen wir etwas vorauseilend auch den Terminus Arbeitsteilung einsetzen. Gemeint ist dasselbe.

Die Arbeitsteilung unter den Menschen ist inhaltlich der Urheber der Wirtschaft. Die Wirtschaft ist der Stoffwechsel des Menschen unter Menschen. Die formalen Ausformungen dieses zwischenmenschlichen Stoffwechsels ergeben die Wirtschaftsformen oder Wirtschaftsweisen. Ich begnüge mich hier mit den groben Umrissen. Das genügt für das, was ich sagen oder anregen will.

In der Naturalwirtschaft tauschen die Menschen nach Gutdünken oder Übereinkunft aus, was sie haben, aber selbst nicht brauchen. Sie haben das, was sie gefunden, gesammelt, erjagt, oder erarbeitet haben. Sie brauchen nicht, was sie überzählig haben und nicht aufbewahren können. Das tauschen sie gegen solche Güter, die ihnen fehlen und die anderweitig überzählig sind. Überschuss und Mangel werden ausgeglichen, so gut das eben geht, und das ergibt zusammen die Versorgung und Entsorgung, die Subsistenz oder Lebenserhaltung der Austauschpartner.

Das Resultat einer solchen Wirtschaftsweise sind eher ruhige soziale Verbände. Hier ist der Zweck das Gemeinwohl. Die Austauschpartner achten darauf, störende Ungleichheiten zu vermeiden. Eine Erbfolge kommt noch nicht in Betracht, weil das Mutterrecht vorherrscht, oder weil Gebrauch und Besitz noch dasselbe sind. Die Arbeitsmittel sind beschränkt, die Verfahren, und so auch die Reichweite dieser Wirtschaftsweise.

Die Marktwirtschaft nimmt das Geld als Regulativ des Tausches hinzu. Hier tritt ein Vergleichsmittel auf, das leicht zählbar ist und den Tauschvorgang zeitweilig überbrücken kann. Es muss nicht Ware gegen Ware getauscht werden, sondern das Geld kann dazwischen treten. Zuerst wird überzählige Ware gegen Geld getauscht, und später Geld gegen andere, ermangelte Ware.

Der Vorteil ist die größere räumliche und zeitliche Reichweite des Tauschverfahrens. Es können auch fremde Kulturen miteinander in Austausch treten. Und es können auch Tauschvorgänge getätigt werden, wenn die Gegenware noch gar nicht vorliegt oder besteht. Es kann also auch auf Kredit getauscht werden.

Der Nachteil ist der Umstand, dass sich das Geld als Wert oder Tauschmittel verselbstständigt. Es wird nicht mehr getauscht, um Überschuss und Mangel auszugleichen, sondern es wird getauscht, um das Geld zu vermehren. Neben den Gebrauchswert der Güter tritt der Tauschwert der Güter. Wo aber der Tausch von Waren mehr Geld im Verkauf als im Einkauf verspricht, dort wird um des Geldes willen getauscht. Die Vermehrung des Geldes wird zum Ziel oder Zweck der Marktwirtschaft.

278

Damit wird die Vermehrung des Geldes auch zum Zweck der gesamten Produktion oder Arbeit. Denn Waren werden dann nicht mehr hergestellt, wenn ihr Verkauf keinen Geldzuwachs oder Gewinn verspricht. Das Geld beginnt als Tauschmittel, schwingt sich aber zum Regenten über die Arbeit auf. Hier sind die Geister, die wir riefen, stärker geworden als wir. Vielleicht verehren wir deswegen die Kräfte als Maß und Beweger aller Dinge. Wir verehren, was uns über den Kopf gewachsen ist, was über unser Denken hinausgeht.

Die Planwirtschaft scheitert darin, das Primat der Geldvermehrung wieder durch das Primat der Versorgung zu ersetzen. Das liegt daran, dass kein Intellekt ausreicht, die Zwecke der Wirtschaft zu planen, geschweige denn zu kontrollieren. Je größer die Verwaltungsapparate werden, desto anfälliger werden sie für Irrtümer, Willkür und Missbrauch. Desto untauglicher werden sie auch. Je kleiner die Verwaltungsapparate werden, desto despotischer werden sie, desto mehr steuern sie fehl, und desto mehr werden sie auch ignoriert und sabotiert. Denn die Zwecke der Wirtschaft lassen sich ebensowenig planen wie die Zwecke des Lebens, die sie ja letztlich sind.

Aufgrund des Unvermögens der Planung kann sich das Geld leicht Zutritt verschaffen und seine Zwecke wieder einschleusen. Deshalb stagniert die Planwirtschaft in der Hervorbringung von Gütern, sie hinkt in der Versorgung, lahmt in der Entsorgung, und sie blüht in der Schaffung von Korruption, Vergeudung und Zerstörung der Umwelt. Sie war vielleicht gut gemeint, ist aber als Versuch gescheitert.

Was bleibt nun als mögliche oder taugliche Wirtschaftsform?

Wenn die Neoliberalen Recht behalten, dann regieren die Zwecke des Geldes ohne Umwege oder Umschweife. Sie heißen dann Marktgesetze.

Wenn die Vertreter der Planwirtschaft Recht behalten, dann regieren wieder die Zwecke des Geldes, aber über den Umweg der Korruption und der Ignoranz. Dieselben Zwecke heißen dann Plan oder Fortschritt des Gemeinwohls.

Ich denke, es gibt eine Alternative, einen Ausweg. Ich möchte zumindest einen Vorschlag unterbreiten. Die Menschen sollen sagen, woran sie glauben. Also will ich das auch tun.

Ich bin ja der Ansicht, dass das Denken das Leben nicht nur deuten soll, sondern auch lenken. Der Zweck des Denkens ist nicht das Kritisieren, das Sichten und Zerpflücken des Glaubens. Das ist nur eine Methode des Denkens, um Irrtümer aufzuspüren und Fehler auszubessern.

Der eigentliche Zweck des Denkens ist die Vorbereitung des Lebens, die Lenkung seiner Schritte. Also bin ich bereit, Wegskizzen anzulegen, auch wenn ich dafür heftige Schelte ernten werde. Das macht nichts. Die Menschen einigen sich so, indem sie sich zanken. Auch das hilft dem Denken, mit dem Urteil einen Weg einzuschlagen, einen nächsten Schritt zu versuchen. Ist das Denken einmal über die ersten Schritte hinausgekommen, wird aus dem Zanken ein neugieriger Meinungsaustausch. Schließlich erwächst daraus die gemeinsame Pflege der Erfahrung. In Summe ergibt das den menschlichen Geist. Er verfügt ja über seine sprichwörtlichen Flügel. Also darf der erste Schritt auch ein belächeltes Hineinstolpern sein.

Die Vertragswirtschaft

Der Zweck der Vertragswirtschaft ist die kollektive Selbstversorgung oder Subsistenz. Das Mittel des Geldes wird nicht abgeschafft. Es steht keine Revolution und kein soziales Abenteuer ins Haus. Das Geld verliert nur schrittweise an Bedeutung, indem es allmählich durch ein besseres Mittel ersetzt wird. Dieses bessere Mittel sind Verträge. In ihnen steht, was wer mit wem zu welchen Bedingungen und Zwecken austauscht.

Die Verträge werden freilich selbst zu Geld, sobald sie ausgetauscht werden. Deshalb ist der Austausch von Verträgen rechtlich oder gesellschaftlich zu unterbinden. Das aber ist möglich, indem die Verträge an die unterzeichnenden Personen gebunden bleiben. Wer unterschrieben hat, verbleibt in den vereinbarten Rechten und Pflichten.

Solange die Gesellschaft als Kontrollorgan besteht, solange kann sie die Verträge sicherstellen, und damit das Primat der Versorgung gegenüber dem Primat der Geldvermehrung gewährleisten. Umgekehrt wird die Gesellschaft nur solange bestehen, als sie Verträge garantieren kann. Wo die Kontrolle der Gesellschaft aufhört, dort hört sie selbst auf. Dort kehren die Menschen zurück in ihre Geschichte, um noch einmal und besser aus ihr zu lernen.

Soviel zu den allgemeinen Voraussetzungen oder notwendigen Korrekturen des Überlieferten, nun ein wenig mehr zu den Einzelheiten.

Die Vertragswirtschaft hat zwei Quellen oder Ursprünge. Die eine, schon tätige Quelle sind die Konzerne. Die andere, erst latente Quelle sind die Arbeitslosen.

Die Konzerne entwickeln spontan, von sich aus die Vertragswirtschaft, weil sie Steuern sparen wollen. Sie gründen überall Firmensitze und Niederlassungen, zwischen denen sie mittels Vertrag Güter austauschen. Das nennt sich interner Warenverkehr oder so ähnlich.

Das Geld dient dabei nur mehr als Rechengeld oder Vergleichsgröße. Es wird nur nominell oder fiktiv ausgetauscht, um den Austausch der Werte zu messen. Eigentlich ausgetauscht werden nur mehr die Waren. Eine Lieferung wird durch eine Gegenlieferung kompensiert, wobei viele Lieferungen dazwischentreten können. Die Teile des Konzerns arbeiten auf gegenseitigen Kredit, den sie vertraglich absichern.

Allerdings bleibt hier die Geldvermehrung oder der Gewinn die Maxime der Produktion und des Handels. Nach innen wird mit Verträgen gearbeitet, damit der innere Wertfluss nach außen klein erscheint. Aber es wird weiterhin nur um des Geldes willen gearbeitet.

Nicht nur wird alle lebendige Arbeit durch Geld oder Gewinnanteile entlohnt, sondern auch aller Handel mit Außenstehenden wird mit Geld abgewickelt. Jede Entscheidung wird darnach beurteilt, ob sie ausreichend Gewinn abwirft. Der Konzern kann als Ganzes nicht aus seiner Haut heraus, die ihm von der Marktwirtschaft aufgeprägt wird. Genauer: der Konzern kann nicht aus den Zwecken des Geldes heraus. Die Profitrate ist das Kriterium seiner Existenz.

Die Haut des Konzerns ist der Panzer des Gewinns. Dieser Panzer mag glänzen, aber die Menschen ersticken darin. Das Leben kann sich in Panzern nicht wirklich entfalten. Wer die Angestellten von Konzernen kennt, weiß, was ich meine. Morgens strahlen sie vor Zuversicht, abends tun sie einem Leid, und im Zenit ihres Schaffens wird die Firma verkauft. Aber auch hier oder dann gibt es eine Perspektive.

Die zweite, latente Quelle der Vertragswirtschaft, die Arbeitslosen, weisen den Weg. Sie beginnen ohne Geld. Sie haben nur ihre Arbeitskraft. Was ihnen fehlt, ist Arbeit, weil niemand mehr für ihre Arbeitskraft bezahlen kann oder will. So verschaffen sich die Arbeitslosen selbst Arbeit.

Sie verdingen sich vertraglich bei Bauern, um sich mit Nahrung zu versorgen. Die Bauern haben zu wenig Geld, um Arbeitskräfte zu bezahlen, und sie haben zuviel Ware, die sie nicht gewinnbringend verkaufen können. Die Bauern können Land und Gerät verleihen, sowie Methoden vermitteln. Sie können auf Gartenkulturen und Permakulturen umsteigen. Und sie können wieder beginnen, sich selbst zu versorgen. Sie können aus dem Schuldenkreislauf von Düngerkauf, Insektizideinsatz und schlechten Weltmarktpreisen aussteigen.

Die Ernte wird vertraglich geteilt. So werden die Bauern entschädigt, und so versorgen sich die Arbeitslosen mit Nahrung. Analog gehen sie mit allen Gütern vor, die sie brauchen. Sie erarbeiten diese selbst. Mit den Rohstoffen, Maschinen und Anlagen ihrer Vertragspartner. Das Produkt wird jeweils geteilt. Der Kreditgeber erhält einen Teil der Ware, mit dessen Verkauf er seinen Vorschuss abdeckt. Und die Arbeitslosen erhalten die Güter oder Produkte, die sie benötigen.

Was die Arbeitslosen auf diese Weise erwirtschaften, sind die Güter ihres Bedarfs. Sie betreiben oder begründen eine kollektive Subsistenzwirtschaft inmitten der Marktwirtschaft.

Geld ist dazu nicht erforderlich. Es kann als Rechengeld eingesetzt werden, um gerechte Verträge zu erlangen. Aber darauf kann auch verzichtet werden, sowohl auf Bezahlung, als auch auf gerechten Tausch. Brachliegende Arbeit kann jedes ermangelte Gut erarbeiten. Wird etwas teuer erarbeitet, so gilt es eben als kostbar, wie im Kunsthandwerk. Das Kriterium der Rentabilität bleibt möglich, verliert aber seine Notwendigkeit. Darüber entscheiden allein die Vertragspartner.

Die beiden Systeme sind verträglich, weil sie mit ihren gegenseitigen Überschüssen auskommen. Was dem einen zuviel ist, deckt den Mangel des Anderen. Die Marktwirtschaft braucht die Arbeitslosen nicht mehr versorgen, was sie ohnehin weder kann noch will. Und die Arbeitslosen bauen sich eine neue Existenz auf. Sie beenden ihre Abhängigkeit. Sie begründen Vereine der Selbstversorgung, die als juristische Person auftreten und Verträge abschließen können.

Mit dem Staat können in ähnlicher Weise Verträge errichtet werden. Er erhält Naturalsteuern in Form von Arbeit, Ernteanteilen oder Güteranteilen. Dafür gewährt er Gesundheitswesen, Schulwesen, Verwaltung und Rechtspflege.

Je größer die Vereine der Selbstversorger werden, desto umfangreicher wird ihre wirtschaftliche Tätigkeit. Die Verträge werden auf die gegenseitige Versorgung der Vereine erstreckt, auch über Landesgrenzen hinweg. Die Vereine übernehmen marode Wirtschaftsbetriebe oder Branchen und werden schließlich selbst zu Konzernen. Aber diese neuen Konzerne sind unabhängig von der Maxime des Gewinns. Sie können frei entscheiden, ob sie sich weiter versorgen wollen, oder ob sie sich wieder dem Geld anvertrauen wollen.

Das wird in den Statuten der Vereine zu regeln sein. Da wird auch vertraglich festgemacht, was ein Mitglied leistet und erhält. Dem möchte ich nicht vorgreifen. Es wird sich nach Kulturen und Entwicklungsstadien unterschiedlich gestalten. Aber wer lesen und schreiben kann, der kann auch Verträge verstehen, abschließen und einhalten.

Ich möchte ein System von Vorteilen und Sanktionen empfehlen. Vertragserfüllung wird belohnt, so wie das zuvor im Vertrag ausgemacht wurde. Vertragsbruch zieht Nacharbeiten und andere Nachteile nach sich, die ebenfalls vorher vereinbart wurden. So weiß jedes Mitglied, woran es ist und was der Verein will. Jedes Mitglied kennt seine Chancen, Pflichten und Risiken. Der Zweck des Vereins und seiner Arbeit aber ist allen klar. Dieser Zweck ist nicht mehr das Geld, sondern das Leben selbst. Es wird für das Leben gearbeitet, nicht für das Geld.

Das wird freilich eine Fülle von neuen Kulturformen hervorbringen, auf die wir gespannt sein dürfen. Solidarität wird dann keine Pflicht sein, sondern einfach eine Form der besseren Zusammenarbeit. Für Kulturpessimismus oder soziale Hoffnungslosigkeit besteht vielleicht aktuell Anlass, aber sicherlich kein unabänderlicher Grund. Mit dem Aufbau der kollektiven Subsistenz oder der Vertragswirtschaft kann sofort begonnen werden. Alle Voraussetzungen sind bereits gegeben.

9.2.2 Kritik des Staates

Die Zellen teilen sich nach den Zwecken des Lebens. Sie bilden Organe, Arten und Gattungen, und zwar immer so, wie das jeweils der Fortsetzung des Lebens entspricht. Die menschliche Gesellschaft ist nicht anders entstanden. Sie ist ein Produkt der Zellteilung. Sie ist ein Verband des organischen Lebens. Sie gestaltet sich nach den Zwecken des organischen Lebens.

Umgekehrt ist die Fortsetzung des menschlichen Lebens der Zweck der Gesellschaft, ihr Wesen und das Kriterium ihrer Daseinsweise. Je umfassender und reichhaltiger die Gesellschaft das menschliche Leben fortsetzen kann, desto besser entspricht sie ihrem Wesen, dem Grund ihres Daseins. Die Formen oder Arten der Gesellschaft entspringen dabei den Lebensformen des Menschen. Sie entspringen der Art und Weise, wie die Menschen ihre Zwecke und damit ihr Leben fortsetzen.

Das Wesen des Staates

Das organische Leben beginnt mit der Kontrolle im Stoffwechsel, mit dem Aufkommen des zweckmäßigen Stoffwechsels. Es besteht nur in dieser Art und Weise des Stoffwechsels. Indem die Gesellschaft ein Verband des organischen Lebens ist, bildet auch sie Kontrollorgane, die ihren Zwecken genügen. Das Kontrollorgan der ganzen Gesellschaft ist der Staat. Er kontrolliert die Zwecke der Gesellschaft und ihrer Mitglieder.

Ist die Gesellschaft homogen, so sind auch ihre Zwecke homogen, ohne inneren Widerspruch.

Liegen die Zwecke der Gesellschaft dagegen im Widerstreit, so ist umgekehrt auch die Gesellschaft nicht homogen. Sie ist dann in soziale Gruppen gespalten, die einander in ihren Zwecken widersprechen. Dem Werdegang des Widerstreits entspricht der Werdegang der Staatsformen.

Homogene Gesellschaften brauchen wenige Kontrollorgane. Die Kontrolle wird im Wesentlichen von den Menschen selbst ausgeübt. Sie ist bereits als Tradition, Gewohnheit oder Sitte im Denken und Verhalten verankert. Verbote sind Tabus, deren Verletzung Angst auslöst. Und Gebote sind ritualisierte Pflichten, deren Einhaltung Feste zeitigt.

Inhomogene Gesellschaften errichten Staaten, die den Widerstreit der Gruppen oder Zwecke unterdrücken. Die Willensbildung, das Verhalten und die Lebensweise werden einer Aufsicht und Lenkung unterzogen. Reicht das nicht hin, so werden sie gewaltsam unterdrückt. Deshalb ist die Ausformung der Lebensweisen in inhomogenen Gesellschaften eingeschränkt. Inhomogene Gesellschaften entsprechen den Zwecken des Lebens nur bedingt. So sind sie auch nur eingeschränkt lebensfähig und lösen einander ab.

Jede Gesellschaft, die überleben will, muss versuchen, homogen zu werden, ihren Widerstreit zu lösen, ihre Zwecke zu harmonisieren. Das allerdings kann der Staat nicht tun. Er ist ja das Kontrollorgan. Er muss den Bestand sichern, wie er ist. Eine Umformung der Zwecke kann nicht Sache desselben Staates sein, der die Umformung der Gesellschaft zu unterbinden hat.

Die Harmonisierung der Gesellschaft muss aus der Gesellschaft kommen und ihrerseits den Staat umformen.

Die Entwicklung der sozialen Lebensformen ist der Urheber oder Gestalter der Staatsformen. Nicht umgekehrt. Kein Staat kann Gesellschaft machen.

Versucht ein Staat, die Gesellschaft zu formen, die er kontrolliert, dann muss er der Gesellschaft jene Zwecke vorgeben, an die er glaubt. Er folgt also einem Programm, das nicht aus der Gesellschaft erwächst. Sonst wäre eine Umformung ja nicht notwendig.

Ein solches Programm ist eine Sammlung aus Glaubenssätzen, die der Staat verordnet. Es ist eine Ideologie, ein Versuch, Zwecke zu einem vorausbestimmten Ziel zu lenken. Das Leben hat aber keine vorausbestimmten Ziele oder Formen. Deshalb muss jede Ideologie scheitern, sobald sie ihre Zwecke erreicht. Denn das Leben ist inzwischen an ihr vorüber gegangen. Die Ideologie ist ein konservierter Zweck, eine mumifizierte Leiche.

Erwächst ein Programm zur Umformung der Gesellschaft nicht aus der Gesellschaft selbst, sondern ist es ein Zweck des Staates, so ist dieser Staat ein Selbstzweck. Er dient nicht dem Leben, sondern dem, was er sich als Leben vorstellt. Ein solcher Staat macht sich selbst zum Leitstern des Lebens. Er nennt sein Programm Fortschritt und ist totalitär.

Nun können wir noch annehmen, dass der Staat die Zwecke der Gesellschaft ständig erforscht, bevor er neue Ziele vorgibt oder Programme ausgibt. Aber passt der Staat seine Kontrolle dann den alten oder den neuen Zwecken an? Weiß er auch ständig, welchem seiner Programme die Gesellschaft wo jeweils schon genügt, oder wo sie in welchen Teilen noch nachhinkt?

Nein, diese Annahme hält nicht. Der Staat, der die Zwecke ausgibt, beherrscht die Gesellschaft nicht zu deren Zwecken, sondern zu seinen eigenen. Auch wenn ein solcher Staat gutgläubig beginnt, ist er kein Kontrollorgan des Lebens, sondern ein Wächter des Glaubens. Wo ihm das Leben davoneilt, wird er scheitern.

Die Zukunft des Staates

Die Ziele der Gesellschaft kommen aus den Zwecken des Lebens. Sie können nicht vorweggenommen, nicht abgesehen, und auch nicht verordnet werden. Alle Teile der Gesellschaft müssen ihre Zwecke formulieren und zur Geltung bringen. Daran führt kein Weg vorbei, der nicht Teile der Gesellschaft links oder rechts liegen und verderben lässt.

Auch eine Lösung von außen ist nicht möglich, weil sie nie den Zwecken des Lebens in ihrer örtlichen und sozialen Ausprägung entsprechen kann. Alle Missionare und Invasoren vergessen das, um es erneut zu erfahren. Eroberer wissen es, und setzen deshalb auf Völkermord. Aber die Geschichte hat ein langes Gedächtnis und einen langen Arm, ist sie doch das Leben selbst. Das Leben kehrt bewusst zu jedem ungelösten Problem zurück, um es zu lösen, um sich fortsetzen zu können.

Jede Gesellschaft muss ihren Widerstreit von selbst und auf sich gestellt zu Ende führen. Erst dann hat sie selbst Lösungen gefunden, wie sie den Zwecken des Lebens entsprechen kann. Nur so kann sie selbst bestehen bleiben. Vertraut eine Gesellschaft auf fremde Rezepte, so geht das Leben an ihr vorbei.

Ihre Staatsform muss jede Gesellschaft gemäß ihren Zwecken jeweils mitführen, mitgestalten. Der Staat ist Sache der jeweiligen Gesellschaft, die ihn zur Kontrolle ihrer jeweiligen Zwecke aufrichtet.

Trotzdem wollen wir nicht zusehen, wie Teile der Menschheit im Widerstreit versinken. Oder wie Eroberer Geschichte machen. Oder wie Verrückte das Leben verordnen. Und noch ein Problem hat sich unlängst aufgetan: die Globalisierung.

Der Staat ist das Kontrollorgan der gesamten Gesellschaft. Er herrscht über alle Bürger. Aber der Staat hat geografische Grenzen, die von der Gesellschaft bereits überschritten wurden. Während Gesetzgebung, Verwaltung und Rechtsvollzug noch in Nationen organisiert sind, wirtschaftet die Gesellschaft bereits jenseits dieser Schranken.

So wirtschaftet die globale menschliche Gesellschaft bereits ohne Schranken, ohne Kontrolle. Die einzelnen Staaten können ihrem Zweck nicht mehr entsprechen, die Gesellschaft ist ihnen insgesamt entwachsen. Genauer: jene Teile der nationalen Gesellschaften sind ihren Nationalstaaten entwachsen, die faktisch über die internationale Wirtschaft verfügen.

Diese Teile der nationalen Gesellschaften wirtschaften nach ihrem Gutdünken, nach ihren Zwecken. Da die Zwecke der global agierenden Konzerne nicht den Zwecken der globalen Gesellschaft entsprechen, hat sich ein Problem aufgetan, das rasch an Brisanz zunimmt.

Da erhebt sich die Frage, was die Menschen tun sollen. Welche Kontrollorgane sollen sie errichten? Brauchen wir Fanfaren der Gerechtigkeit und himmlische Reiter?

Der Leser wird schon gemerkt haben, ich bin ein Freund von Verträgen. Verträge nennen ihre Zwecke. Sie sind nicht nur ein Mittel der Kontrolle, sondern auch ein Mittel der Selektion und Planung. Gute Verträge können den Erfolg sicherstellen und belohnen. Sie können auch den Vertragsbruch sanktionieren, die Vertragserfüllung erwirken und so wieder den Erfolg sichern. Wird der Erfolg von Verträgen öffentlich gemacht, so macht er Schule. Das Denken kennt keinen besseren Lehrmeister als den Erfolg. Und kein schärferes Regulativ als den Misserfolg, der nicht verheimlicht werden kann.

Also denke ich, zwischen der Gesellschaft und den Staaten sollten Verträge entstehen.

Zwar schließen auch die Staaten Verträge ab. Aber diesen Verträgen fehlt das Leben. Sie kommen von oben und müssen erst lenkend eingreifen. Sie wirken nicht anders als die sonstigen Kontrollmaßnahmen des Staates. Sie treten als Verordnungen und Gesetze auf, deren Einhaltung überwacht werden muss. Dagegen ist nichts einzuwenden, wenn die Geschichte funktioniert. In diesem „wenn" steckt allerdings schon die ganze Geschichte.

Kommen die Verträge von der Basis, aus der Gesellschaft selbst, dann sind sie erfüllt von Zwecken, also von Leben. Was ich vorschlage, sind Verträge, die die Gesellschaft formuliert und anstrebt. Hat aber die Gesellschaft Organe, die Verträge ausarbeiten und mit den Staaten vereinbaren kann? Und nicht nur mit Staaten, sondern auch mit Eroberern, Fanatikern, Ignoranten und Verrückten?

Die Gesellschaft hat Vereine, Gewerkschaften, Glaubensgemeinschaften, Parteien, Interessensverbände, Nicht-Regierungs-Organisationen, Verbände für fast jeden Zweck. Alle diese Verbände betreiben Werbung, Meinungsbildung, Propaganda, Lobbying. Alle diese Verbände sind vertragsfähig und vertragswillig. Warum aber arbeiten sie keine Verträge mit dem Staat aus?

Im Einzelnen geschieht dies sogar. Aber die meiste Kraft richtet sich auf Gesetze, die die Verbände erreichen wollen. Sie glauben an die Regierungen, die sie umstimmen oder überzeugen wollen. Sie glauben auch an die Meinung der Bevölkerung, an die Medien, an die Ausbildung, an die Schule, an das Lernen. Aber zugleich vermuten sie die Macht dort, wo sie nominell vertreten ist.

Die wirkliche Macht ist das Leben. Es setzt seine Zwecke immer fort. Also ist die wirkliche Macht in den lebenden Menschen gegeben. Aber die Menschen delegieren ihre Macht. Sie wählen oder dulden Vertreter ihrer Zwecke.

Das kann so bleiben. Aber die Menschen sollten ihre Macht nicht ohne Auftrag und nicht ohne Kontrolle delegieren. Und diese Aufträge und Kontrolle, das könnten beides die Verträge sein.

Freilich werden die Verbände der Gesellschaft nicht einfach anklopfen und sagen, bitte hier wäre etwas zu unterschreiben. Aber sie können ihre Zwecke und Vertragsentwürfe veröffentlichen.

Wenn die Debatte der Zwecke und Verträge in den Medien und über Internet stattfindet, dann ändert sich die politische Kultur, ohne dass eine abrupte Veränderung der politischen Instanzen notwendig wird. Die Veränderung wird trotzdem eintreten, aber allmählich, nach Maßgabe der Verträge.

Im Anfang werden sich nur einzelne Personen, Parteien oder Vertretungsorgane auf öffentlich gebilligte und eingeforderte Zwecke verpflichten. Aber nach und nach werden nur mehr solche Vertretungen gewählt oder geduldet werden, die sich auf diese Zwecke und Verträge einlassen. Dann entstehen auch neue Formen der Machtausübung und Machtkontrolle.

Der Springpunkt ist die politische Kultur. Sie muss die Zwecke des Lebens bewusst machen. Dazu aber sind die Verträge geeignet. Sie verlangen eine Entscheidung, eine Willensbildung. Und sie stellen den Erfolg der Entscheidung sicher, also auch den Vollzug des Willens. Die Macht wird nicht mehr abgegeben, sondern nur mehr zum Vollzug delegiert. Der Wille, was geschehen soll, geht dann von den Vertragspartnern aus. Und die Kontrolle verbleibt bei ihnen. Es werden also solche Verträge entstehen und Erfolg haben, die dem Willen der Mehrheit entsprechen. Die Verträge können zum eigentlichen Vollzug der Demokratie werden.

Irgend ein kleiner Anstoß für die Veränderung fehlt noch. Wo habe ich den vergessen? Waren da nicht weiter oben schon irgendwelche Vereine mit Verträgen? Ach, ich erinnere mich. Die haben schon zuvor erklärt, dass sie ihre eigenen Wege gehen wollen.

9.2.3 Kritik des Rechtes

Wer wie ich an Verträge glaubt, muss wohl auch sagen, warum er das tut.

Ich denke, das Recht ist im Kern der Respekt vor dem Leben. Dieser Respekt ist ein notwendiger Teil des Bewusstseins. Wo das Bewusstsein Leben erkennt, begreift es auch dessen Schutzwürdigkeit. Was dem Leben dient, wird als gut befunden, was ihm schadet, als schlecht. Was bewusst schaden soll, wird als böse oder unmoralisch erkannt. Die Moral ist die Unterscheidung von gut und böse.

Das Recht bewertet Handlungen nach der Moral, also nach ihrem Nutzen oder Schaden für das Leben. Soweit Handlungen bewussten Zwecken folgen, beurteilt das Recht bewusste Zwecke nach ihrer Wirkung auf das Leben. Das Recht legt fest, was dem Leben recht ist, was ihm gerecht wird, oder was ihm schadet. Das Recht ist in der Folge eine Sammlung von Urteilen, die als Richtschnur für mögliche Handlungen ausgelegt werden.

Wer vom Recht abweicht, schadet dem Leben, entweder seinem eigenen, oder dem Leben anderer, oder beides zugleich. Rechtsabweichungen sind lebensfeindlich, auch dann noch, wenn es anscheinend nur um Sachen geht. Denn Sachen sind letztlich Hilfsmittel für das Leben. Sind sie dies nicht, so sind sie auch rechtlich ohne Belang.

Der Respekt vor dem Leben ist immer vorhanden, auch wenn er verkümmert ist. Er besteht sogar dann, wenn er in einem kranken Bewusstsein in sein Gegenteil verkehrt wird. Wer fremdes Leben nicht respektiert, hat zuvor den Respekt vor seinem eigenen Leben eingebüßt, also vor sich selbst.

Anderen zu schaden, sie zu misshandeln oder sie zu töten, das soll bei Respektlosen den eigenen Respekt wieder aufrichten, muss aber aufgrund der verkehrten Methode scheitern. Ein rechtloser Mensch findet nie zu seiner Selbstachtung. Dem steht der angerichtete Schaden am anderen Leben im Wege. Auch dieser Schaden wird Teil des Bewusstseins, er wird zum schlechten Gewissen. Das schlechte Gewissen besagt, dem Leben geschadet zu haben, es nicht ausreichend respektiert zu haben.

Gewissenlose nehmen sich das Recht heraus, eben weil sie es nicht erlangen können. Es fehlt ihnen das Rechtsbewusstsein, nämlich der Respekt vor dem Leben. Sie wissen nicht, wie sie diesen Respekt für sich, für ihre Person wieder erlangen könnten. Also setzen sie sich über ihr Gewissen hinweg, oder sie zerstören es systematisch.

Gelangen Personen ohne Selbstachtung an die Macht, dann versuchen sie, ihr Gewissen wiederherzustellen, das ist, ihren Respekt vor sich selbst und vor dem Leben. Sie erklären dann ihre Macht als das von ihnen eingesetzte Recht. Sie erklären ihre Zwecke als gerecht oder als gut für das Leben. Weil es aber nur ihre Zwecke sind, geht das Leben unterdessen einen anderen Weg.

Auch Gewissenlose sehnen sich nach dem Respekt vor dem Leben, aber es fehlt ihnen die Einsicht in ihre Person, in ihre Respektlosigkeit. Sie vergehen sich am Leben, weil sie es nicht anerkennen. Gewalt und List erscheinen ihnen zweckmäßig, weil sie ihre Zwecke, ihr Leben, über anderes Leben erheben. Ihre Grausamkeit wird ungezügelt, wo ihre Hilflosigkeit vollständig wird. Gewissenlose wollen sich selbst Stärke demonstrieren, weil sie sich vor ihrer Haltlosigkeit fürchten.

Die Zerstörung des Gewissens ist eine menschliche Fehlentwicklung. Das Fehlen des Gewissens ist kein tierischer Wesenszug.

Bei Beutegängern können wir beobachten, dass sie Fressfeinde fürchten, fressbare Pflanzen und Beutetiere begehren, andere Arten ignorieren und verwandte Arten respektieren. Diese Tiere wissen, was ihnen schadet oder nützt, was ihrer Beute schadet oder nützt, und was für ihr Leben ohne direkten Belang ist. Sie sind sich weiters bewusst, was ihresgleichen schadet oder nützt, ihrem Nachwuchs, ihrem Rudel, ihrer Art.

Beutegänger unterscheiden demnach die Zwecke des Lebens nach ihren eigenen und nach fremden Zwecken. Den eigenen Zwecken wird entsprochen, fremde Zwecke werden unterworfen, oder es wird ihnen ausgewichen. Jeweils wird den Zwecken Respekt gezollt, und damit der Fortsetzung des Lebens. Beutegänger haben Respekt vor dem Leben, somit Recht und Rechtsempfinden, und somit auch ein Gewissen.

Das besagt nicht, dass alle Tiere gut sind. Auch Tiere haben Charaktere. Es kommt darauf an, wie sie mit ihrem Gewissen umgehen. Das besagt nur, dass sich das Leben von Anbeginn an Respekt verschafft.

Bemerkenswert ist das Akzeptieren des Gefressen-Werdens, wenn es soweit gekommen ist. Ein Beutetier stirbt nicht gleich, aber es hört auf, sich zu wehren. Es willigt in seinen Tod ein. Eine Kolonie Pinguine sieht ohne Widerstand zu, wie zwei Enten ein Jungtier auswählen, scheitern, ein anderes erbeuten und fressen.

Der Tod wird angenommen als die Fortsetzung anderen Lebens. Der Tod wird akzeptiert als die Fortsetzung fremder Zwecke. Das tierische Bewusstsein kennt keine Hinterfragung oder Infragestellung des Zwecks. Leben und Zweck sind eins. Sie werden als solches akzeptiert, in allen Formen bewusst hingenommen.

Unter Tieren wird das Bewusstsein über die Zwecke durch das Verhalten ausgetauscht und fortgepflanzt. Soweit der Respekt vor dem Leben auch in einer Anpassung der Gene verankert wird, soweit wird das Recht auch vererbt oder angeboren. Es ist dann Naturrecht.

Wir Menschen gießen unseren Respekt vor dem Leben in die Formen der Sprache. Die Sprache ist ja unsere Art und Weise, die Ergebnisse unseres Denkens auszutauschen, die Inhalte unseres Bewusstseins. Also tauschen wir auch unseren Respekt vor dem Leben aus, unsere Rechtsvorstellungen.

Wir sammeln unsere Urteile nicht nur mündlich, sondern wir schreiben sie auch fest. Das ergibt das geschriebene Recht. Es ist Erfahrung und Richtschnur, Überlieferung und Sittenkodex. Es blickt zurück und es blickt nach vorn, ob der Moral entsprochen wird, und damit dem Leben.

Nachdem der Staat das Kontrollorgan der gesellschaftlichen Zwecke ist, übergibt die Gesellschaft die Rechtspflege an den Staat. Der Staat verfasst Gesetze, verwaltet ihre Befolgung, und urteilt über ihre Verletzung. Zuletzt erscheint das Recht als staatliche Tätigkeit, als Urteil und Vollzug eines Souveräns über die Regierten. Selbst dann noch, wenn übernatürliche Richter bemüht werden, ist das Recht aber immer noch dasselbe, nämlich der Respekt vor dem Leben.

Verträge haben den Vorteil, ihre Zwecke gegenseitig zu beurteilen. Sie sind also unmittelbares Recht. Jede Seite erklärt, die anderen Zwecke, das andere Leben respektieren zu wollen. Sonst kommt ein Vertrag nicht zustande.

Werden Verträge öffentlich erstellt und korrigiert, so schaffen sie eine Rechtskultur des gegenseitigen Respekts. Eine solche Rechtskultur dient dem Leben und seiner Fortsetzung in allen seinen bestehenden und kommenden Formen.

Solche Verträge schreiben die Fortsetzung des Lebens im Voraus. Sie beurteilen die Möglichkeiten des Lebens und nehmen sie dann wahr, machen sie auch wirklich. Das ist der höchste Respekt vor dem Leben, den wir entwickeln und festschreiben können. Das ist zugleich das Recht in seiner höchsten Entfaltung, die überdies unbeschränkt bleibt.

10. Kritik des Denkens

Ich möchte noch auf einige Fragen eingehen, die das Denken betreffen. Ich möchte also das Denken hinterfragen, auf das ich mich stütze. Da ich empfehle, sich auf das Denken zu verlassen, möchte ich auch zu angemessener Vorsicht raten. Das Denken neigt dazu, gutgläubig zu werden. Es lenkt dann das Leben möglichst sorglos, bis beide vom Weg abkommen, bis das Leben und das Denken ihren Halt verlieren. Verfehlen beide ihre Zwecke, dann hält das Denken inne. Es sucht dann in sich Halt, um sich neu und besser zu begründen, bevor es erneut aufsteigt.

10.1 Kritik des Daseinsgrundes

Die erste Frage, auf die ich eingehen möchte, ist jene, warum das Sein besteht. Alles was besteht, denken wir, muss doch einen Grund haben, so auch das Sein. Aber was ist der Grund des Seins?

Vorne habe ich das Sein als zeitlos bezeichnet, und zuletzt als ident mit der Natur. Das Nichts war das Werden des Seins, das Kommen und Gehen der Etwas, ihre Verwandlung ineinander. Jetzt wollen wir wissen, warum das Sein besteht, aus welchem Grund die Natur gegeben ist.

Der Grund, aus dem das Sein gegeben ist, ist offenbar der Umstand, dass wir das Sein vorfinden. Warum aber finden wir das Sein vor?

Unser Denken muss sich von der übrigen Natur absondern, um unser Leben und die Natur überdenken zu können. So wird auch das Sein zum Gegenstand unseres Denkens. Allein aus diesem Grund finden wir das Sein vor. Wir selbst machen das Sein zum Gegenstand, und damit auch zum Fund unseres Denkens. Der Grund des Seins ist ein methodischer Grund, er beruht auf unserer Denkweise.

Ist das Sein dem Denken nicht gegeben, dann besteht es ohne Grund. Umgekehrt ist dann das Sein ohne das Denken gegeben. Der Mensch ist dann noch nicht im Sein. Das Sein besteht dann ohne die Frage, warum es gegeben ist. Besteht das Sein aber fraglos, so besteht es auch grundlos.

Das Sein genügt sich selbst zum Dasein. Es ist. Das ist für das Sein genug. Es bedarf weder eines Grundes, noch eines Zwecks, noch eines zeitlichen oder räumlichen Rahmens, noch eines Umfeldes, noch einer Ordnung, noch sonst irgend einer

Bestimmung oder Unbestimmtheit. Das Sein bedarf auch keiner Möglichkeit und keiner Notwendigkeit. Es bedarf nur seiner selbst.

Der Mensch aber bedarf des Grundes, für alles, was wir denken. Wir können nur richtig denken, wenn wir begründen, was wir denken. Ein grundloses Dasein stört unser Denken, weil wir dann annehmen müssen, dass unser Denken nicht richtig funktioniert.

Das Sein ist nur insofern gegeben, als es unserem Denken gegeben ist. Der Grund des Seins ist ein geistiger Grund. Er besteht darin, dass wir unser Denken aus dem herausheben, worüber wir nachdenken. Wenn wir über das Sein nachdenken, dann müssen wir unser Denken aus dem Sein herausnehmen, vom übrigen Sein absondern.

Weil unser Leben und unser Denken auf dem Zweck beruhen, bedürfen beide, unser Denken und unser Leben, immer des Zweckes oder Grundes, wenn sie bestehen wollen. Ohne Grund oder Zweck können wir nichts, kein Etwas denken. Alles, was unserem Leben entsprechen soll, muss einen Grund und einen Zweck haben. Weil unser Leben so funktioniert, funktioniert auch unser geistiges Leben so, unser Denken.

Wir können in unserem Leben nichts als grundlos gegeben akzeptieren, weil das unser Dasein, unser Leben in Frage stellen würde. Was keinen Grund und keinen Zweck hat, fügt sich nicht in die Ordnung des Lebens. Was sich aber nicht in die Ordnung des Lebens fügt, bedroht das Leben.

Wir setzen den Grund des Seins voraus, weil wir erkennen, dass das Sein unserem Leben entspricht. Begünstigt das Sein unser Leben, so ordnet sich das Sein offenbar in die Zwe-

300

cke unseres Lebens ein. Also hat das Sein denselben Grund wie unser Leben, so schließen wir.

Das ist allerdings ein Trugschluss, weil er auf der Umkehrung der Geschichte beruht. Das Sein hat mit dem Zweck unser Leben hervorgebracht. Der zweckmäßige Stoffwechsel ist nur ein Teil des ganzen Stoffwechsels. Das organische Leben ist nur ein Teil des materiellen Lebens. Weil aber das organische Leben seine Zwecke immer fortsetzt, sieht es das ganze Sein als zweckmäßig an.

Wenn wir sagen, das Sein muss doch einen Grund haben, so denken wir eigentlich, das Sein muss doch einen Zweck haben. Soviel ist auch richtig. Das Sein hat einen Zweck hervorgebracht, nämlich das Leben und sein Denken. Der Zweck des Seins, das sind wir. Nur indem wir den Zweck immer umkehren müssen, um ihn erkennen zu können, nur so setzen wir dem Sein den Zweck voraus. Es ist unser Zweck. Der Grund des Seins ist geistiger Natur, nämlich unser Zweck.

10.2 Kritik der Wirklichkeit

10.2.1 Die Wirklichkeit des Menschen

Die Wirklichkeit ist erstens das, was auf unseren Körper, auf unsere Sinne und auf unser Denken einwirkt. Aus dem Umstand, dass in unserem Denken etwas bewirkt wird, schließen wir auf etwas Wirkendes. Das Wirkende verstehen wir als die Ursache für die Wirkung in uns.

Erkennen wir auch andere Wirkungen auf andere Dinge in unserer Umgebung, so schließen wir auf analoge Ursachen. Die Wirklichkeit wird zur Ursache aller Wirkungen, die unser

Denken erkennt. Indem offenbar alle Dinge aufeinander einwirken, zur Ursache von Wirkungen werden können, wird schließlich die bloße Umgebung unseres Denkens zur Wirklichkeit. Die erste Wirklichkeit ist unsere Umgebung.

Die Wirklichkeit ist zweitens das, was in unserem Körper, in unseren Sinnen und in unserem Denken wirkt. Nachdem die Vorgänge in unserem Körper etwas in unserem Denken bewirken, erkennen wir sie als Ursache an, und damit als wirklich. Die Vorgänge in unserem Körper und in unseren Sinnen begreifen wir als unser körperliches Leben. Die Vorgänge in unserem Denken verstehen wir als unser geistiges Leben. Alle Vorgänge in uns verstehen wir insgesamt als unser Leben. Die zweite Wirklichkeit ist unser Leben.

Drittens ist die Wirklichkeit das, worauf unser ganzer Körper einwirkt. Nicht nur unsere Sinne und unser Denken wirken auf unsere Umgebung ein, sondern vor allem unsere Hände, unsere Füße, unser gesamter Organismus. In weiterer Folge wirkt auch unsere Arbeit auf unsere Umgebung ein. Wir gestalten sie nach Kräften, wenn auch wenig besonnen um. Die dritte Wirklichkeit ist die Veränderung unserer Umgebung.

Alle drei Wirklichkeiten, die vorgefundene Umgebung, das Leben, und die durch unser Leben veränderte Umgebung, alle drei sind zusammen die ganze Wirklichkeit, die der Mensch erkennen kann und erkennt. Ich nenne sie die Wirklichkeit des Menschen.

10.2.2 Die Schranken der Wirklichkeit

Wir erkennen, dass unser Leben in der vorgefundenen Umgebung stattfindet und dieselbe auch verändert. Der Umstand, dass die vorgefundene Umgebung durch unser Leben verändert wird, zeigt uns, dass die vorgefundene und die veränderte dieselbe Umgebung sind. Wenn sich die Veränderungen auf jene beschränken, die unser Leben bewirkt, ist unser Leben der Garant dafür, dass es nur eine Wirklichkeit gibt. Unser Leben ist das Bindeglied zwischen der ersten und der dritten Wirklichkeit.

Wir können das auch so fassen:

Die erste Wirklichkeit, die Einwirkung der Umgebung auf uns, das ist die Emission der Umgebung, die wir in uns aufnehmen, die wir absorbieren. Die erste Wirklichkeit ist die Aufnahme des Äthers aus der Umgebung, ist die Absorption fremder Emission durch uns.

Die zweite Wirklichkeit, unser Leben, das ist das, was wir aus dem absorbierten Äther machen. Was wir daraus machen, das sind wir selbst, das ist unser Körper und unser Denken. Wir sind das Resultat unseres Lebens. Wir sind der Verband, der den absorbierten Äther zu sich verarbeitet. Als Körper und Verband sind wir die Rotationsweise jenes Äthers, den wir aufgenommen und zu uns vereint haben.

Die dritte Wirklichkeit, unsere Einwirkung auf die Umgebung, unsere Veränderung der Umgebung, das ist die Wirkung unserer Emission auf die umgebenden Absorber unseres Emittats. Die dritte Wirklichkeit ist unsere Emission von Äther.

Allerdings beschränken sich die Veränderungen in unserer Umgebung nicht auf jene, die unser Leben bewirkt. Vielmehr ist unsere Wirkung minimal. Sie ist eingebettet in größere Veränderungen. Weil aber unsere Wirkung gegeben und erkennbar ist, erkennen wir den Zusammenhang von Ursache und Wirkung. Diesen Zusammenhang erweitern wir auf unsere gesamte Umgebung oder Wirklichkeit. Wir schließen also aus unserem Leben auf unsere Umgebung.

Das halte ich für notwendig und zulässig. Notwendig ist es, weil wir anders nicht leben können. Wir müssen unsere Umgebung erkennen. Zulässig ist es, solange wir nicht vergessen, wie klein unser Einfluss oder unsere Wirkung auf unsere Umgebung ist.

Wo wir faktisch nichts mehr verändern können, dort haben wir keinen Einfluss, keine Wirkung mehr. Dort haben wir streng genommen auch keine Wirklichkeit mehr. Dort haben wir nur mehr eine vorausgesetzte, eine erdachte Wirklichkeit.

Wir denken über die unserem Einfluss entrückte Umgebung so, wie wir über die von uns veränderbare Umgebung denken. Wir setzen auch dort die erste und die dritte Wirklichkeit gleich, wo unser Leben nicht mehr als Prüfstein oder Vermittler wirken kann. Dessen müssen wir uns bewusst bleiben. Dort wird es immer Überraschungen für uns geben.

10.2.3 Die abstrakte Wirklichkeit

Wenn wir über eine Umgebung nachdenken, die wir nicht beeinflussen können, so wird diese Umgebung vielleicht trotzdem auf uns einwirken. Sie kann eine Bedingung für unser Leben sein, und solche Bedingungen können wir erkennen.

Wir können sagen, weil unser Leben funktioniert, müssen dort, in der von uns entrückten Ferne, diese oder jene Bedingungen vorherrschen, ansonsten würden in unserer Umgebung lebensfeindliche Bedingungen auftreten.

Wir dürfen also auf die erste Wirklichkeit schließen, wenn wir Zusammenhänge in ihr erkennen, die in unserer Umgebung, in der dritten Wirklichkeit prüfbar sind. Unser Leben dient auch dann als Beweis oder Garant, auch wenn es nichts mehr verändern kann, einfach durch den Umstand, dass es besteht.

Das gibt unserem Denken eine große Reichweite. Wir können geistig in Wirklichkeiten vordringen, die unserem Einfluss räumlich und zeitlich entzogen sind, oder auch technisch oder praktisch.

So ausgerüstet verallgemeinern wir unsere Erfahrungen aus unserer Umgebung, die wir beeinflussen, die wir verändern können, auf unerreichbare Umgebungen. Wir schließen aus der dritten Wirklichkeit auf die erste, soweit uns die erste Wirklichkeit erreichen kann und erreichen muss.

Diese Leistung unseres Denkens ist die Abstraktion. Die Abstraktion ist eine erschlossene Wirklichkeit.

Die uns erreichende Wirkung, die aus einer von unserem Leben nicht erreichbaren Umgebung kommt, bleibt eine günstige Bedingung für unser Leben. Mehr können wir über diese Wirkung nicht in Erfahrung bringen. So bleibt die abstrakte Wirklichkeit der Umstand, dass unser Leben möglich ist. Die abstrakte Wirklichkeit ist die Möglichkeit unseres Lebens.

10.2.4 Die Wirklichkeit der Natur

Oben habe ich die drei menschlichen Wirklichkeiten aus unserer Umgebung gewonnen: die Absorption, die Vereinigung und die Emission von Äther durch den Menschen.

Jetzt nehme ich eine Bedingung nach der anderen für unser Leben hinzu. Ich dringe also geistig aus unserer Umgebung in jene Bereiche vor, die wir nicht beeinflussen können.

1) Der Mensch kann nur absorbieren, was die Dinge in seiner Umgebung emittieren.

2) Wenn die Dinge in der Umgebung des Menschen emittieren, dann ist nicht nur der Mensch Absorber. Auch die anderen Dinge müssen als Absorber wirken oder auftreten. Würden die Dinge nämlich nur emittieren, so könnten sie ihren Bestand nicht aufrecht erhalten. Sie würden sich auflösen.

3) Wäre der Mensch der einzige Absorber, so würde er alles Emittat in sich aufnehmen und verdampfen.

4) Wenn die Dinge in der menschlichen Umgebung absorbieren und emittieren, dann müssen dies auch die Dinge in der dem menschlichen Einfluss entrückten Umgebung tun. Ansonsten könnten die entfernten Dinge ihren Bestand nicht behaupten.

So komme ich zu dem Ergebnis, dass alle Dinge absorbieren und emittieren, und zwar in einer Weise, die dem menschlichen Leben genügt, die es ermöglicht. Der Austausch von Äther ist nicht nur der Garant des Lebens, sondern des Bestandes der gesamten Natur, des Seins.

Die ganze Wirklichkeit setzt sich aus Emission, Vereinigung und Absorption zusammen. Nicht nur beim Menschen, sondern bei allen Dingen seiner Umgebung, und auch noch in allen Umgebungen, die von der Emission des Menschen unerreicht bleiben.

Die Wirklichkeit ist der Austausch von Äther, und bei höheren Verbänden der Austausch von Stoff. Der Austausch von Äther und Stoff bewirkt die Bewegung, und in seiner Vereinigung als Rotation bewirkt er den Körper. Die Kontrolle desselben Austausches zeitigt das Leben. Die bewusste Kontrolle des organischen Austausches bildet das Bewusstsein. Die bewusste Kontrolle des Bewusstseins bildet das Selbstbewusstsein. Das materielle und das organische Leben kommen in allen ihren Formen aus dem Austausch von Äther hervor.

10.2.5 Das Erkennen der Wirklichkeit

Manche denken, dass wir die Wirklichkeit nicht erkennen können, dass unser geistiges Abbild der Natur immer verschieden bleiben muss von der Natur. Wir könnten also prinzipiell keine Wahrheit finden und könnten nur in unseren Einbildungen herumtappen.

Da frage ich mich, wie wir bisher überlebt haben. Aber ein so heißes Eisen will ich ein wenig lockerer anfassen: was wir im Kopf haben, muss sich freilich von dem unterscheiden, was wir im Kopf haben möchten.

Was wir haben möchten, das ist ein naturgetreues oder wahres Abbild der Natur. Wir nennen es Wahrheit oder wahren Geist. Wenn wir einen Kopf dafür als zu klein erachten, dann sprechen wir auch gerne von Weisheit.

Was wir eigentlich im Kopf haben, das ist unser Gehirn, ein Stück Natur. In diesem Gehirn sind Zellen, die ihren Stoffwechsel verändern, wenn wir denken.

Wenn unsere Gedanken kreisen, dann rotieren die Elektronen in den Molekülen unserer Nervenzellen, vornehmlich im Gehirn. Die Elektronen rotieren so, dass in den Molekülen der Gene, in den Doppelspiralen der Nervenzellen kleine Veränderungen erzielt werden und auch bestehen bleiben. Diese Veränderungen der Nervenzellen sind das Gedächtnis. Es besteht materiell in allen Nervenzellen, nicht nur im Gehirn.

Wenn unsere Gedanken aufhören zu kreisen, dann sind sie zu einem Ergebnis gekommen. Auch dieses Ergebnis besteht materiell, nämlich wieder als Veränderung von Genen in Nervenzellen.

Wird diese Veränderung abgefragt oder angeregt, dann stellen die veränderten Gene all jene Verbindungen wieder her, die zu diesem Ergebnis geführt haben. Die Gedanken kreisen dann wieder, aber nur kurz, denn das Ergebnis liegt bereits vor. Es wird wachgerufen aus der Rotationsweise der Elektronen in den involvierten Molekülen.

Rotieren Elektronen, so bilden sie einen Verband. Ein geistiges Ergebnis bildet also materiell einen elektronischen Verband in den Genen der Nervenzellen.

Das Gehirn kann diese Verbände aufrufen, also bilden, umformen und wieder abberufen oder auflösen. So denken wir in Ergebnissen, die wir ständig verbessern, während die Elektronen in den Molekülen entsprechende Rotationsweisen einnehmen, umformen und wieder auflösen.

Darin liegt die Entsprechung von Gedanke und Gehirn, von Geist und Materie. Deshalb sagte ich vorne, das Denken macht Schritte. Wenn es geübt ist, kann es auch laufen, springen und tanzen. Und das alles im Kopf, wenn ich von den anderen Nervenzellen einmal absehe.

Darin liegt nicht nur die Entsprechung von Geist und Materie, sondern auch von Geist und Leben. Weil das Gehirn lebende Materie ist, kann es so denken, wie das den Zwecken unseres Lebens entspricht. Die Zwecke unseres Lebens unterscheiden sich nicht von den Zwecken der Natur. Aus diesem Umstand denken wir das Richtige, wenn unser Geist dem Leben dient und entspricht.

Die Wahrheit ist erkennbar. Sie ist die Übereinstimmung des Zwecks im Denken und im Leben, also auch in der Natur. Dabei kommt es aber nicht auf Begriffe, Urteile oder sonstige Bausteine des Denkens an, sondern nur auf seine Ergebnisse.

Denken wir richtig, so leben wir. Denken wir falsch, so sterben wir. Das ist die ganze Wahrheit, die wir denken und leben können.

10.3 Kritik des Realismus

10.3.1 Die Zusammensetzung der Realität

Als real bezeichnen wir Gegenstände des Denkens, von deren Wirklichkeit wir uns überzeugt haben. Wir haben die Wirklichkeit geprüft, indem wir verschiedene Sinne eingesetzt haben, den Gegenstand nach Möglichkeit verschiedenen Bedingungen ausgesetzt haben. Vielleicht haben wir ihn auch umgeformt, oder sogar nachgemacht, oder zerlegt und wieder zusammengefügt. Dabei haben wir jedes Mal unsere Sinne eingesetzt und schließlich geurteilt: ja, dieser Gegenstand ist wirklich. Er ist Teil der Realität, wir erkennen ihn an.

Bei Gegenständen des Denkens, die wir alltäglich im Gebrauch haben, oder noch besser, die viele Menschen alltäglich im Gebrauch haben, urteilen wir rascher und sicherer. Die Gebrauchsgegenstände sind uns so vertraut, dass wir an ihrer Realität nicht zweifeln.

Trotzdem bleiben auch diese Dinge zusätzlich Gegenstände unseres Denkens. Wir können das daran erkennen, dass wir unsere Meinung ändern können, dass unser Urteil auch anders ausfallen kann. Gefälschte Dinge oder Scherzartikel zum Beispiel, sie verlangen ein neues Urteil.

Was Gegenstand unseres Denkens ist, muss einerseits in der Natur gegeben sein, und andererseits als wirklich beurteilt worden sein, damit wir diesem Gegenstand Realität zusprechen oder zubilligen. Umgekehrt ist die Realität immer geteilt in die Wirklichkeit und in unser Urteil.

Oder: die Realität ist zusammengesetzt aus Wirklichkeit und Urteil, sie ist die Einheit von Wirklichkeit und Urteil. Fehlt eine Seite, so kommt die Realität nicht zustande.

10.3.2 Die Realität des Abstrakten

Schwierigkeiten bereitet die Zusammensetzung der Realität bei abstrakten Gegenständen unseres Denkens. Da beginnen unsere Zweifel. Ist das jetzt wirklich, oder ist das nur ein Gedanke? Oder wir glauben lange Zeit, dass dieser Gegenstand des Denkens so oder so beschaffen sei, und dann entpuppt er sich als etwas ganz anderes.

Tag und Nacht sind ein Beispiel. Da wurden Götter bemüht, und dann war es die Drehung der Erde. Oder der Raum ist ein anderes Beispiel. Da haben wir das Maß für das Gemessene genommen, das leere Volumen als real geglaubt, und jetzt soll der Raum der Wechsel der Form sein.

Beim Leben sind wir uns seltsamerweise fast sofort sicher. Das ist ein Lebewesen, das ist wirklich, das ist lebendig, das ist real. So urteilen wir schon nach wenigen Eindrücken.

Sollen wir aber sagen, was das Leben in der Realität ist, dann treten wieder Schwierigkeiten auf. Denn dann müssen wir vom Besonderen auf das Allgemeine schließen. Und einen logischen Schluss als real zu beurteilen, eine geistige Leistung, ein Produkt unseres Denkens, das macht uns unsicher. Zu viele Irrtümer könnten unserer Abstraktion innewohnen.

Besteht das Allgemeine überhaupt real? Besteht das Allgemeine nur als Abstraktion, oder liegt es den Besonderheiten als Wesen der Dinge zugrunde?

10.3.3 Zwei Schulen des Denkens

Der philosophische Idealismus sagt, das Allgemeine ist das reale Wesen der Dinge. Die wirklichen Dinge selbst sind nur Widerschein, nur Abglanz des Wesens. Das Allgemeinste ist das absolute Wesen, das alle wirklichen Wesen als seinen Widerschein hervorbringt. Das eigentlich Reale ist letztlich nur dieses absolute Wesen. Weil es aber absolut ist, während alles Wirkliche veränderlich ist, ist das Reale ein rein geistiges Wesen. Es besteht immer ohne Veränderung, und es bewirkt alle Veränderungen in der Wirklichkeit, die es auf diese Weise auch ordnet oder lenkt.

Der philosophische Materialismus sagt, die Besonderheiten sind das Reale. Die wirklichen Dinge sind alle besondere Dinge. Das Wesen der Dinge ist eine Abstraktion, eine geistige Verallgemeinerung, eine Idee, der selbst keine Wirklichkeit oder Realität zukommt.

Wie entscheiden wir uns? Was ist real? Das Allgemeine, das Wesen? Oder das Besondere, die Dinge?

Ich schaue lieber noch einmal nach.

Kritik des Idealismus

Ich prüfe die erste Möglichkeit, das Angebot des Idealismus.

Ich setze das Allgemeine, das Wesen als real. Das Allgemeine ist wirklich, weil es in allen Dingen wirkt. In jedem Ding wirkt das Wesen des Dings als das Ding bestimmend. Das Wesen des Dings bewirkt die Daseinsweise des Dings, sein Kommen oder Werden, sein Gehen oder Verschwinden, sein Leben von Anfang bis Ende.

Jetzt beurteile ich das Allgemeine, das Wesen. Es ist ja Gegenstand meines Denkens und Realität bedarf nicht nur der Wirklichkeit, sondern auch des Urteils.

Ich betrachte das Wesen der Dinge, um es zu beurteilen. Aber wo bleibt es? Wo finde ich das Wesen der Dinge?

Ich finde es nur in den Dingen. Ich beurteile das Wesen der Dinge nach dem, was es bewirkt. Das aber ist das Leben der Dinge. Will ich das Wesen der Dinge betrachten und beurteilen, so muss ich ihr Leben beurteilen.

Wie beurteile ich das Leben der Dinge, ihr Kommen und Gehen? Indem ich ihre Veränderung beurteile. Ich suche das, was in den Dingen gleich bleibt, während sie sich verändern. Das soll ja meiner Voraussetzung nach das Wesen der Dinge sein.

Aber da finde ich nichts. Alle Dinge kommen und gehen. Also bleibt nichts in den Dingen, was sich nicht verändert. Dieses Wesen der Dinge besteht nicht. Meine Voraussetzung war falsch.

Umgekehrt erkenne ich, dass die Veränderung der Dinge vollständig ist. Erkenne ich die Veränderung der Dinge, so erkenne ich ihr Wesen.

Jetzt habe ich das Wesen der Dinge gefunden, zugleich ihre Allgemeinheit: es ist ihre Veränderung.

So ausgerüstet, beurteile ich das Allgemeinste aller Dinge, nämlich ihre Veränderung.

Vorne wollte ich der idealistischen Schule darin folgen, dass das allgemeinste oder höchste Wesen absolut sei. Es sollte sich selbst nicht verändern, während es alle Veränderung aller wirklichen Dinge bewirkt. Jetzt finde ich als das Allgemeinste aller Dinge die Veränderung. Demnach muss die Veränderung unveränderlich sein.

Ist aber die Veränderung unveränderlich, dann kann sie durch nichts verändert werden. Sie ist also ewig und absolut. Die Veränderung kommt aus einer Veränderung und endet in einer Veränderung. Nur so ist die Veränderung selbst ohne Veränderung.

Das Absolute ist also nur dann keine falsche Abstraktion, wenn es die Veränderung bezeichnet, ihr Gegenteil. Das Absolute kann nichts bewirken, wenn es nicht die Veränderung ist. Ist das Absolute die Veränderung, dann besteht seine Verbindung zum Sein darin, alles zu verändern. Das Sein ist der Widerschein der Veränderung.

Oder, wie ich es früher nannte, das Sein ist das Kind des Nichts, das Ergebnis des Werdens. Das Nichts aber ist das Kommen und Gehen der Etwas, aller Teile des Seins, ist also deren Veränderung. Die Veränderung, das Nichts, das Werden sind das Allgemeine des Seins. Das Absolute ist nur ihr gemeinsames geistiges Abbild.

So finde ich: das Absolute ist die Abstraktion des Werdens.

Noch eine Gegenprobe. Ist das Absolute nicht die Veränderung, so ist es abgelöst. Ist es aber vom Sein abgelöst, so ist es nicht wirksam, so ist es nicht wirklich. Ich beurteile ein Absolutes, das nicht die Veränderung ist, als nicht real. Ein solches Absolute ist dem Denken nicht von der Natur gegeben, sondern allein vom Denken, es ist nur erdacht. Das Absolute, das sich von der Veränderung unterscheidet, ist ein Produkt des Denkens.

Das höchste Wesen in der Natur ist kein absolutes We-
sen, kein von der Natur abgesondertes Wesen, sondern es ist die
Veränderlichkeit aller Dinge, es ist das Wesen aller Dinge, ihr
Werden.

Kritik des Materialismus

Jetzt prüfe ich die zweite Möglichkeit, das Angebot des
Materialismus.

Ich setze die Besonderheiten als real. Wirklich sind nur
die Dinge, die ich vorfinde. Sie haben kein allgemeines Wesen,
sondern sie sind jeweils nur so, wie ich sie eben finde.

Wie finde ich die Dinge? Ich untersuche ihre Wirkung
auf mich. Wirken aber die Dinge auf mich, so verändere ich
mich. Verändere ich mich infolge der Einwirkung der Dinge, so
muss ich annehmen, dass sich auch die Dinge verändern. Wie
könnten sie eine Einwirkung auf mich zeitigen, wenn sie sich
selbst nicht verändern würden? Müssen die Dinge nicht wenigstens ihr Licht geben, damit ich sie sehen kann? Das sehe ich
ein.

Also schließe ich, dass sich die Dinge verändern. Damit
tut sich jedoch ein Problem für meinen Standpunkt auf. Wenn
sich die Dinge verändern, dann verschwinden die Besonderheiten der Dinge. Verschwinden aber die Besonderheiten der
Dinge, dann verschwindet auch das, was ich als real anerkennen
wollte. Mit der Besonderheit der Dinge verschwindet ihre Realität.

Nach einer Weile haben sich alle Dinge verändert und
von meiner Realität ist nichts geblieben. Wenn ich mir nun
noch eingestehe, dass alle Dinge aufeinander einwirken, nicht

nur auf mich, dann bleiben keine Besonderheiten, die nicht auch verschwinden. Ich erhalte dann eine Realität, die nur zeitweilig anzutreffen ist, bevor sie wieder verschwindet.

Was aber ist das für eine Realität, die sich ständig aus dem Staub macht, wenn ich sie festmachen oder feststellen will?

Es ist wieder die Veränderung der Dinge. Die Veränderlichkeit der Dinge ist die einzige Realität, die wir beurteilen können. Sie ist wirklich, und sie ist wesentlich. Auch hier komme ich zu dem Ergebnis, dass die Veränderlichkeit der Dinge ihr eigentliches oder höchstes Wesen ist.

10.3.4 Das Licht der Erkenntnis

Nun frage ich noch, ob dieses Wesen der Dinge nur ein Gedanke ist, oder ob dieses Wesen auch in der Natur gegeben ist. Ist das Wesen der Dinge, ihre Veränderlichkeit real, oder ist es nur erdacht?

Um die Realität der Veränderung zu beurteilen, muss ich denken. Denke ich, so verändert sich mein Gehirn. Die Elektronen in den Molekülen meiner Gene müssen anders rotieren, wenn ich denke. Die Doppelspiralen in den Zellkernen meiner Nervenzellen müssen sich verändern. Oder einfach: wenn ich denke, verändere ich mich. Ohne dass ich mich verändere, kann ich nicht denken.

Wenn ich mich selbst und mein Denken als real beurteile, dann muss ich auch die Veränderung der Dinge als real beurteilen.

Nun kann ich noch den Ausweg suchen, dass ich mich und mein Denken nur als eine Anleihe bei einem höheren Wesen ansehe. Aber dann kann ich nicht urteilen. Und ohne Urteil gibt es keine Realität.

Wenn ich nicht denken kann, wenn ich mich nicht real verändere, indem ich denke, dann ist Realität nicht gegeben. Kann ich aber denken, kann ich urteilen, so verändere ich mich. Dann aber ist die Realität gegeben, nämlich in der Veränderlichkeit aller Dinge.

Das kann ich auch so ausdrücken: die Realität ist die Veränderung meines Denkens in der Art und Weise, dass sie der Veränderung der Dinge entspricht. Dann nämlich ist mein Urteil richtig.

Das besagt nicht, dass sich mein Denken genauso verändert, wie sich die Dinge verändern. Das ist weder möglich noch notwendig. Möglich ist es nicht, weil mein Gehirn ein anderes Leben hat als die Dinge, die es beurteilt. Notwendig ist es nicht, weil mein Denken die Veränderung der Dinge auf seine Weise abbilden kann, ohne dass es deswegen falsch urteilen muss.

Die Art und Weise, wie sich das Denken verändert, muss der Veränderung der Dinge entsprechen. Das besagt auch nicht, dass das Denken Abbilder der Dinge anfertigt. Das Denken muss nur analoge Veränderungen seiner selbst hervorbringen.

Das möchte ich so zusammenfassen: in der Natur verändern sich die Dinge, weil sie ihre Inhalte austauschen, weil sie Äther und Stoff austauschen. Im Denken verändert sich das Verständnis, weil die Nervenzellen Äther und Stoff auf analoge Weise austauschen.

Das geistige Abbild der Natur besteht als analoge Art und Weise des Ätheraustausches oder Stoffwechsels. Das geistige Abbild der Natur, die Erkenntnis, das ist eine der Natur nachgeformte Rotationsweise. In der Natur verändern sich die Dinge, indem sich Körper und Bewegung umformen, das ist, indem sie ihre Rotationsweise umformen. Im Denken geschieht nur dasselbe. Die Nervenzellen verändern die Rotationsweise ihrer Elektronen. Indem dies über die Sinne vermittelt wird, genügt zur Hervorbringung der analogen Rotationsweise der Austausch von Äther.

Das Licht der Erkenntnis, das richtige Urteil, das ist die übereinstimmende Rotationsweise des Äthers innerhalb und außerhalb des Denkens.

∞

Stichwortverzeichnis

www.ingramcontent.com/pod-product-compliance
Lightning Source LLC
Chambersburg PA
CBHW071250220526
45468CB00001B/60